中等职业教育"十一五"规划教材

中职中专机电类教材系列

电子工艺与实训

徐 卯 主编

科学出版社

北 京

内 容 简 介

　　本书是一本介绍电子元器件和电子产品制作工艺及实训的教材。全书共分7章,分别讲述了电子元器件知识、制作电子产品的常用材料和工具、手工焊接、自动焊接知识、装配和贴片焊接工艺和电子产品生产中的检测和调试,部分章后配有相应的实训项目和思考题。

　　本书注重内容的实用性,强调理论与实践的结合,符合中职培养"生产一线的应用型、技能型、操作型人才"的目标,着重培养学生的综合应用技能和动手能力。

　　本书可作为中等职业技术学校电子信息类、自动化类专业教材,也可作为电子工程技术人员的参考用书。

图书在版编目（CIP）数据

电子工艺与实训 / 徐卯主编. —北京:科学出版社,2007
（中等职业教育"十一五"规划教材）
ISBN 978-7-03-019904-1

Ⅰ. 电… Ⅱ. 徐… Ⅲ. 电子技术-教材 Ⅳ. TN

中国版本图书馆 CIP 数据核字（2007）第 137414 号

责任编辑:吕建忠　庞海龙 / 责任校对:赵　燕
责任印制:吕春珉 / 封面设计:耕者设计工作室

科学出版社 出版
北京东黄城根北街 16 号
邮政编码:100717
http://www.sciencep.com

北京虎彩文化传播有限公司 印刷
科学出版社发行　各地新华书店经销

*

2007 年 8 月第　一　版　　　开本:787×1092 1/16
2019 年 1 月第四次印刷　　　印张:15 3/4
字数:374 000

定价:38.00 元
（如有印装质量问题,我社负责调换〈虎彩〉）

销售部电话 010-62136131　编辑部电话 010-62137154

前　　言

　　进入 21 世纪后,我国电子信息产业迅速发展，尤其是沿海发达地区的外资企业发展突飞猛进，大量高科技电子产品生产流水线不断地引进。但是，与发达国家相比，我国电子行业的工艺水平还存在着差距。因此，我们必须努力缩小这方面的差距，培养更多既有一定专业知识又具有相应实践经验的电子技术实用型人才。

　　电子工艺学课程是一门实践性很强的专业基础课，是电子工程技术人员基本训练的重要环节之一。开设电子工艺学课程，让学生在校期间开始熟悉电子元器件，了解电子工艺的一般知识，掌握最基本的装焊操作技能，接触电子产品的生产过程，既有利于今后的专业课学习，也提高了学生的实践动手能力，为毕业后从事实际工作奠定了良好的基础。

　　本书是根据作者多年的教学实践,结合中职人才培养突出实践训练的特点编写而成。其主要特点包括以下几个方面。

　　本书涉及面广,分别讲述了元器件,包括电阻器、电位器、电容器、电感器、机电元件半导体分立器件、集成电路、电声元件、光电元件、电磁元件等的特点及选择；电子产品常用材料特点及选择；电子产品手工焊接工艺、自动焊接工艺；电子产品整机装配与焊接工艺过程、特点及工艺要求；贴片装配焊接工艺及电子产品生产中的检测和调试。

　　本书实用性强，注重培养学生的实践动手能力，分析与解决问题的能力，部分章末配有相应的实训项目。本书力图通过理论和实践的结合，使读者掌握一般电子工艺知识和技能，包括色环电阻的识别与测量；电容、二极管、三极管的识别与检测；手工焊接的工艺；波峰焊接工艺；了解 SMT 工艺；印制电路板的制作工艺等。

　　由于电子器件种类繁多、发展迅速，加上编者的水平有限和编写时间仓促，书中难免会出现一些不完善之处，恳请广大读者批评指正。

目　　录

第1章　电子元器件 ··· 1

1.1　电子元器件的主要参数 ·· 2

1.1.1　电子元器件的特性参数 ··· 2

1.1.2　电子元器件的规格参数 ··· 3

1.1.3　电子元器件的质量参数 ··· 8

1.2　电子元器件的检验和筛选 ·· 12

1.2.1　外观质量检验 ··· 12

1.2.2　电气性能使用筛选 ·· 13

1.3　电子元器件的命名与标注 ·· 15

1.3.1　电子元器件的命名方法 ·· 15

1.3.2　型号及参数在电子元器件上的标注 ······························ 15

1.4　常用元器件简介 ·· 18

1.4.1　电阻器 ··· 18

1.4.2　电位器（可调电阻器） ·· 28

1.4.3　电容器 ··· 33

1.4.4　电感器 ··· 45

1.4.5　机电元件 ·· 51

1.4.6　半导体分立器件 ·· 63

1.4.7　集成电路 ·· 70

1.4.8　电声元件 ·· 78

1.4.9　光电器件 ·· 80

1.4.10　电磁元件 ·· 91

思考题与习题 ··· 93

实训部分 ··· 96

实训项目1　色环电阻的识别与测量 ··· 96

实训项目2　电容、二极管、三极管的识别与检测 ························· 97

第2章　电子产品的常用材料和工具 ································· 100

2.1　常用导线与绝缘材料 ·· 100

2.1.1　导线 ·· 100

2.1.2　绝缘材料 ·· 105

2.2　制造印制电路板的材料——覆铜板 ····································· 107

2.3　焊接材料 ··· 111

2.3.1　焊料 ··· 111

2.3.2　常用焊料及杂质的影响 ············· 113

2.3.3　常用焊锡 ····································· 113

2.3.4　助焊剂 ··· 114

2.3.5　膏状焊料 ····································· 116

2.3.6　SMT 所用的粘合剂 ····················· 119

2.4　焊接工具 ··· 121

2.4.1　电烙铁分类及结构 ····················· 121

2.4.2　烙铁头的形状与修整 ················· 125

思考题与习题 ··· 126

第3章　电子产品生产工艺流程 ························· 128

3.1　电子产品的构成和形成 ························· 128

3.2　电子产品生产的基本工艺流程 ············· 129

3.3　电子企业的场地布局 ····························· 130

思考题与习题 ··· 130

第4章　印制电路板工艺 ································· 131

4.1　印制电路板基础 ····································· 131

4.2　印制电路板制造工艺 ····························· 132

4.2.1　单面印制板的生产工艺流程 ········· 132

4.2.2　双面印制板的生产工艺流程 ········· 132

4.3　印制电路板的设计 ································· 134

4.3.1　印制电路板的排板布局 ··············· 134

4.3.2　印制电路板上的焊盘及导线 ········· 138

4.4　印制电路板的手工制作方法 ················· 142

实训项目1　使用刀刻法制作印制电路板 ········· 142

实训项目2　使用漆图法制作印制电路板 ········· 143

实训项目3　使用绘图液绘制法制作印制电路板 ··· 145

实训项目4　使用不干胶纸剪贴法制作印制电路板 ··· 146

实训项目5　使用标准预贴符号法制作印制电路板 ··· 147

4.5　印制电路板后期处理 ····························· 148

4.5.1　腐蚀液 ··· 148

4.5.2　打孔机 ··· 149

4.5.3　阻焊剂 ··· 149

思考题与习题 ··· 150

第5章　装配与焊接工艺 ································· 151

5.1　电气安装 ··· 151

5.1.1　安装的基本要求 ························· 151

5.1.2　THT 元器件在印制电路板上的安装 ··154

5.2　手工焊接技术 ··157

5.2.1　焊接分类与锡焊的条件 ··157

5.2.2　焊接前的准备——镀锡 ··159

5.2.3　手工烙铁焊接的基本技能 ··159

5.2.4　焊点质量及检查 ··163

5.2.5　手工焊接技巧 ··168

5.3　电子工业中的焊接技术 ··171

5.3.1　浸焊 ··172

5.3.2　波峰焊 ··173

5.3.3　再流焊 ··178

5.3.4　无铅焊接的现状和发展 ··184

5.3.5　其他焊接方法 ··186

思考题与习题 ··186

实训部分 ··187

实训项目 1　手工焊接练习 ··187

实训项目 2　波峰焊接 ··189

第 6 章　SMT（贴片）装配焊接技术 ···191

6.1　SMT（贴片）元器件 ··191

6.1.1　SMT 元器件的特点 ··191

6.1.2　SMT 元器件的种类和规格 ··191

6.1.3　无源元件 SMC ··192

6.1.4　SMD 分立器件 ··195

6.1.5　SMD 集成电路 ··196

6.1.6　SMD 的引脚形状 ··197

6.1.7　大规模集成电路的 BGA 封装 ··198

6.2　表面安装元器件的基本要求及使用注意事项 ··201

6.2.1　SMT 元器件的基本要求 ··201

6.2.2　使用 SMT 元器件的注意事项 ··201

6.2.3　SMT 元器件的选择 ··201

6.3　SMT 装配焊接技术 ··203

6.3.1　SMT 电路板安装方案 ··203

6.3.2　SMT 电路板装配焊接设备 ··205

思考题与习题 ··221

实训部分 ··222

实训项目　SMT 实训 ··222

第 7 章　电子产品生产中的检测和调试 ··225

　7.1　ICT 检测 ···225

　　7.1.1　ICT 简介 ···225

　　7.1.2　ICT 技术参数 ···225

　　7.1.3　测试原理 ···226

　　7.1.4　程序编辑和调试 ···227

　7.2　功能、性能检测和产品调试 ···230

　　7.2.1　家电产品的功能检测 ···230

　　7.2.2　产品调试 ···230

　　7.2.3　调试中查找和排除故障 ···235

　7.3　电子整机产品的老化和环境试验 ···238

　　7.3.1　整机产品的老化 ···239

　　7.3.2　电子整机产品的环境试验方法 ···239

思考题与习题 ···243

主要参考文献 ···244

第1章 电子元器件

电子元器件是在电路中具有独立电气功能的基本单元。元器件在各类电子产品中占有重要的地位,特别是通用电子元器件,如电阻器、电容器、电感器、晶体管、集成电路和开关、接插件等,更是电子设备中必不可少的基本材料。几十年来,电子工业的迅速发展,不断对元器件提出新的要求;而元器件制造厂商也在不断研究并采用新的材料、新的工艺,不断推出新产品,使电子整机产品的制造技术经历了几次重大的变革。在早期的电子管时代,按照真空电子管及其相应电路元件的特点要求,在设计整机结构和制造工艺时,最主要考虑大的电功率消耗以及因此而产生的散热问题,形成了一种体积较大、散热流畅的坚固结构。随后,因为半导体晶体管及其相应的小型元件的问世,一种体积较小的分立元件结构的制造工艺便形成了,才有可能出现称之为"便携"机型的整机。特别是微电子技术的发展,使半导体器件和部分电路元件被集成化,并且集成度在以很快的速度不断提高,这就使得整机结构和制造工艺又发生了一次很大的变化,进入了一个崭新的阶段,才有可能出现称之为"袖珍型"、"迷你式"的微型整机。例如,近50年来电子计算机的发展历史证明,在这个过程中划分不同的阶段、形成"代机"的主要标志是,构成计算机的电子元器件的不断更新,使计算机的运算速度不断提高,而运算速度实际上主要取决于元器件的集成度。就拿人们熟悉的微型计算机的CPU来说,从286到586,从奔腾(Pentium)到迅驰(Centrino),这个推陈出新的过程,实际上是半导体集成电路的制造技术从SSI、MSI、LSI到VLSI、ULSI(小、中、大、超大、极大规模集成电路)的发展历史。又如,采用SMT(表面安装技术)的贴片式安装的集成电路和各种阻容器件、固体滤波器、接插件等微小型元器件被广泛应用在各种消费类电子产品和通信设备中,才有可能实现超小型、高性能、高质量、大批量的现代化生产。由此可见,电子技术和产品的水平,主要取决于元器件制造工业和材料科学的发展水平。电子元器件是电子产品中最革命、最活跃的因素。

通常,对电子元器件的主要要求是:可靠性高、精确度高、体积微小、性能稳定、符合使用环境条件等。电子元器件总的发展趋向是:集成化、微型化、提高性能、改进结构。

电子元器件可以分为有源元器件和无源元器件两大类。有源元器件在工作时,其输出不仅依靠输入信号,还要依靠电源,或者说,它在电路中起到能量转换的作用。例如,晶体管、集成电路等就是最常用的有源元器件。无源元器件一般又可以分为耗能元件、储能元件和结构元件三种。电阻器是典型的耗能元件;储存电能的电容器和储存磁能的电感器属于储能元件;接插件和开关等属于结构元件。这些元器件各有特点,在电路中起着不同的作用。通常,称有源元器件为"器件(device)",称无源元器件为"元件(component)"。

电子元器件的发展很快，品种规格也极为繁多。就装配焊接的方式来说，当前已经从传统的通孔插装（THT）方式全面转向表面安装（SMT）方式。这一章主要介绍传统形式的电子元器件，从电子整机产品制造工艺基本原则的角度出发，简要地介绍一些最常用的电子元器件的主要特点、性能指标和表示方法。必须说明，本书不是电子元器件手册，只希望读者通过学习本章内容，能够对五花八门的电子元器件有一个概括性的了解，领悟一些在今后的工程实践中最常用的电子工艺基本原则。在本章后部的内容里，用较多的篇幅介绍了常用电子元器件的性能指标，将有助于工科大专院校电子类专业学生在校期间参加专业实验、工艺实训、课程设计和毕业设计，但不宜把它作为课内的教学内容。对于已经参加实际工作的电子工程技术人员来说，由于电子元器件种类繁多，新品种不断涌现，产品的性能也不断提高，要想深入准确地了解某种电子元器件的性能指标，必须经常查阅相应的资料信息，参考资料提供的典型应用电路，走访电子元器件的销售商，调研有关生产厂家。

整机装配中，除了主要的零部件和元器件以外，每个电子产品几乎都要用到两种基本材料——导线与绝缘材料。限于篇幅，本书不可能把有关材料的详尽知识一一讲述，但这方面的基本知识也是每个电子科技工作者必不可少的。

1.1　电子元器件的主要参数

电子元器件的主要参数包括特性参数、规格参数和质量参数。这些参数从不同角度反映了一个电子元器件的电气性能及其完成功能的条件，它们是相互联系并相互制约的。

1.1.1　电子元器件的特性参数

特性参数用于描述电子元器件在电路中的电气功能，通常可以用该元件的名称来表示，如电阻特性、电容特性或二极管特性等。一般用伏安特性，即元器件两端所加的电压与通过其中的电流的关系来表达该元器件的特性参数。电子元器件的伏安特性大多是一条直线或曲线，在不同的测试条件下，伏安特性也可以是一条折线或一族曲线。

图 1.1 画出了几种常用的电子元器件的伏安特性曲线。

在图 1.1 中，图 1.1（a）是线性电阻的伏安特性。在一般情况下，线性电阻的阻值是一个常量，不随外加电压的大小而变化，符合欧姆定律 $R = V/I$，一般电路里常用的电阻大多数都属于这一类。

图 1.1（b）是非线性电阻的伏安特性曲线。这类电阻的阻值不是常量，随外加电压或某些非电物理量的变化而变化，一般不用欧姆定律来简单地描述。一些具有特殊性能的半导体电阻，如压敏电阻、热敏电阻、光敏电阻等，都属于非线性电阻，它们可用于检测电压或温度、光通量等非电物理量。

图 1.1（c）是半导体二极管的伏安特性曲线。从中可以清楚地看出，二极管的单向导电性能和它在某一特定电压值下的反向击穿特性。

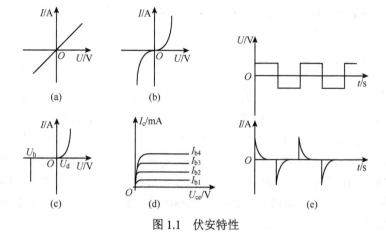

图 1.1　伏安特性

图 1.1（d）是半导体三极管的伏安特性曲线，又称输出特性曲线。这是一族以基极电流 I_b 为参数的曲线，对应于不同的 I_b 数值，其 V_{ce} 与 I_c 的关系是其中的一条曲线。从这族曲线中，可以求出这只三极管的电流放大系数

$$\beta = \frac{\Delta I_c}{\Delta I_b}$$

图 1.1（e）是线性电容器的伏安特性，这是一对以时间 t 为参数的曲线，从中可以看出电容器的伏安特性满足关系式

$$i_C(t) = C \frac{\mathrm{d}v_C(t)}{\mathrm{d}t}$$

或

$$v_C(t) = \frac{1}{C} \int i_C(t) \, \mathrm{d}t$$

需要注意的是，对于人们常说的线性元件，它的伏安特性并不一定是直线，而非线性元件的伏安特性也并不一定是曲线，这是两个不同的概念。例如，我们把某些放大器称为线性放大器，是指其输出信号 Y 与输入信号 X 满足函数关系

$$Y = KX$$

其电路增益（放大倍数 K）在一定工作条件下为一常量；又如，线性电容器是指其储存电荷的能力（电容量）是一个常数。所以，线性元件是指那些主要特性参数为一常量（或在一定条件、一定范围内是一个常量）的电子元器件。

不同种类的电子元器件具有不同的特性参数，并且，我们可以根据实际电路的需要，选用同一种类电子元器件的几种特性之一。例如，对于图 1.1（c）所描绘的二极管的伏安特性，既可以利用它的单向导电性能，用在电路中进行整流、检波、箝位；也可以利用它的反向击穿性能，制成稳压二极管。

1.1.2　电子元器件的规格参数

描述电子元器件的特性参数的数量称为它们的规格参数。规格参数包括标称值、额

定值和允许偏差值等。电子元器件在整机中要占有一定的体积空间，所以它的封装外形和尺寸也是一种规格参数。

1. 标称值和标称值系列

电子设备的社会需求量是巨大的，电子元器件的种类及年产量则更为繁多巨大。然而，电子元器件在生产过程中，其数值不可避免地具有离散化的特点；并且，实际电路对于元器件数值的要求也是多种多样的。为了便于大批量生产，并让使用者能够在一定范围内选用合适的电子元器件，规定出一系列的数值作为产品的标准值，称为标称值。

电子元器件的标称值分为特性标称值和尺寸标称值，分别用于描述它的电气功能和机械结构。例如，一只电阻器的特性标称值包括阻值、额定功率、精度（允许偏差）等，其尺寸标称值包括电阻本体及引线的直径、长度等。

一组有序排列的标称值叫做标称值系列。电阻、电容、电感等元件的特性数值是按照通项公式

$$a_n=(\sqrt[E]{10})^{n-1} \quad (n=1,2,3,\cdots,E)$$

取值的，常用的标称系列见表 1.1。

表 1.1　元件特性数值标称系列

系列	E24	E12	E6	E24	E12	E6
标志	J（Ⅰ）	K（Ⅱ）	M（Ⅲ）	J（Ⅰ）	K（Ⅱ）	M（Ⅲ）
允许偏差	±5%	±10%	±20%	±5%	±10%	±20%
特	1.0	1.0	1.0	3.3	3.3	3.3
	1.1			3.6		
性	1.2	1.2		3.9	3.9	
	1.3			4.3		
标	1.5	1.5	1.5	4.7	4.7	4.7
	1.6			5.1		
称	1.8	1.8		5.6	5.6	
	2.0			6.2		
数	2.2	2.2	2.2	6.8	6.8	6.8
	2.4			7.5		
值	2.7	2.7		8.2	8.2	
	3.0			9.1		

注：精密元件的数值还有 E48（允许偏差±2%）、E96（允许偏差±1%）、E192（允许偏差±0.5%）等几个系列。

元件的特性数值标称系列大多是两位有效数字（精密元件的特性数值一般是三位或四位有效数字）。电子元器件的标称值应该符合系列规定的数值，并用系列数值乘以倍率数 10^n（n 为整数）来具体表示一个元件的参数。例如，符合标称值系列的电阻有 1.0 Ω、10 Ω、100 Ω、1.0 kΩ、10 kΩ、100 kΩ、1.0 MΩ、10 MΩ 等，可以表示为

$$1.0 \times 10^{n} \Omega \quad (n=0, 1, 2, 3, 4, \cdots)$$

又如，符合标称值系列的电容量有 1.5 pF、15 pF、150 pF、1500 pF（1.5 nF）、0.015 μF（15 nF）、0.15 μF（150 nF）、1.5 μF、15 μF、150 μF、1500 μF（1.5 mF）等，可以表示为

$$1.5 \times 10^{n} F \quad (n=-12, -11, -10, \cdots)$$

我们知道，在机械设计中规定了长度尺寸标称值系列，并且分为首选系列和可选系列（也叫第一系列、第二系列）。同样，对电子元器件的封装形式及外形尺寸也规定了标准系列。例如，传统集成电路的封装方式可分为圆形、扁平型、双列直插型等几个系列；元件的引线有轴向和径向两个系列等。又如，大多数小功率元器件的引线直径标称值为 0.5 mm 或 0.6 mm，双列和单列直插式集成电路的引脚间距一般是 2.54 mm 或 5.08 mm。显然，在生产制造电子整机产品的时候，不仅要考虑电子元器件的电气功能是否符合要求，其封装方式及外形尺寸是否规范、是否符合标准也是重要的选择依据。特别是近年来迅速发展的 SMT 元器件，就是根据它们的封装方式和外型尺寸来分类的，有关概念将在第 2 章详细介绍。

规定了数值标称系列，就大大减少了必须生产的元器件的产品种类，从而使生产厂家有可能实现批量化、标准化的生产及管理，为半自动或全自动生产元器件提供了必要的前提。同时，由于标准化的元器件具有良好的互换性，为电子整机产品创造了结构设计和装配自动化的条件。

2. 允许偏差和精度等级

实际生产出来的元器件，其数值不可能和标称值完全一样，总会有一定的偏差。用百分数表示的实际数值和标称数值的相对偏差，反映了元器件数值的精密程度。对于一定标称值的元器件，大量生产出来的实际数值呈现正态分布，为这些实际数值规定了一个可以接受的范围，即为相对偏差规定了允许的最大范围，叫做数值的允许偏差（简称允差）。不同的允许偏差也叫做数值的精度等级（简称精度），并为精度等级规定了标准系列，用不同的字母表示。例如，常用电阻器的允许偏差有 ±5%、±10%、±20% 三种，分别用字母 J、K、M 标识它们的精度等级（以前曾用 Ⅰ、Ⅱ、Ⅲ 表示）。精密电阻器的允许偏差有 ±2%、±1%、±0.5%，分别用 G、F、D 标识精度。常用元件数值的允许偏差符号见表 1.2。

表 1.2 常用元件数值的允许偏差符号

允许偏差 %	±0.1	±0.25	±0.5	±1	±2	±5	±10	±20	+20 −10	+30 −20	+50 −20	+80 −20	+100 0
符号	B	C	D	F	G	J	K	M	—	—	S	E	H
曾用符号	—	—	—	0	—	Ⅰ	Ⅱ	Ⅲ	Ⅳ	Ⅴ	Ⅵ	—	—

根据电路对元器件的参数要求，允许偏差又可以分为双向偏差和单向偏差两种，如图 1.2 所示。

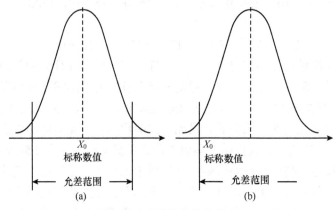

图 1.2   元器件的数值分布

通常，元器件的特性标称数值允许有双向偏差，如电阻器的阻值。但对于某些可能引起不良效果的数值，大多取单向偏差。例如，一般电解电容器的容量值虽然规定为双向偏差（偏差区间不对称），但在生产厂家出厂检验时，实际上都按照正向偏差取值。这是由于电解电容器在存储期间，其容量会逐渐降低，而容量偏小可能引起电路的工作特性变差（如用于滤波）。对于元器件的额定电压等指标，因为可能引起灾害性的后果，就更需要规定为单向偏差了。

应该注意到，特性数值标称系列和某一规定的精度等级相互对应的。即：每两个相邻的标称数值及其允许偏差所形成的数值范围是互相衔接或部分重叠的。例如，在允许偏差为 $\pm 5\%$ 的数值标称系列中，1.8 与 2.0 是两个相邻的标称值，其允许偏差的范围分别是

$$1.8 \times (1 \pm 5\%) = 1.71 \sim 1.89$$
$$2.0 \times (1 \pm 5\%) = 1.90 \sim 2.10$$

两者互相衔接；又如，4.7 和 5.1 的数值范围分别是

$$4.7 \times (1 \pm 5\%) = 4.465 \sim 4.935$$
$$5.1 \times (1 \pm 5\%) = 4.845 \sim 5.355$$

两者部分重叠。由此可见，标称系列数值实际上是根据不同的允许偏差确定的。从表 1.1 还可以看出，K 系列（$\pm 10\%$）和 M 系列（$\pm 20\%$）的标称数值只不过是在高一级的系列中依次间隔取值。

精度等级越高，其数值允许的偏差范围越小，元器件就越精密；同时，它的生产成本及销售价格也就越高。在设计整机时，应该根据实际电路的要求，合理选用不同精度等级的电子元器件。

需要说明的是，数值的允许偏差（精度等级）与数值的稳定性是两个不同的概念。下面还将要介绍，工作环境条件不同，会引起电子元器件参数的变化，变化的大小称为

数值的稳定性。一般说来，数值越精密，要求其稳定性也越高，而元器件的使用条件也要受到一定的限制。

3. 额定值与极限值

电子元器件在工作时，要受到电压、电流的作用，要消耗功率。电压过高，会使元器件的绝缘材料被击穿；电流过大，会引起消耗功率过大而发热，导致元器件被烧毁。电子元器件所能承受的电压、电流及消耗功率还要受到环境条件（如温度、湿度及大气压力等因素）的影响。为此，规定了电子元器件的额定值，一般包括：额定工作电压、额定工作电流、额定功率消耗及额定工作温度等。它们的定义是：电子元器件能够长期正常工作（完成其特定的电气功能）时的最大电压、最大电流、最大功率消耗及最高环境温度。和特性数值一样，电子元器件的额定值也有标称系列，其系列数值因元器件不同而异。

另外，还规定了电子元器件的工作极限值，一般为最大值的形式，分别表示元器件能够保证正常工作的最大限度。如最大工作电压、最大工作电流和最高环境温度等。

在这里，需要对几个问题加以说明。

1）元器件的同类额定值与极限值并不相等。例如，电容器的额定直流工作电压是指其在额定环境温度下长期（不低于 1 万小时）可靠地正常工作的最高直流电压，这个电压一般为击穿电压的一半；而电容器的最大工作电压（也叫试验电压）是指其在额定环境温度下短时（通常为 5 s～1 min）所能承受的直流电压或 50 Hz 交流电压峰值。又如，电阻器的额定环境温度是指其能够长期完成 100%额定功率的最高温度；而最高环境温度则是使电阻器不失去其原有伏安特性的环境温度上限，在此温度下，电阻器所允许的负荷已经大大低于其额定功率。

2）元器件的各个额定值（或极限值）之间没有固定的关系，等功耗规律往往并不成立。例如，半导体三极管的集电极最大耗散功率 P_{cm} 较大，并不说明它的集电极-发射极击穿电压 V_{ceo} 也大；而它的 P_{cm} 较大，相应的集电极最大电流 I_{cm} 也大一些。又如，对于电阻器来说，最大工作电压与它的额定功率有关，额定功率大的电阻，其最大工作电压也高一些。在环境温度不大于＋70℃、气压不大于 780 mmHg[①]的条件下，RJ 型金属膜电阻器的额定功率与最大工作电压的关系如表 1.3 所示。

表 1.3　RJ 型金属膜电阻器的额定功率与最大工作电压的关系

额定功率/W	最大工作电压/V
0.25	250
0.5	500
1～2	750

3）当电子元器件的工作条件超过某一额定值时，其他参数指标就要相应地降低，这就是人们通常所要考虑的降额使用元器件问题。例如，RJ 型金属膜电阻的额定工作温度不大于＋70℃，当实际使用温度超过此值时，其允许的功率限度就要线性地降低，如图 1.3 所示。

4）对于某种电子元器件，通常都是根据其自身的特点及工作需要而定义几种额定

---

① 1 mmHg＝1.333 22×10² Pa，下同。

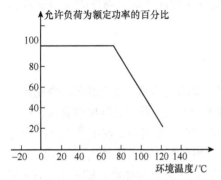

图 1.3 RJ 型金属膜电阻器的允许
负荷与环境温度的关系

值和极限值作为它的规格参数。例如，同是工作电压上限，对一般电阻器是按最大工作电压定义的，而对一般电容器却是按额定工作电压来定义的，应该注意到两者之间的差别。

4. 其他规格参数

除了前面介绍的标称值、允许偏差值和额定值、极限值等以外，各种电子元器件还有其特定的规格参数。例如，半导体器件的特征频率 f_T、截止频率 f_α、f_β；线性集成电路的开环放大倍数 K_0；数字集成电路的扇出系数 N_0 等。在选用电子元器件时，应该根据电路的需要考虑这些参数。

1.1.3 电子元器件的质量参数

质量参数用于度量电子元器件的质量水平，通常描述了元器件的特性参数、规格参数随环境因素变化的规律，或者划定了它们不能完成功能的边界条件。

电子元器件共有的质量参数一般有温度系数、噪声电动势、高频特性及可靠性等，从整机制造工艺方面考虑，主要有机械强度和可焊性。

1. 温度系数

电子元器件的规格参数随环境温度的变化会略有改变。温度每变化 1℃，其数值产生的相对变化叫做温度系数，单位为 1/℃。温度系数描述了元器件在环境温度变化条件下的特性参数稳定性，温度系数越小，说明它的数值越稳定。温度系数还有正、负之分，分别表示当环境温度升高时，元器件数值变化的趋势是增加还是减少。电子元器件的温度系数（符号、大小）取决于它们的制造材料、结构和生产条件等因素。

在制作那些要求长期稳定工作或工作环境温度变化较大的电子产品时，应当尽可能选用温度系数较小的元器件，也可以根据工作条件考虑产品的通风、降温，以至采取相应的恒温措施。

显然，电子元器件的温度系数会影响电路的工作稳定性，对电子产品的工作环境提出了限制性要求，这是一个不利因素。但是，人们又可以利用某些材料对温度特别敏感的性质，制成各种各样的温度检测元件。例如，在工业自动控制设备中常用于检测温度的铜电阻、铂电阻及各类半导体热敏器件，就是利用了它们的温度系数比较大并且在很大的范围内是一个常数的特点。有时，还可以利用元器件的温度系数正、负互补，来实现电路的稳定。例如，在 LC 振荡电路中，有时候采用两个温度系数符号相反的电容并联代替一个电容，使它们的电容量随温度的变化而互相补偿，可以稳定电路的振荡频率。

2. 噪声电动势和噪声系数

在无线电设备中,接收机或放大器的输出端,除了有用信号以外,还夹杂着有害的干扰。干扰的种类很多,有些是从无线电设备外部来的,如雷电干扰、宇宙干扰和工业干扰等;有些则是设备内部产生的。例如,从通信接收机中常常可以听到一种"沙沙"声,这种噪声在通信停顿的间隙更为明显;又如,在视频图像设备的屏幕背景上,经常可以看到一些雨雾状的斑点。这类噪声,通常叫做内部噪声。在一般情况下,有用信号比电路的内部噪声大得多,噪声产生的有害影响很小,可以不予考虑。但当有用信号十分微弱时,噪声就可能把有用信号"淹没",这时,其有害作用就不能不给予重视。

无线电设备的内部噪声主要是由各种电子元器件产生的。我们知道,导体内的自由电子在一定温度下总是处于"无规则"的热运动状态之中,从而在导体内部形成了方向及大小都随时间不断变化的"无规则"的电流,并在导体的等效电阻两端产生了噪声电动势。噪声电动势是随机变化的,在很宽的频率范围内都起作用。由于这种噪声是自由电子的热运动所产生的,通常又把它叫做热噪声。温度升高时,热噪声的影响也会加大。

除了热噪声以外,各种电子元器件由于制造材料、结构及工艺不同,还会产生其他类型的噪声。例如,碳膜电阻器因为碳粒之间的放电和表面效应而产生的噪声(这类噪声是金属膜电阻所没有的,所以金属膜电阻的噪声电动势比碳膜电阻的小一些),晶体管内部载流子产生的散粒噪声等。

通常,用"信噪比"来描述电阻、电容、电感一类无源元件的噪声指标,其定义为元件内部产生的噪声功率与其两端的外加信号功率之比,即

$$信噪比 = \frac{外加信号功率}{噪声功率}$$

对于晶体管或集成电路一类有源器件的噪声,则用噪声系数来衡量:

$$噪声系数 = \frac{输入端信噪比(S_i/N_i)}{输入端信噪比(S_0/N_0)}$$

在设计制作接收微弱信号的高增益放大器(如卫星电视接收机)时,应当尽量选用低噪声的电子元器件。使用专用仪器"噪声测试仪"可以方便地测量元器件的噪声指标。在各类电子元器件手册中,噪声指标也是一项重要的质量参数。

在高灵敏度、高增益的卫星通信接收机或军事雷达系统中,有时还采用超低温的办法来降低设备的内部噪声。超导技术和半导体致冷器件的研制,为制造低噪声的无线电设备开辟了良好的前景。

3. 高频特性

当工作频率不同时,电子元器件会表现出不同的电路响应,这是由于在制造元器件时使用的材料及工艺结构所决定的。在对电路进行一般性分析时,通常是把电子元器件作为理想元器件来考虑的,但当它们处于高频状态下时,很多原来不突出的特点就会反映出来。例如,线绕电阻器工作在直流或低频电路中时,可以被看作是一个理想电阻,

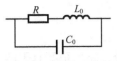

图 1.4 线绕电阻器的高频等效电路

而当频率升高时，其电阻线绕组产生的电感就成为比较突出的问题，并且每两匝绕组之间的分布电容也开始出现。这时，线绕电阻器的高频等效电路如图 1.4 所示。当工作频率足够高时，其感抗值可能比电阻值大出很多倍，将会严重地影响电路的工作状态。又如，那些采用金属箔卷绕的电容器（如电解电容器或金属化纸介电容器）就不适合工作在频率很高的电路中，因为卷绕的金属箔会呈现出电感的性质。再如，半导体器件的结电容在低、中频段的作用可以忽略，而在高频段对电路工作状态的影响就必须进行考虑。

事实上，一切电子元器件工作在高频状态下时，都将表征出电抗特性，甚至一段很短的导线，其电感、电容也会对电路的频率响应产生不可忽略的影响。这种性质，称为元器件的高频特性。在设计制作高频电路时，必须考虑元器件的频率响应，选择那些高频特性较好，自身分布电容、分布电感较小的元器件。

当然，元器件在电路板上的装配结构也会产生不同的频率响应，对于这一点，将在后面的章节进行介绍。

4. 机械强度及可焊性

电子元器件的机械强度是重要的质量参数之一。人们一般都希望电子设备工作在无震动、无机械冲击的理想环境中，然而事实上，对设备的震动和冲击是无法避免的。如果设备选用的元器件的机械强度不高，就会在震动时发生断裂，造成损坏，使电子设备失效，这种例子是屡见不鲜的。电阻器的陶瓷骨架断裂、电阻体两端的金属端脱落、电容本体开裂、各种元器件的引线折断、开焊等，都是经常可以见到的机械性故障。所以，在设计制作电子产品时，应该尽量选用机械强度高的元器件，并从整机结构方面采取抗震动、耐冲击的措施。

因为大部分电子元器件都是靠焊接实现电路连接的，所以元器件引线的可焊性也是它们的主要工艺质量参数之一。有经验的电子工程技术人员都知道，"虚焊"是引起整机失效最常见的原因。为了减少虚焊，不仅需要操作者经常练习，提高焊接的技术水平，积累发现虚焊点的经验，还应该尽量选用那些可焊性良好的元器件。如果元器件的可焊性不良，就必须在焊接前做好预处理——除锈镀锡，并在焊接时使用适当的助焊剂。

5. 可靠性和失效率

同其他任何产品一样，电子元器件的可靠性是指它的有效工作寿命，即它能够正常完成某一特定电气功能的时间。电子元器件的工作寿命结束，叫做失效。其失效的过程通常是这样的：随着时间的推移或工作环境的变化，元器件的规格参数发生改变，例如，电阻器的阻值变大或变小，电容器的容量减小等；当它们的规格参数变化到一定限度时，尽管外加的工作条件没有改变，却再也不能承受电路的要求而彻底损坏，使它们的特性参数消失，例如，二极管被电压击穿而短路，电阻因阻值变小而超负荷烧断等。显然，这是一个"从量变到质变"的过程。

度量电子产品可靠性的基本参数是时间，即用有效工作寿命的长短来评价它们的可靠性。电子元器件的可靠性用失效率表示。利用统计学的手段，能够发现描述电子元器件失效率的数学规律为

$$失效率\lambda(t)=\frac{失效数}{运用总数\times运用时间}$$

失效率的常用单位是 Fit（菲特），1 Fit＝10^{-9}/h。即一百万个元器件运行一千小时，每发生一个失效，就叫做 1 Fit。失效率越低，说明元器件的可靠性越高。

电子元器件的失效率还是时间的函数。统计数字表明，新制造出来的电子元器件，在刚刚投入使用的一段时间内，失效率比较高，这种失效称为早期失效，相应的这段时间叫做早期失效期。电子元器件的早期失效，是由于在设计和生产制造时选用的原材料或工艺措施方面的缺陷而引起的，它是隐藏在元器件内部的一种潜在故障，在开始使用后会迅速恶化而暴露出来。元器件的早期失效是十分有害的，但又是不可避免的。人们还发现，在经过早期失效期以后，电子元器件将进入正常使用阶段，其失效率会显著地迅速降低，这个阶段叫做偶然失效期。在偶然失效期内，电子元器件的失效率很低，而且在极长的时间内几乎没有变化，可以认为它是一个很小的常数。在经过长时间的使用之后，元器件可能会逐渐老化，失效率又开始增高，直至寿命结束，这个阶段叫做老化失效期。电子元器件典型的失效率函数曲线如图 1.5 所示。从图中可以清楚地看出，在早期失效期、偶然失效期、老化失效期内，电子元器件的失效率是大不一样的，其变化的规律就像一个浴盆的剖面，所以这条曲线常被称为"浴盆曲线"。

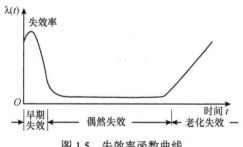

图 1.5　失效率函数曲线

应该指出，电子元器件的电气规格参数指标与其性能稳定可靠是两个不同的概念，这两者之间并没有必然的联系。规格参数良好的元器件，其可靠性不一定高；相反，规格参数差一些的元器件，其可靠性也不一定低。电子元器件的大部分规格参数都可以通过仪器仪表立即测量出来，但是它们的可靠性或稳定性，却必须经过各种复杂的可靠性试验，或者在经过大量的、长期的使用之后才能判断出来。

以前，人们对可靠性的概念知之甚少，特别是由于失效率的数据难以获得，一般都忽略了对于电子元器件可靠性的选择。近几十年来，随着可靠性研究的进步以及市场商品竞争的要求，人们逐渐认识到，元器件的失效率决定了电子整机产品的可靠性。因此，凡是那些实行了科学管理的企业，都已经在整机产品设计之初就把元器件的失效率作为

使用选择的重要依据之一。

由于在偶然失效期内，电子元器件的失效率可以近似为一个小常数。所以，正规化的元器件制造厂商都要采用各种试验手段，把电子元器件的早期失效消灭在产品出厂之前，并把它们在正常使用阶段的失效率作为向用户提供的一项主要参数。

6. 其他质量参数

各种不同的电子元器件还有一些特定的质量参数。例如，对于电容器来说，绝缘电阻的大小、由于漏电而引起的能量损耗（用损耗角正切 tanδ 表示）等都是重要的质量参数。又如，晶体三极管的反向饱和电流 I_{cbo}、穿透电流 I_{ceo} 和饱和压降 V_{ces} 等，都是三极管的质量参数。

电子元器件的这些特定的质量参数，都有相应的检验标准，应该根据实际电路的要求进行选用。

1.2　电子元器件的检验和筛选

为了保证电子整机产品能够稳定、可靠地长期工作，必须在装配前对所使用的电子元器件进行检验和筛选。在正规化的电子整机生产厂中，都设有专门的车间或工位，根据产品具体电路的要求，依照元器件的检验筛选工艺文件，对元器件进行严格的"使用筛选"。使用筛选的项目，包括外观质量检验、功能性筛选和老化筛选。

1.2.1　外观质量检验

在电子整机产品的生产厂家中，对元器件外观质量检验的一般标准包括以下几个方面。

1）元器件封装、外形尺寸、电极引线的位置和直径应该符合产品标准外形图的规定。

2）外观应该完好无损，其表面无凹陷、划痕、裂口、污垢和锈斑；外部涂层不能有起泡、脱落和擦伤现象。

3）电极引出线应该镀层光洁，无压折或扭曲，没有影响焊接的氧化层、污垢和伤痕。

4）各种型号、规格标识应该完整、清晰、牢固；特别是元器件参数的分档标识、极性符号和集成电路的种类型号，其标识、字符不能模糊不清或脱落。

5）对于电位器、可变电容或可调电感等元器件，在其调节范围内应该活动平顺、灵活，松紧适当，无机械杂音；开关类元件应该保证接触良好，动作迅速。

各种元器件用在不同的电子产品中，都有自身的特点和要求，除上述共同点以外，往往还有特殊要求，应根据具体的应用条件区别对待。

在业余条件下制作电子产品时，对元器件外观质量的检验，可以参照上述标准，但有些条款可以适当放宽。并且，有些元器件的毛病能够修复。例如，元器件引线上有锈斑或氧化层的，可以擦除后重新镀锡；玻璃或塑料封装的元器件表面涂层脱落的，可以用油漆涂补；可调元件或开关类元件的机械性能，可以经过细心调整改善等。但是，这绝不意味着业余制作时可以在装焊前放弃对电子元器件的检验。

1.2.2　电气性能使用筛选

电子整机中使用的元器件，一般需要在长时间连续通电的情况下工作，并且要受到环境条件和其他因素的影响，因此要求它们必须具有良好的可靠性和稳定性。要使电子整机稳定可靠地工作，并能经受环境和其他一些不可预见的不利条件的考验，对元器件进行必要的筛选老化，是非常重要的一个环节。

前面已经介绍了电子元器件的失效率概念。我们知道，电子元器件的早期失效是十分有害的，但又是不可避免的。因此，怎样剔除早期失效的元器件，使它们在装配焊接时就已经进入失效率很低的正常使用阶段，从而保证整机的可靠性，这一直是工业产品生产中的重大研究课题。

每一台电子整机产品都要用到很多元器件，在装配焊接之前把元器件全部逐一检验筛选，事实上也是困难的。所以，整机生产厂家在对元器件进行使用筛选时，通常是根据产品的使用环境要求和元器件在电路中的工作条件及其作用，按照国家标准和企业标准，分别选择确定某种元器件的筛选手段。在考虑产品的使用环境要求时，一般要区别该产品是否军工产品、是否精密产品、使用环境是否恶劣、产品损坏是否可能带来灾害性的后果等情况；在考虑元器件在电路中的工作条件及作用时，一般要分析该元器件是否关键元器件、功率负荷是否较大、局部环境是否良好等因素，特别要认真研究元器件生产厂家提供的可靠性数据和质量认证报告。对那些要求不是很高的低档电子产品，一般采用随机抽样的方法检验筛选元器件；而对那些要求较高、工作环境严酷的产品，则必须采用更加严格的老化筛选方法来逐个检验元器件。

需要特别注意的是，采用随机抽样的方法对元器件进行检验筛选，并不意味着检验筛选是可有可无的——凡是科学管理的企业，即使是对于通过固定渠道进货、经过质量认证的元器件，也都要长年、定期进行例行的检验（例行试验）。例行试验的目的，不仅在于验证供应厂商提供的质量数据，还要判断元器件是否符合具体电路的特殊要求。所以，例行试验的抽样比例、样本数量及其检验筛选的操作程序，都是非常严格的。

老化筛选的原理及作用是，给电子元器件施加热的、电的、机械的或者多种结合的外部应力，模拟恶劣的工作环境，使它们内部的潜在故障加速暴露出来，然后进行电气参数测量，筛选剔除那些失效或参数变化了的元器件，尽可能把早期失效消灭在正常使用之前。

筛选的指导思想是，经过老化筛选，有缺陷的元器件会失效，而优质品能够通过。这里必须注意实验方法正确和外加应力适当，否则，可能对参加筛选的元器件造成不必要的损伤。

在电子整机产品生产厂家里，广泛使用的老化筛选项目有高温存储老化、高低温循环老化、高低温冲击老化和高温功率老化等，其中高温功率老化是目前使用最多的试验项目。高温功率老化是给元器件通电，模拟它们在实际电路中的工作条件，再加上+80～+180℃之间的高温进行几小时至几十小时的老化，这是一种对元器件的多种潜在故障都有筛选作用的有效方法。

老化筛选需要专门的设备，投入的人力、工时、能源成本也很高。随着生产水平的进步，电子元器件的质量已经明显提高，并且电子元器件生产企业普遍开展在权威机构监督下的质量认证，一般都能够向用户提供准确的技术资料和质量保证书，这无疑可以减少整机厂对筛选元器件的投入。所以，目前除了军工、航天电子产品等可靠性要求极高的企业还对元器件进行 100％的严格筛选以外，一般都只对元器件进行抽样检验，并且根据抽样检验的结果决定该种、该批的元器件是否能够投入生产；如果抽样检验不合格，则应该向供货方退货。

对于电子技术爱好者和初学者来说，在业余制作之前对电子元器件进行正规的老化筛选一般是不太可能的，通常可以采用的方法是包括以下几个方面。

（1）自然老化

人们发现，对于电阻等多数元器件来说，在使用前经过一段时间（如一年以上）的储存，其内部也会产生化学反应及机械应力释放等变化，使它的性能参数趋于稳定，这种情况叫做自然老化。但要特别注意的是，电解电容器的储存时间一般不要超过半年，这是因为在长期搁置不用的过程中，电解液可能干涸，电容量将逐渐变小，甚至彻底损坏。存放时间超过半年的电解电容器，应该进行"电锻老化"恢复其性能；存储时间超过三年的，就应该认为已经失效。注意：电解液干涸或电容量减小的电解电容器，可能在使用中发热以致爆炸。

（2）简易电老化

对于那些工作条件比较苛刻的关键元器件，可以按照图 1.6 所示的方法进行简易电老化。其中，应该采用输出电压可以调整并且未经过稳压的脉动直流电压源，使加在元器件两端的电压略高于额定（或实际）工作电压，调整限流电阻 R，使通过元器件的电流达到 1.5 倍额定功率的要求，通电 5 分钟，利用元器件自身的功耗发热升温（注意不能超过允许温度的极限值），来完成简易功率老化。还可以利用图 1.6 的电路对存放时间超过半年的电解电容器进行电锻老化：先加上三分之一的额定直流工作电压半小时，再升到三分之二的额定直流工作电压 1 小时，然后加额定直流工作电压 2 小时。

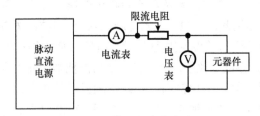

图 1.6　简易电老化电路

（3）参数性能测试

经过外观检验及老化的元器件，应该进行电气参数测量。要根据元器件的质量标准或实际使用的要求，选用合适的专用仪表或通用仪表，并选择正确的测量方法和恰当的仪表量程。测量结果应该符合该元器件的有关指标，并在标称值允许的偏差范围内。具体的测试方法，这里不再详述，但有两点是必须注意的。

1）绝不能因为元器件是购买的"正品"而忽略测试。很多初学者由于缺乏经验，把未经测试检验的元器件直接装配焊接到电路上。假如电路不能正常工作,就很难判断原因,结果使整机调试陷入困境,即使后来查明了电路失效是因为某种元器件不合格,也因为已经对元器件做过焊接,供货单位不予退换。

2)要学会正确使用测量仪器仪表的方法,一定要避免由于测量方法不当而引起的错误或不良后果。例如,用晶体管特性测试仪测量三极管或二极管时,要选择合适的功耗限制电阻,否则可能损坏晶体管;用指针式万用表测量电阻时,要使指针指示在量程刻度中部的三分之一范围内,否则读数误差很大等。

1.3 电子元器件的命名与标注

熟悉了解电子元器件的型号命名及标注方法,对于选择、购买、使用元器件,进行技术交流,都是非常必要的。

1.3.1 电子元器件的命名方法

国家电子工业管理部门对大多数国产电子元器件的种类命名都作出了统一的规定,可以从国家标准 GB2470-81 中查到。由于电子元器件的种类繁多,这里不可能一一列出。

通常,电子元器件的名称应该反映出它们的种类、材料、特征、型号、生产序号及区别代号,并且能够表示出主要的电气参数。电子元器件的名称由字母(汉语拼音或英语字母)和数字组成。对于元件来说,一般用一个字母代表它的主称,如 R 表示电阻器,C 表示电容器,L 表示电感器,W 表示电位器等;用数字或字母表示其他信息。半导体分立器件和集成电路的名称也由国家标准规定了具体意义,如二极管的主称用数字 2 表示,三极管的主称用数字 3 表示。但是,近年来的电子市场上已经很少见到完全是国产的半导体器件,而进口半导体器件、特别是模拟集成电路的命名往往又很复杂,在选用时必须查阅它们的技术资料,所以不再详述。

1.3.2 型号及参数在电子元器件上的标注

电子元器件的型号及各种参数,应当尽可能在元器件的表面上标注出来。常用的标注方法有直标法、文字符号法和色标法三种。

1. 直标法

把元器件的主要参数直接印制在元件的表面上即为直标法,如图 1.7 所示。这种标注方法直观,只能用于体积比较大的元器件。

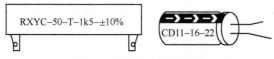

图 1.7 元器件参数直标法

例如,电阻器的表面上印有 RXYC-50-T-1k5-±10%,表示其种类为耐潮披釉线绕可调电阻器,额定功率为 50 W,阻值为 1.5 kΩ,允许偏差为±10%;又如,电容器的表面上印有 CD11-16-22,表示其种类为单向引线式铝电解电容器,额定直流工作电压为 16 V,标称容量为 22 μF。

2. 文字符号法

以前,文字符号法主要用于标注半导体器件,用来表示其种类及有关参数,文字符号应该符合国家标准。例如,3DG6C 表示国产 NPN 型硅材料的高频小功率三极管,品种序号为 6,C 表示耐压规格。又如,集成电路上印有 CC4040,表示这是一个 4000 系列的国产 CMOS 数字集成电路,查手册可知其具体功能为十二级二进制计数器。

随着电子元器件不断小型化的发展趋势,特别是表面安装元器件(SMC 和 SMD)的制造工艺和表面安装技术(SMT)的进步,要求在元件表面上标注的文字符号也作出相应的改革。现在,在大批量制造元件时,把电阻器的阻值偏差控制在±5%之内、把电容器的容量偏差和电感器的电感量偏差控制在±10%之内已经很容易实现。因此,除了那些高精度元件以外,一般仅用三位数字标注元件的数值,而允许偏差(精度等级)不再表示出来,如图 1.8 所示。具体规定如下所述。

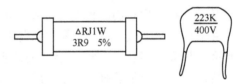

图 1.8　元器件参数文字符号法

1)用元件的形状及其表面的颜色区别元件的种类,如在表面装配元件中,除了形状的区别以外,黑色表示电阻,棕色表示电容,淡蓝色表示电感。

2)电阻的基本标注单位是欧姆(Ω),电容的基本标注单位是皮法(pF),电感的基本标注单位是微亨(μH);用三位数字标注元件的数值。

3)对于十个基本标注单位以上的元件,前两位数字表示数值的有效数字,第三位数字表示数值的倍率。例如,对于电阻器上的标注,100 表示其阻值为 $10×10^0=10$ Ω,223 表示其阻值为 $22×10^3$ Ω$=22$ kΩ;对于电容器上的标注,103 表示其容量为 $10×10^3$ pF$=10\,000$ pF$=0.01$ μF,475 表示其容量为 $47×10^5=4\,700\,000$ pF$=4.7$ μF;对于电感器上的标注,820 表示其电感量为 $82×10^0=82$ μH。

4)对于十个基本标注单位以下的元件,用字母"R"表示小数点,其余两位数字表示数值的有效数字。例如,对于电阻器上的标注,R10 表示其阻值为 0.1 Ω,3R9 表示其阻值为 3.9 Ω;对于电容器上的标注,1R5 表示其容量为 1.5 pF;对于电感器上的标注,6R8 表示其电感量为 6.8 μH。

3. 色标法

为了适应电子元器件不断小型化的发展趋势,在圆柱形元件(主要是电阻)体上印制色环、在球形元件（电容、电感）和异形器件（如三极管）体上印制色点，表示它们的主要参数及特点，称为色码（color code）标注法，简称色标法。今天，色标法已经得到了广泛的应用。

色环最早用于标注电阻，其标志方法也最为成熟统一。现在，能否识别色环电阻，已经是考核电子行业从业人员的基本项目之一。下面对电阻的色环标注加以详细说明。

用背景颜色区别种类——用浅色（淡绿色、淡蓝色、浅棕色）表示碳膜电阻，用红色表示金属膜或金属氧化膜电阻，深绿色表示线绕电阻。

用色码（色环、色带或色点）表示数值及允许偏差——国际统一的色码识别规定如表 1.4 所示。

表 1.4　色码识别定义

颜　色	有效数字	倍率（乘数）	允许偏差/%
黑	0	10^0	—
棕	1	10^1	±1
红	2	10^2	±2
橙	3	10^3	—
黄	4	10^4	—
绿	5	10^5	±0.5
蓝	6	10^6	±0.25
紫	7	10^7	±0.1
灰	8	10^8	—
白	9	10^9	$-20\sim+50$
金	—	10^{-1}	±5
银	—	10^{-2}	±10
无色	—	—	±20

常见元件参数的色标法如图 1.9 所示。

棕黑绿棕　棕　　　　　　　红红棕　金　　　　　　　蓝 灰 红　银

电阻：阻值为1.05kΩ 允许偏差为±1%　电感：标称值为220μH 允许偏差为±5%　电容：标称值为6800pF 允许偏差为±10%

　　　　(a)　　　　　　　　　　　　　　(b)　　　　　　　　　　　　　　(c)

图 1.9　元器件参数色标法

普通电阻大多用四个色环表示其阻值和允许偏差。第一、二环表示有效数字，第三环表示倍率（乘数），第四环与前三环距离较大（约为前几环间距的 1.5 倍），表示允许偏差。例如，红、红、红、银四环表示的阻值为 $22\times10^2=2200\ \Omega$，允许偏差为±10%；又如，绿、蓝、金、金四环表示的阻值为 $56\times10^{-1}=5.6\ \Omega$，允许偏差为±5%。

精密电阻采用五个色环标志，前三环表示有效数字，第四环表示倍率，与前四环距离较大的第五环表示允许偏差。例如，棕、黑、绿、棕、棕五环表示阻值为 $105\times10^1=1050\ \Omega=1.05\ k\Omega$，允许偏差为±1%；又如，棕、紫、绿、银、绿五环表示阻值为 $175\times10^{-2}=1.75\ \Omega$，允许偏差为±0.5%。

用色码表示数字编号也是常见的用法，例如，彩色扁平带状电缆就是依次使用顺序排列的棕、红、橙、……、黑色，表示每条线的编号1、2、…、10。

色码还可用来表示元器件的某项参数，原电子工业部标准规定，用色点标在半导体三极管的顶部，表示共发射极直流放大倍数β或h_{FE}的分档，其意义见表1.5。

表1.5 用色点表示半导体三极管的放大倍数

色 点	棕	红	橙	黄	绿	蓝	紫	灰	白	黑
β分档	0～15	15～25	25～40	40～55	55～80	80～120	120～180	180～270	270～400	400以上

另外，色点和色环还常用来表示电子元器件的极性。例如，电解电容器外壳上标有白色箭头和负号的一极是负极；玻璃封装二极管上标有黑色环的一端、塑料封装二极管上标有白色环的一端为负极；某些三极管的管脚非标准排列，在其外壳的柱面上用红色点表示发射极等。

1.4 常用元器件简介

电子元器件的种类繁多，性能差异，应用范围有很大区别。对于电子工程技术人员和业余爱好者来说，全面了解各类电子元器件的结构及特点，学会正确地选择应用，是电子产品研制成功的重要因素之一。下面将对研制、开发产品中最常用的电子元器件，做出简要的介绍。

1.4.1 电阻器

电阻器是电子整机中使用最多的基本元件之一。统计表明，电阻器在一般电子产品中要占到全部元器件总数的50%以上。电阻器是一种消耗电能的元件，在电路中用于稳定、调节、控制电压或电流的大小，起限流、降压、偏置、取样、调节时间常数、抑制寄生振荡等作用。

1. 电阻器的命名方法及图形符号

根据国家标准GB2470-81的规定，电阻器的型号由以下几部分构成：

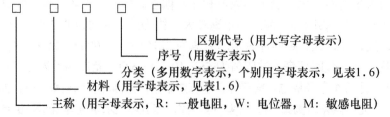

电阻器的图形符号如图1.10所示。

图 1.10　电阻器的图形符号

2. 电阻器的分类

按照制造工艺或材料，电阻器分类如下所述。

1）合金型：用块状电阻合金拉制成合金线或碾压成合金箔制成的电阻，如线绕电阻、精密合金箔电阻等。

2）薄膜型：在玻璃或陶瓷基体上沉积一层电阻薄膜，膜的厚度一般在几微米以下，薄膜材料有碳膜、金属膜、化学沉积膜及金属氧化膜等。

3）合成型：电阻体由导电颗粒和化学粘接剂混合而成，可以制成薄膜或实芯两种类型，常见有合成膜电阻和实芯电阻。

按照使用范围及用途，电阻器分类如下所述。

1）普通型：指能适应一般技术要求的电阻，额定功率范围为 0.05～2 W，阻值为 1 Ω～22 MΩ，允许偏差±5%、±10%、±20% 等。

2）精密型：有较高精密度及稳定性，功率一般不大于 2 W，标称值在 0.01 Ω～20 MΩ 之间，精度在±2%～±0.001% 之间分档。

3）高频型：电阻自身电感量极小，常称为无感电阻。用于高频电路，阻值小于 1 kΩ，功率范围宽，最大可达 100 W。

4）高压型：用于高压装置中，功率在 0.5～15 W 之间，额定电压可达 35 kV 以上，标称阻值可达 1 GΩ（1000 MΩ）。

5）高阻型：阻值在 10 MΩ 以上，最高可达 10^{14} Ω。

6）集成电阻（电阻排）：这是一种电阻网络，它具有体积小、规整化、精密度高等特点，特别适用于电子仪器仪表及计算机产品中。

电阻器的材料、分类代号及其意义见表 1.6。

表 1.6　电阻器的材料、分类代号及其意义

材　料		分　类					
字母代号	意　义	数字代号	意　义		字母代号	意　义	
			电阻器	电位器		电阻器	电位器
T	碳膜	1	普通	普通	G	高功率	—
H	合成膜	2	普通	普通	T	可调	—
S	有机实芯	3	超高频	—	W	—	微调
N	无机实芯	4	高阻	—	D	—	多圈

续表

材　料		分　类				字母代号		意　义	
字母代号	意　义	数字代号	意　义					电阻器	电位器
			电阻器	电位器					
J	金属膜	5	高温	—					
Y	金属氧化膜	6	—	—					
C	化学沉积膜	7	精密	精密					
I	玻璃釉膜	8	高压	函数					
X	线绕	9	特殊	特殊					

说明：新型产品的分类根据发展情况予以补充

用于监测非电物理量的敏感电阻的材料、分类代号及其意义见表 1.7。

表 1.7　敏感电阻的材料、分类代号及其意义

材　料		分　类			
字母代号	意　义	数字代号	意　义		
			温　度	光　敏	压　敏
F	负温度系数热敏	1	普通	—	碳化硅
Z	正温度系数热敏	2	稳压	—	氧化锌
G	光敏	3	微波	—	氧化锌
Y	压敏	4	旁热	可见光	—
S	湿敏	5	测温	可见光	—
C	磁敏	6	微波	可见光	—
L	力敏	7	测量	—	—
Q	气敏	8	—	—	—

例如，RJ71 型精密金属膜电阻器和 WSW1A 型微调有机实芯电位器：

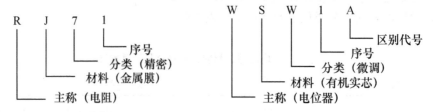

又如，MF41 旁热式热敏电阻器：

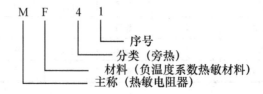

3. 电阻器的主要技术指标及标志方法

电阻器的主要技术指标有额定功率、标称阻值、允许偏差（精度等级）、温度系数、非线性度、噪声系数等项。由于电阻器的表面积有限以及对参数关心的程度，一般只标明阻值、精度、材料和额定功率几项；对于额定功率小于 0.5 W 的小电阻，通常只标注阻值和精度，其材料及额定功率通常由外形尺寸和颜色判断。电阻器的主要参数通常用色环或文字符号标出。

（1）额定功率

电阻器在电路中长时间连续工作不损坏，或不显著改变其性能所允许消耗的最大功率，称为电阻器的额定功率。电阻器的额定功率并不是电阻器在电路中工作时一定要消耗的功率，而是电阻器在电路中工作时，允许消耗功率的限额。

电阻实质上是把吸收的电能转换成热能的能量转换元件。电阻在电路中消耗电能，并使自身的温度升高，其负荷能力取决于电阻在长期稳定工作的情况下所允许发热的温度。根据部颁标准，不同类型的电阻有不同的额定功率系列。通常的功率系列值可以有 0.05～500 W 之间的数十种规格。选择电阻的额定功率，应该判断它在电路中的实际功率，一般使额定功率是实际功率的 1.5～2 倍以上。

电阻器的额定功率系列见表 1.8。

表 1.8　电阻器额定功率系列　　　　　　　　　　（单位：W）

线绕电阻器的额定功率系列	0.05；0.125；0.25；0.5；1；2；4；8；10；16；25；40；50；75；100；150；250；500
非线绕电阻器额定功率系列	0.05；0.125；0.25；0.5；1；2；5；10；25；50；100

在电路图中，电阻器的额定功率标志在电阻的图形符号上，如图 1.11 所示。

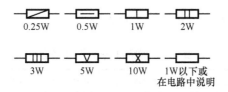

图 1.11　标有电阻器额定功率的电阻符号

额定功率 2 W 以下的小型电阻，其额定功率值通常不在电阻体上标出，观察外形尺寸即可确定；额定功率 2 W 以上的电阻，因为体积比较大，其功率值均在电阻体上用数字标出。电阻器的额定功率主要取决于电阻体的材料、外形尺寸和散热面积。一般说来，额定功率大的电阻器，其体积也比较大。因此，可以通过比较同类型电阻的尺寸，判断电阻的额定功率。常用电阻的额定功率及其外形尺寸见表 1.9。

表 1.9　常用电阻器的额定功率及其外形尺寸

种　　类	型　　号	额定功率/W	最大直径/mm	最大长度/mm
超小型碳膜电阻	RT13	0.125	1.8	4.1
小型碳膜电阻	RTX	0.125	2.5	6.4
碳膜电阻	RT	0.25	5.5	18.5
		0.5	5.5	28.0
		1	7.2	30.5
		2	9.5	48.5
金属膜电阻	RJ	0.125	2.2	7.0
		0.25	2.8	8.0
		0.5	4.2	10.8
		1	6.6	13.0
		2	8.6	18.5

（2）标称阻值

阻值是电阻的主要参数之一，不同类型的电阻，阻值范围不同；不同精度等级的电阻器，其数值系列也不相同。根据部颁标准，常用电阻的标称阻值系列见表1.1。在设计电路时，应该尽可能选用阻值符合标称系列的电阻。电阻器的标称阻值，用色环或文字符号标志在电阻的表面上。

（3）阻值精度（允许偏差）

实际阻值与标称阻值的相对误差为电阻精度。允许相对误差的范围叫做允许偏差（简称允差，也称为精度等级）。普通电阻的允许偏差可分为±5％、±10％、±20％等，精密电阻的允许偏差可分为±2％、±1％、±0.5％、……、±0.001％等十多个等级。一般说来，精度等级高的电阻，价格也更高。在电子产品设计中，应该根据电路的不同要求，选用不同精度的电阻。

电阻的精度等级可以用符号标明，见表1.10。

表 1.10　电阻的精度等级符号

％	±0.001	±0.002	±0.005	±0.01	±0.02	±0.05	±0.1
符　　号	E	X	Y	H	U	W	B
％	±0.2	±0.5	±1	±2	±5	±10	±20
符　　号	C	D	F	G	J	K	M

（4）温度系数

所有材料的电阻率都会随温度变化，电阻的阻值同样如此。在衡量电阻器的温度稳定性时，使用温度系数为

$$\alpha_r = \frac{R_2 - R_1}{R_1 \ (t_2 - t_1)}$$

式中，α_r 是电阻的温度系数，单位为 1/℃；R_1 和 R_2 分别是温度为 t_1 和 t_2 时的阻值，单位为 Ω。

一般情况下，应该采用温度系数较小的电阻；而在某些特殊情况下，则需要使用温度系数大的热敏电阻器，这种电阻器的阻值随着环境和工作电路的温度而敏感地变化。它有两种类型，一种是正温度系数型，另一种是负温度系数型。热敏电阻一般在电路中用作温度补偿或测量调节元件。金属膜、合成膜电阻具有较小的正温度系数，碳膜电阻具有负温度系数。适当控制材料及加工工艺，可以制成温度稳定性很高的电阻。

（5）非线性

通过电阻的电流与加在其两端的电压不成正比关系时，叫做电阻的非线性。图 1.12 描绘了电阻的非线性变化曲线。电阻的非线性用电压系数表示，即在规定的范围内，电压每改变 1 伏，电阻值的平均相对变化量为

$$K = \frac{R_2 - R_1}{R_1(U_2 - U_1)} \times 100\%$$

式中，U_1 为额定电压，U_2 为测试电压，单位为 V；R_1、R_2 分别是在 U_1、U_2 条件下测得的电阻值，单位为 Ω。

一般，金属型电阻线性度很好，非金属型电阻常会出现非线性。

（6）噪声

噪声是产生于电阻中的一种不规则的电压起伏，见图 1.13。噪声包括热噪声和电流噪声两种。

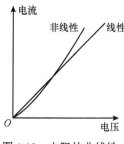

图 1.12　电阻的非线性

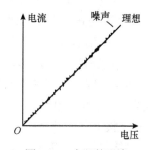

图 1.13　电阻的噪声

热噪声是由于电子在导体中的不规则运动而引起的，既不决定于材料，也不决定于导体的形状，仅与温度和电阻的阻值有关。任何电阻都有热噪声。降低电阻的工作温度，可以减小热噪声。

电流噪声是由于导体流过电流时，导电颗粒之间以及非导电颗粒之间不断发生碰撞而产生的机械震动，并使颗粒之间的接触电阻不断变化的结果。当直流电压加在电阻两端时，电流将被起伏的噪声电流所调制，这样，电阻两端除了有直流压降外，还会有不规则的交变电压分量，这就是电流噪声。电流噪声与电阻的材料、结构有关，并和外加

直流电压成正比。合金型电阻无电流噪声，薄膜型较小，合成型最大。

（7）极限电压

电阻两端电压加高到一定值时，电阻会发生电击穿使其损坏，这个电压值叫做电阻的极限电压。根据电阻的额定功率，可以计算出电阻的额定电压为

$$V = \sqrt{P \cdot R}$$

而极限电压无法根据简单的公式计算出来，它取决于电阻的外形尺寸及工艺结构。

4．几种常用电阻器的结构与特点

几种常用电阻器的外形如图1.14所示。其中，图1.14（a）是碳膜电阻器，图1.14（b）是金属膜或金属氧化膜电阻器，图1.14（c）是线绕电阻器，图1.14（d）是热敏电阻器，图1.14（e）是电阻网络（集成电阻、电阻排）。

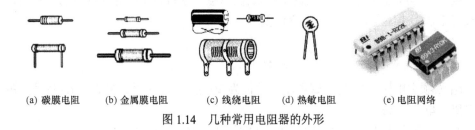

　　(a) 碳膜电阻　　　(b) 金属膜电阻　　　(c) 线绕电阻　　　(d) 热敏电阻　　　(e) 电阻网络

图1.14　几种常用电阻器的外形

（1）薄膜类电阻

1）金属膜电阻（型号：RJ）。

结构：在陶瓷骨架表面，经真空高温或烧渗工艺蒸发沉积一层金属膜或合金膜。

特点：工作环境温度范围大（−55～+125℃）、温度系数小、稳定性好、噪声低、体积小（与相同体积的碳膜电阻相比，额定功率要大一倍左右），价格比碳膜电阻稍贵一些。以前生产的金属膜电阻外表通常涂成红色。

这种电阻广泛用在稳定性及可靠性有较高要求的电路中，额定功率有0.125 W、0.25 W、0.5 W、1 W、2 W、5 W等，标称阻值在1 Ω～100 MΩ之间，精度等级一般为±5%，高精度的金属膜电阻其精度可达0.5%～0.05%。

2）金属氧化膜电阻（型号：RY）。

结构：高温条件下，在陶瓷本体的表面上以化学反应形式生成以二氧化锡为主体的金属氧化层。

特点：膜层比金属膜和碳膜电阻都厚得多，并与基体附着力强，因而它有极好的脉冲、高频、温度和过负荷性能；机械性能好，坚硬、耐磨；在空气中不会再氧化，因而化学稳定性好；能承受大功率（可高达25 W～50 kW），但阻值范围较窄（1 Ω～200 kΩ）。

3）碳膜电阻（型号：RT）。

结构：碳氢化合物在真空中通过高温蒸发分解，在陶瓷骨架表面上沉积成碳结晶导电膜。

特点：这是一种应用最早、最广泛的薄膜型电阻。它的体积比金属膜电阻略大，阻值

范围宽（1 Ω～10 MΩ），温度系数为负值。此外，碳膜电阻的价格特别低廉，因此在低档次的消费类电子产品中被大量使用。额定功率为 0.125～10 W，精度等级为±5%、±10%、±20%，以前生产的碳膜电阻外表通常涂成淡绿色。

（2）合金类电阻

1）线绕电阻（型号：RX）。

结构：在磁管上用锰铜丝或镍铬合金丝绕制后，为防潮并防止线圈松动，将其外层用披釉（玻璃釉或珐琅）或漆加以保护。

特点：线绕电阻可分为精密型和功率型两类。精密型线绕电阻特别适用于测量仪表或其他高精度的电路，它的一般精度为±0.01%，最高可达到±0.005% 以上，温度系数小于 $10^{-6}/℃$，长期工作稳定性可靠，阻值范围是 0.1 Ω～5 MΩ。功率型线绕电阻的额定功率在 2 W 以上，最大功率可达 500 W；阻值范围是 0.1 Ω～1 MΩ，精度等级为±5%～±20%。功率电阻又分为固定式和可调式两种，可调式是从电阻体上引出一个滑动端对阻值进行调整，通常用于功率电路的调试。

由于采用线绕工艺，因而线绕电阻的自身电感和分布电容都很大，不适宜在高频电路中使用。

2）精密合金箔电阻（型号：RJ）。

结构：在玻璃基片上粘结一块合金箔，用光刻法蚀出一定图形，并涂覆环氧树脂保护层，引线并封装以后，即制成合金箔电阻。

特点：具有自动补偿电阻温度系数的功能，可在较宽的温度范围内保持极小的温度系数，因而具有高精度、高稳定性、高频高速响应的特点，弥补了金属膜电阻和线绕电阻的不足。这种电阻的精度可达到±0.001%，稳定性为 $±5×10^{-4}%/年$，温度系数约为 $±1×10^{-6}/℃$。

RJ711 型是一种国产的金属箔电阻。

（3）合成类电阻。

合成类电阻，是将导电材料与非导电材料按一定比例混合成不同电阻率的材料后制成的电阻。这种电阻最突出的优点是可靠性高。例如，优质实芯电阻的可靠性通常要比金属膜和碳膜电阻高出 5～10 倍。因此，尽管它的电性能较差（噪声大、线性度差、精度低、高频特性不好等），但因它的高可靠性，仍在一些特殊领域（如宇航工业、海底电缆等）内广泛使用。

合成型电阻的种类较多，按电阻结构可分为实芯电阻和漆膜电阻；按粘结剂可分为有机型（如酚醛树脂）和无机型（如玻璃、陶瓷等）；按用途可分为通用型、高阻型、高压型等。

1）金属玻璃釉电阻（型号：RI）。

结构：以无机材料做粘合剂，用印刷烧结工艺在陶瓷基体上形成电阻膜，这种电阻膜的厚度比普通薄膜型电阻要厚得多。

特点：具有较高的耐热性和耐潮性。

小型化的贴片式（SMT）电阻通常是金属玻璃釉电阻。

2）实芯电阻（型号：RS）。

结构：用有机树脂和碳粉合成电阻率不同的材料后热压而成。

特点：体积大小与相同功率的金属膜电阻相当。阻值范围是 4.7 Ω～200 MΩ，精度等级为±5%、±10%。

常见的国产实芯电阻有 RS11 型。

3）合成膜电阻（型号：RH）。

结构：合成膜电阻可制成高压型和高阻型。高压型的外形大多是一根无引线的电阻长棒，表面涂红色；耐压高的，其长度也更长。高阻型的电阻体封装在真空玻璃管内，防止合成膜受潮或氧化，提高阻值的稳定性。

特点：高压型电阻的阻值范围是 47～1000 MΩ，精度等级为±5%、±10%，耐压分成 10 kV 和 35 kV 两档。高阻型电阻的阻值范围更大，为 10 MΩ～10 TΩ，允许偏差为±5%、±10%。

4）电阻网络（电阻排）。

结构：综合掩膜、光刻、烧结等工艺技术，在一块基片上制成多个参数、性能一致的电阻，连接成电阻网络，也叫集成电阻。

特点：随着电子装配密集化和元器件集成化的发展，电路中常需要一些参数、性能、作用相同的电阻。例如，计算机检测系统中的多路 A/D、D/A 转换电路，往往需要多个阻值相同、精度高、温度系数小的电阻，选用分立元件不仅体积大、数量多，而且往往难以达到技术要求，而使用电阻网络则很容易满足上述要求。

（4）特殊电阻

1）熔断电阻。

这种电阻又叫做保险电阻，兼有电阻和熔断器的双重作用：在正常工作状态下它是一个普通的小阻值（一般几欧姆到几十欧姆）电阻，但当电路出现故障、通过熔断电阻器的电流超过该电路的规定电流时，它就会迅速熔断开路。与传统的熔断器和其他保护装置相比，熔断电阻器具有结构简单、使用方便、熔断功率小、熔断时间短等优点，被广泛用于电子产品中。选用熔断电阻要仔细考虑功率和阻值的大小，功率和阻值都不能太大，才能使它起到保护作用。

2）水泥电阻。

水泥电阻实际上是封装在陶瓷外壳里、并用水泥填充固化的一种线绕电阻，如图 1.15 所示。水泥电阻内的电阻丝和引脚之间采用压接工艺，如果负载短路，压接点会迅速熔

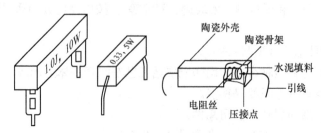

图 1.15　水泥电阻

断，起到保护电路的的作用。水泥电阻功率大、散热好，具有良好的阻燃、防爆特性和高达 100 MΩ 的绝缘电阻，被广泛使用在开关电源和功率输出电路中。

3）敏感型电阻。

使用不同材料及工艺制造的半导体电阻，具有对温度、光通量、湿度、压力、磁通量、气体浓度等非电物理量敏感的性质，这类电阻叫做敏感电阻。通常有热敏、压敏、光敏、湿敏、磁敏、气敏、力敏等不同类型的敏感电阻。利用这些敏感电阻，可以制作用于检测相应物理量的传感器及无触点开关。各类敏感电阻，按其信息传输关系可分为"缓变型"和"突变型"两种，广泛应用于检测和自动化控制等技术领域。

5. 电阻器的正确选用与质量判别

（1）电阻器的正确选用

在选用电阻时，不仅要求其各项参数符合电路的使用条件，还要考虑外形尺寸和价格等多方面的因素。一般说来，电阻器应该选用标称阻值系列，允许偏差多用 ±5% 的，额定功率大约为在电路中的实际功耗的 1.5～2 倍以上。

在研制电子产品时，要仔细分析电路的具体要求。在那些稳定性、耐热性、可靠性要求比较高的电路中，应该选用金属膜或金属氧化膜电阻；如果要求功率大、耐热性能好，工作频率又不高，则可选用线绕电阻；对于无特殊要求的一般电路，可使用碳膜电阻，以便降低成本。表 1.11 对各种电阻的特性进行了比较，可以在选用时参考。

表 1.11　电阻的特性及选用

性　能	合成碳膜	合成碳实芯	热分解碳膜	金属氧化膜	金属膜	金属玻璃釉	块金属膜	电阻合金线
阻值范围	中～很高	中～高	中～高	低～中	低～高	中～很高	低～中	低～高
温度系数	尚可	尚可	中	良	优	良～优	极优	优～极优
非线性、噪声	尚可	尚可	良	良～优	优	中	极优	极优
高频、快速响应	良	尚可	优	优	极优	良	极优	差～尚可
比功率	低	中	中	中～高	中～高	高	中	中～高
脉冲负荷	良	优	良	优	中	良	良	良～优
储存稳定性	中	中	良	良	良～优	良～优	优	优
工作稳定性	中	良	良	良	优	良～优	极优	极优
耐潮性	中	中	良	良	良～优	良～优	良～优	良～优
可靠性		优	中	良～优	良～优	良～优	良～优	
通用		△	△	△				△
高可靠		△		△	△	△	△	
半精密			△	△	△	△		
精密					△	△	△	△

性　　能	合成碳膜	合成碳实芯	热分解碳膜	金属氧化膜	金属膜	金属玻璃釉	块金属膜	电阻合金线
高精密							△	△
中功率				△		△		△
大功率				△				△
高频、快速响应			△	△	△		△	
高频大功率			△	△				
高压、高阻	△					△		
贴片式					△	△		
电阻网络	△				△	△	△	

注：表格中的△表示该品种具有的性能。

（2）电阻器的质量判别方法

1）看电阻器表面有无烧焦、引线有无折断现象。

2）再用万用表电阻挡测量阻值，合格的电阻值应该稳定在允许的误差范围内，如超出误差范围或阻值不稳定，则不能选用。

3）根据"电阻器质量越好，其噪声电压越小"的原理，使用"电阻噪声测量仪"测量电阻噪声，判别电阻质量的好坏。

1.4.2　电位器（可调电阻器）

电位器也叫可调电阻器，其图形符号和外形如图 1.16 所示。电位器有三个引出端：其中两个引出端为固定端，固定端之间的电阻值是固定的；另一个是滑动端（也称中心抽头），滑动端可以在固定端之间的电阻体上做机械运动，使其与固定端之间的电阻发生变化。把输入电压加在两个固定端之间，在滑动端与一个固定端之间就能得到对输入电压的分压，调整滑动端在两个固定端之间的机械位置，就可以改变相应的输出电位 ［见图 1.16（a）］。当滑动端与一个固定端直接连接时，电位器就成为可调电阻器，调整滑动端在两个固定端之间的机械位置，两个固定端之间的电阻也被改变，常用来调节电路中某一支路的电阻值 ［见图 1.16（b）］。可见，因为接入电路的方式不同，才有了电位器和可调电阻器这两种名称。习惯上，把滑动端带有手柄、易于调节的称为电位器，把不带手柄、调节不方便的叫做可调（微调）电阻器。

电位器的种类很多，用途各异，可从不同的角度进行分类，介绍电位器的手册也往往是各厂家根据生产的品种而编排的，规格、型号的命名及代号也有所不同。因此，在产品设计中必须根据电路特点及要求，查阅产品手册，了解性能，合理选用。

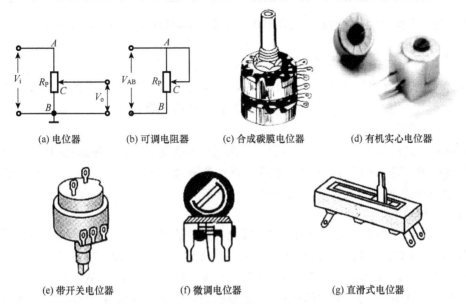

(a) 电位器　　　　(b) 可调电阻器　　　　(c) 合成碳膜电位器　　　　(d) 有机实心电位器

(e) 带开关电位器　　　　(f) 微调电位器　　　　(g) 直滑式电位器

图 1.16　电位器的图形符号及外形

1. 电位器类别

电位器可按用途、材料、结构特点、阻值变化规律、驱动机构的运动方式等因素进行分类。常见的电位器种类见表 1.12。

表 1.12　接触式电位器分类

分类形式			举　　例
材料	合金型	线绕	线绕电位器（WX）
		金属箔	金属箔电位器（WB）
	薄　膜　型		金属膜电位器（WJ），金属氧化膜电位器（WY），复合膜电位器（WH），碳膜电位器（WT）
	合成型	有机	有机实芯电位器（WS）
		无机	无机实芯电位器，金属玻璃釉电位器（WI）
	导电塑料		直滑式（LP），旋转式（CP）
用　途			普通，精密，微调，功率，专用（高频，高压，耐热）
阻值变化规律	线性		线性电位器（X）
	非线性		对数式（D），指数式（Z），正余弦式
结构特点			单圈，多圈，单联，多联，有止挡，无止挡，带推拉开关，带旋转开关，锁紧式
调节方式			旋转式，直滑式

虽然部颁标准规定了电位器的命名符号，但市场上常见电位器的标号并不完全一致，在电位器壳体上标明的参数也不尽相同，但一般都要注明材料、标称阻值、额定功率、阻值

变化特征等，个别电位器同时标出轴端形式及尺寸、电阻材料符号等，参见表 1.12。

2. 电位器的主要技术指标

描述电位器技术指标的参数很多，但一般来说，最主要的几项基本指标有标称阻值、额定功率、滑动噪声、极限电压、阻值变化规律、分辨力等。

（1）标称阻值

标称阻值是标在产品上的名义阻值，其系列与电阻器的阻值标称系列相同。根据不同的精度等级，实际阻值与标称阻值的允许偏差范围为 ±20%、±10%、±5%、±2%、±1%，精密电位器的精度可达到 ±0.1%。

（2）额定功率

电位器的额定功率是指两个固定端之间允许耗散的最大功率。一般电位器的额定功率系列为 0.063 W、0.125 W、0.25 W、0.5 W、0.75 W、1 W、2 W、3 W；线绕电位器的额定功率比较大，有 0.5 W、0.75 W、1 W、1.6 W、3 W、5 W、10 W、16 W、25 W、40 W、63 W、100 W。应该特别注意，电位器的固定端附近容易因为电流过大而烧毁，滑动端与固定端之间所能承受的功率要小于电位器的额定功率。

（3）滑动噪声

当电刷在电阻体上滑动时，电位器中心端与固定端之间的电压出现无规则的起伏，这种现象称为电位器的滑动噪声。它是由材料电阻率分布的不均匀性以及电刷滑动时接触电阻的无规律变化引起的。

（4）分辨力

对输出量可实现的最精细的调节能力，称为电位器的分辨力。线绕电位器的分辨力较差。

（5）机械零位电阻

当电位器的滑动端处于机械零位时，滑动端与一个固定端之间的电阻应该是零。但由于接触电阻和引出电阻的影响，机械零位的电阻一般不是零。在某些应用场合，必须选择机械零位电阻小的电位器种类。

（6）阻值变化规律

调整电位器的滑动端，其电阻值按照一定规律变化，如图 1.17 所示。常见电位器的阻值变化规律有线性变化（X 型）、指数变化（Z 型）和对数变化（D 型）。根据不同需要，还可制成按照其他函数（如正弦、余弦）规律变化的电位器。

（7）启动力矩与转动力矩

启动力矩是指转轴在旋转范围内启动时所需要的最小力矩，转动力矩是指转轴维持匀速旋转时所需要的力矩，这两者相差越小越好。在自控装置中与伺服电机配合使用的电位器，要求起动力矩小，转动灵活；而用于电路调节的电位器，则其起动力矩和转动力矩都不应该太小。

（8）电位器的轴长与轴端结构

电位器的轴长是指从安装基准面到轴端的尺寸。轴长尺寸系列有 6 mm、10 mm、

12.5 mm、16 mm、25 mm、30 mm、40 mm、50 mm、63 mm、80 mm；轴的直径系列有 2 mm、3 mm、4 mm、6 mm、8 mm、10 mm。

常用电位器的轴端结构是根据调节旋钮的要求确定的，有光轴的、开槽的、滚花的、单平面或双平面的很多种形式。电位器的轴长与轴端结构如图 1.18 所示。

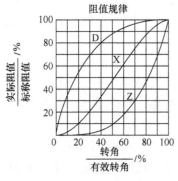

图 1.17 阻值变化规律

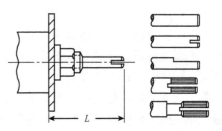

图 1.18 电位器的轴长与轴端结构

3. 几种常用电位器

（1）线绕电位器（型号：WX）

结构：用合金电阻线在绝缘骨架上绕制成电阻体，中心抽头的簧片在电阻丝上滑动。可制成精度达±0.1％的精密线绕电位器和额定功率达 100 W 的大功率线绕电位器。线绕电位器有单圈、多圈、多联等几种结构。

特点：根据用途，可制成普通型、精密型、微调型线绕电位器；根据阻值变化规律，有线性、非线性（例如对数或指数函数）的两种。线性电位器的精度易于控制，稳定性好，电阻的温度系数小，噪声小，耐压高，但阻值范围较窄，一般在几欧到几十千欧之间。

（2）合成碳膜电位器（型号：WTH）

结构：在绝缘基体上涂覆一层合成碳膜，经加温聚合后形成碳膜片，再与其他零件组合而成，其外观如图 1.16（c）所示。阻值变化规律有线性和非线性的两种，轴端结构分为带锁紧与不带锁紧的两种。

特点：这类电位器的阻值变化连续，分辨力高，阻值范围宽（100 Ω～5 MΩ）；对温度和湿度的适应性较差，使用寿命较短。但由于成本低，因而广泛用于收音机、电视机等消费类电子产品中。额定功率有 0.125、0.5、1、2（W）等，精度一般为±20％。

（3）有机实芯电位器（型号：WS）

结构：由导电材料与有机填料、热固性树脂配制成电阻粉，经过热压，在基座上形成实芯电阻体，其外形如图 1.16（d）所示。轴端尺寸与形状分为多种规格，有带锁紧和不带锁紧的两种。

特点：这类电位器的优点是结构简单、耐高温、体积小、寿命长、可靠性高；缺点是耐压稍低、噪声较大、转动力矩大。有机实芯电位器多用于对可靠性要求较高的电子仪器中。阻值范围是 47 Ω～4.7 MΩ，功率多在 0.25～2 W 之间，精度有±5%、±10%、±20% 几种。

（4）多圈电位器

多圈电位器属于精密电位器，调整阻值需使转轴旋转多圈（旋转角大于 360°，可多达 40 圈），因而精度高。当阻值需要在大范围内进行微量调整时，可选用多圈电位器。多圈电位器的种类也很多，有线绕型、块金属膜型、有机实芯型等；调节方式也可分成螺旋（指针）式、螺杆式等不同形式。

（5）导电塑料电位器

导电塑料电位器的电阻体由碳黑、石墨、超细金属粉与磷苯二甲酸、二烯丙脂塑料和胶粘剂塑压而成。这种电位器的耐磨性好，接触可靠，分辨力强，其寿命可达线绕电位器的一百倍，但耐潮性较差。

除了上述各种接触式电位器以外，还有非接触式（如光敏、磁敏）电位器和数字电位器。非接触式电位器没有电刷与电阻体之间的机械性接触，因此克服了接触电阻不稳定、滑动噪声及断线等缺陷。数字电位器实际是数字控制的模拟开关加上一组电阻器构成的功能电路，外观看起来就是一片集成电路，其特性和应用方式与其他集成电路相同。

4. 电位器的合理选用及质量判别

（1）电位器的合理选用

电位器的规格品种很多，在选用时，不仅要根据具体电路的使用条件（电阻值及功率要求）来确定，还要考虑调节、操作和成本方面的要求。下面是针对不同用途推荐的电位器选用类型，参见表 1.13。

表 1.13　各类电位器性能比较

性　　能	线　　绕	块金属膜	合成实芯	合成碳膜	金属玻璃釉	导电塑料	金属膜
阻值范围	4.7～5.6 kΩ	2～5 kΩ	100～4.7 MΩ	470～4.7 MΩ	100～100 MΩ	50～100 MΩ	100～100 kΩ
线性精度/±%	>0.1	—	—	>0.2	<10	>0.05	—
额定功率/W	0.5～100	0.5	0.25～2	0.25～2	0.25～2	0.5～2	—
分辨力	中～良	极优	良	优	优	极优	优
滑动噪声	—	—	中	低～中	中	低	中
零位电阻	低	低	中	中	中	中	中
耐潮性	良	良	差	差	优	差	良
耐磨寿命	良	良	优	良	优	优	良
负荷寿命	优良	优良	良	良	优良	良	优

1）普通电子仪器：合成碳膜或有机实芯电位器。

2）大功率低频电路、高温情况：线绕或金属玻璃釉电位器。

3）高精度：线绕、导电塑料或精密合成碳膜电位器。

4）高分辨力各类非线绕电位器或多圈式微调电位器。

5）高频、高稳定性：薄膜电位器。

6）调节后不需再动：轴端锁紧式电位器。

7）多个电路同步调节：多联电位器。

8）精密、微量调节：带慢轴调节机构的微调电位器。

9）要求电压均匀变化：直线式电位器。

10）音量控制电位器：指数式电位器。

（2）电位器的质量判别

1）用万用表欧姆挡测量电位器的两个固定端的电阻，并与标称值核对阻值。如果万用表指示的阻值比标称值大得多，表明电位器已坏；如指示的数值跳动，表明电位器内部接触不好。

2）测量滑动端与固定端的阻值变化情况。移动滑动端，如阻值从最小到最大之间连续变化，而且最小值越小，最大值越接近标称值，说明电位器质量较好；如阻值间断或不连续，说明电位器滑动端接触不良，则不能选用。

3）用"电位器动噪声测量仪"判别质量好坏。

5. 安装使用电位器的注意事项

1）焊接前要对焊点做好镀锡处理，去除焊点上的漆皮与污垢；焊接时间要适宜，不得加热过长，避免引线周围的壳体软化变形。

2）有些电位器的端面上备有防止壳体转动的定位柱，安装时要注意检查定位柱是否正确装入安装面板上的定位孔里，避免壳体变形；用螺钉固定的矩形微调电位器，螺钉不可压得过紧，避免破坏电位器的内部结构。

3）安装在电位器轴端的旋钮不要过大，应与电位器的尺寸相匹配，避免调节转动力矩过大而破坏电位器内部的停止挡。

4）插针式引线的电位器，为防止引线折断，不得用力弯曲或扭动引线。

1.4.3 电容器

电容器在各类电子线路中是一种必不可少的重要元件。它的基本结构是用一层绝缘材料（介质）间隔的两片导体。电容器是储能元件，当两端加上电压以后，极板间的电介质即处于电场之中。电介质在电场的作用下，原来的电中性不能继续维持，其内部也形成电场，这种现象叫做电介质的极化。在极化状态下的介质两边，可以储存一定量的电荷，储存电荷的能力用电容量表示。电容量的基本单位是法拉（F），常用单位是微法（μF）和皮法（pF）。

$$1\ F = 10^6\ \mu F = 10^{12}\ pF。$$

1. 电容器的技术参数

（1）标称容量及偏差

电容量是电容器的基本参数，其数值标注在电容体上。不同类型的电容器有不同系列的容量标称数值。

应该注意：某些电容器的体积过小，在标注容量时常常不标单位符号，只标数值，这就需要根据电容器的材料、外形尺寸、耐压等因素加以判断，以读出真实的容量值。

电容器的容量偏差等级有许多种，一般偏差都比较大，均在±5%以上，最大的可达－10%～＋100%。

（2）额定电压

在极化状态下，电荷受到介质的束缚而不能自由移动，只有极少数电荷摆脱束缚形成漏电流；当外加电场增强到一定程度，使介质被击穿，大量电荷脱离束缚流过绝缘材料，此时电容器已经遭到损坏。能够保证长期工作而不致击穿电容器的最大电压称为电容器的额定工作电压，俗称"耐压"。额定电压系列随电容器种类不同而有所区别，额定电压的数值通常在体积较大的电容器或电解电容器上标出。电子产品常用的电容器的额定电压系列见表1.14。

表 1.14　常用电容器的额定电压系列　　　　　　　　　（单位：V）

1.6	4	6.3	10	16	25	（32）	40
（50）	63	100	（125）	160	250	（300）	400
（450）	500	630	1000	1600	2000	2500	…

注：带括号者仅为电解电容器所用。

（3）损耗角正切

电容器介质的绝缘性能取决于材料及厚度，绝缘电阻越大，漏电流越小。漏电流将使电容器消耗一定电能，这种消耗称为电容器的介质损耗（属于有功功率），如图1.19所示。图1.19中δ角是由于介质损耗而引起的电流相移角度，叫做电容器的损耗角。

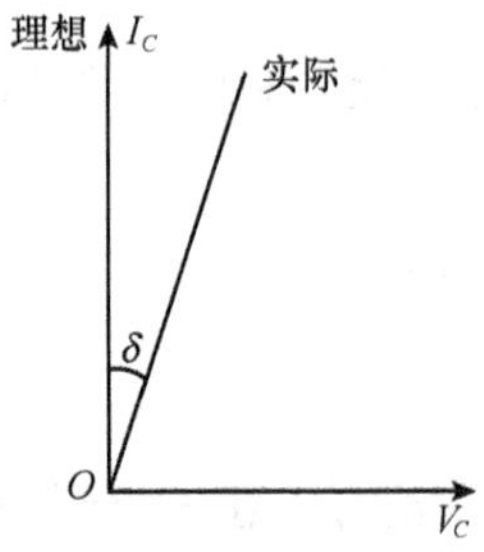

考虑了介质损耗的电容器，相当于在理想电容上并联一个电阻，其等效电路如图1.20所示。I_R 是通过等效电阻的漏电流，损耗的有功功率为

$$P = VI_R = VI \sin \delta$$

图 1.19　电容器的介质损耗

电容上存储的无功功率为

$$P_q = VI_C = VI \cos \delta$$

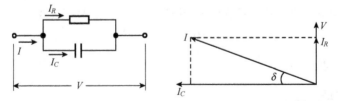

图 1.20　电容器的等效电路

由此可见，只用损耗的有功功率数值来衡量电容器的质量是不准确的，因为功率的损耗不仅与电容器本身的质量有关，而且与加在电容器上的电压及电流有关；同时，损耗功率并不能反映出电容器的存储功率。为确切描述电容器的损耗特性，用损耗功率与存储功率之比来表示，即

$$\frac{P}{P_q} = \frac{V \cdot I \cdot \sin \delta}{V \cdot I \cdot \cos \delta} = \tan \delta$$

$\tan \delta$ 称为电容器损耗角正切，它真实地表征了电容器的质量优劣。不同类型的电容器，其 $\tan \delta$ 的数值不同，一般为 $10^{-2} \sim 10^{-4}$。$\tan \delta$ 大的电容器，漏电流比较大，漏电流在电路工作时产生热量，导致电容器性能变坏或失效，甚至使电解电容器爆裂。

（4）稳定性

电容器的主要参数，如容量、绝缘电阻、损耗角正切等，都受温度、湿度、气压、震动等环境因素的影响而发生变化，变化的大小用稳定性来衡量。

温度系数用来评价电容器的温度稳定性，表示电容量随环境温度改变而变化，即

$$\alpha_c = \frac{1}{C_0} \cdot \frac{\Delta C}{\Delta t} \times 10^{-6}$$

式中，C_0 表示在常温（20±5℃）下的电容量（F），ΔC（F）是当温度改变 Δt（℃）时，对应的电容改变量。

云母及瓷介电容器的温度稳定性最好，温度系数可达 $10^{-4}/℃$ 数量级，铝电解电容器的温度系数最大，可达 $10^{-2}/℃$。多数电容器的温度系数为正值，个别类型电容器（如瓷介电容器）的温度系数为负值。为使电路工作稳定，电容器的温度系数越小越好。

电容器介质的绝缘性能会随着湿度的增加而下降，并使损耗增加。湿度对纸介电容器的影响较大，对瓷介电容器的影响则很小。

2. 电容器的命名与分类

根据国家标准，电容器型号的命名由四部分内容组成，见表 1.15。其中第三部分作为补充，说明电容器的某些特征；如无说明，则只需三部分组成，即两个字母一个数字。大多数电容器的型号都由三部分内容组成：

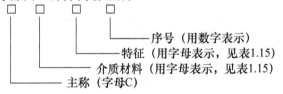

序号（用数字表示）
特征（用字母表示，见表1.15）
介质材料（用字母表示，见表1.15）
主称（字母C）

表 1.15　电容器的分类代号及其意义

第一部分（主称）		第二部分（材料）		第三部分（特征，依种类不同而含义不同）				
符　号	含　义	符　号	含　义	符　号	瓷　介	云　母	有　机	电　解
C	电容器	C	高频瓷	1	圆形	非密封	非密封	箔式
		T	低频瓷	2	管形	非密封	非密封	箔式

续表

第一部分（主称）		第二部分（材料）		第三部分（特征，依种类不同而含义不同）				
符 号	含 义	符 号	含 义	符 号	瓷 介	云 母	有 机	电 解
C	电容器	Y	云母	3	叠片	密封	密封	烧结粉液体
		V	云母纸	4	独石	密封	密封	烧结粉固体
		I	玻璃釉	5	穿心		穿心	
		O	玻璃膜	6	支柱形			
		B	聚苯乙烯	7				无极性
		F	聚四氟乙烯	8	高压	高压	高压	
		L	聚酯（涤纶）	9			特殊	特殊
		S	聚碳酸酯	G	高功率			
		Q	漆膜	T	叠片式			
		Z	纸介	W	微调			
		J	金属化纸介					
		H	复合介质					
		G	合金电解质					
		E	其他电解质					
		D	铝电解					
		A	钽电解					
		N	铌电解					
		T	钛电解					

电容器的种类很多，分类原则也各不相同。通常可按用途或介质、电极材料分成下列几种，见表1.16。

表 1.16　常用电容器的种类

固定式	有机介质	纸 介	普通纸介
			金属化纸介
		有机薄膜	涤纶
			聚碳酸酯
			聚苯乙烯
			聚四氟乙烯
			聚丙烯
			漆膜
	无机介质	云母	
		陶 瓷	瓷片
			瓷管
			独石
		玻 璃	玻璃膜
			玻璃釉
			独石
	电 解	铝电解	
		钽电解	
		铌电解	
可变式	可变：空气、云母、薄膜		
	半可变：瓷介、云母		

3.　几种常用电容器

（1）有机介质电容器

由于现代高分子合成技术的进步，新的有机介质薄膜不断出现，这类电容器发展很快。除了传统的纸介、金属化纸介电容器外，常见的涤纶、聚苯乙烯电容器等均属此类。

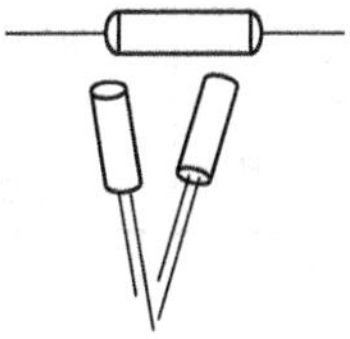

1）纸介电容器（型号：CZ）

结构：以纸作为绝缘介质、以金属箔作为电极板卷绕而成，见图1.21。

图 1.21　各种纸介电容器

特点：这是生产历史最悠久的一种电容器，它的制造成本低，容量范围大，耐压范围宽（36 V～30 kV），但体积大，$\tan\delta$大，因而只适用于直流或低频电路中。在其他有机介质迅速发展的今天，纸介电容器已经被淘汰。

2）金属化纸介电容器（型号：CJ1）

结构：在电容器纸上蒸发一层金属膜作为电极，卷制后封装而成，有单向和双向两种引线方式。

特点：金属化纸介电容器的成本低、容量大、体积小，在相同耐压和容量的条件下，比纸介电容器的体积小3～5倍。这种电容器在电气参数上与纸介电容器基本一致，突出的特点是受到高电压击穿后能够"自愈"，但其电容值不稳定，等效电感和损耗（$\tan\delta$值）都较大，适用于频率和稳定性要求不高的电路中。现在，金属化纸介电容器也已经很少见到。

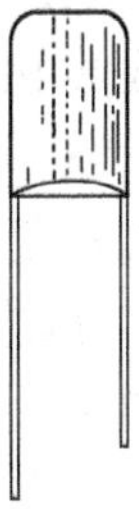

3）有机薄膜电容器

结构：与纸介电容器基本相同，区别在于介质材料不是电容纸，而是有机薄膜。有机薄膜在这里只是一个统称，具体又有涤纶、聚丙烯薄膜等数种。薄膜电容器如图1.22所示。

图 1.22　薄膜电容器

特点：这种电容器不论是体积、重量还是在电参数上，都要比纸介或金属化纸介电容器优越得多，它们的性能比较见表1.17。最常见的涤纶薄膜电容器（型号：CL）的体积小，容量范围大，耐热、耐湿性能好；稳定性不高，但比低频瓷介或金属化纸介电容器要好，宜做旁路电容器使用。

表 1.17　各种有机薄膜电容器性能比较

种　类	聚酯（涤纶）	聚碳酸酯	金属化聚碳酸酯	聚丙烯	聚苯乙烯	聚四氟乙烯
型　号	CL	CS	CSJ	CBB	CB	CF
容量范围	470 pF～4.7 μF	510 pF～5 μF	0.01～10 μF	0.001～10 μF	10 pF～1 μF	510 pF～0.1 μF
额定电压	63～630 V	50～250 V	50～500 V	50 V～2 kV	63 V～30 kV	250 V～1 kV

续表

种　　类	聚酯（涤纶）	聚碳酸酯	金属化 聚碳酸酯	聚丙烯	聚苯乙烯	聚四氟乙烯
Tanδ/%	0.3～0.7	0.08～0.15	0.1～0.2	0.01～0.1	0.01～0.05	0.002～0.005
工作温度/℃	−55～+125	−55～+125	−55～+125	−55～+85	−10～+80	−55～+200
温度系数/ （×10⁻⁶/℃）	+200～+600	±200	±200	−300～−100	±200	−100～−200
用　　途	低频或直流 电路	低压交直流 电路	低压交直流 电路	高压电路	高精度、高频	高温、高频

（2）无机介质电容器

陶瓷、云母、玻璃等材料可制成无机介质电容器。

1）瓷介电容器（型号：CC 或 CT）

瓷介电容器也是一种生产历史悠久、容易制造、成本低廉、安装方便、应用极为广泛的电容器，一般按其性能可分为低压小功率和高压大功率（通常额定工作电压高于 1kV）两种。

图 1.23　瓷介电容器

结构：常见的低压小功率电容器有瓷片、瓷管、瓷介独石等类型，如图 1.23 所示。在陶瓷薄片两面喷涂银层并焊接引线，披釉烧结后就制成瓷片电容器；若在陶瓷薄膜上印刷电极后叠层烧结，就能制成独石电容器。独石电容器的单位体积比瓷片电容器小很多，为瓷介电容器向小型化和大容量的发展开辟了良好的途径。

高压大功率瓷介电容器可制成鼓形、瓶形、板形等形式。这种电容器的额定直流电压可达 30 kV，容量范围是 470～6800 pF，通常用于高压供电系统的功率因数补偿。

特点：由于所用陶瓷材料的介电性能不同，因而低压小功率瓷介电容器有高频瓷介（CC）、低频瓷介（CT）电容器之分。高频瓷介电容器的体积小、耐热性好、绝缘电阻大、损耗小、稳定性高，常用于要求低损耗和容量稳定的高频、脉冲、温度补偿电路，但其容量范围较窄，一般为 1 pF～0.1 μF；低频瓷介电容器的绝缘电阻小、损耗大、稳定性差，但重量轻、价格低廉、容量大，特别是独石电容器的容量可达 2 μF 以上，一般用于对损耗和容量稳定性要求不高的低频电路，在普通电子产品中广泛用做旁路、耦合元件。

2）云母电容器（型号：CY）

结构：以云母为介质，用锡箔和云母片（或用喷涂银层的云母片）层叠后在胶木粉中压铸而成。云母电容器如图 1.24 所示。

特点：由于云母材料优良的电气性能和机械性能，使云母电容器的自身电感和漏电损耗都很小，具有耐压范围宽、可靠性高、性能稳定、容量精度高等优点，被广泛用在一些具有特殊要求（如高温、高频、脉冲、高稳定性）的电路中。

目前应用较广的云母电容器的容量一般为 4.7～51000 pF，精

图 1.24　几种云母电容器

度可达到±0.01％～0.03％，这是其他种类的电容器难以做到的。云母电容器的直流耐压通常在 100 V～5 kV 之间，最高可达到 40 kV。温度系数小，一般可达到 $10^{-6}/{}^{\circ}\text{C}$ 以内；可用于高温条件下，最高环境温度可达到 460℃；长期存放后，容量变化小于 0.01％～0.02％。

但是，云母电容器的生产工艺复杂，成本高、体积大、容量有限，因此它的使用范围受到了一定的限制。

3）玻璃电容器

结构：玻璃电容器以玻璃为介质，目前常见玻璃独石和玻璃釉独石两种。其外形如图 1.25 所示。玻璃独石电容器与云母电容器的生产工艺相似，即把玻璃薄膜与金属电极交替叠合后热压成整体而成；玻璃釉独石电容器与瓷介独石电容器的生产工艺相似，即将玻璃釉粉压成薄膜，在膜上印刷图形电极，交替叠合后剪切成小块，在高温下烧结成整体。

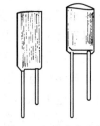

图 1.25　玻璃电容器

与云母和瓷介电容器相比，玻璃电容器的生产工艺简单，因而成本低廉。这种电容器具有良好的防潮性和抗震性，能在 200℃高温下长期稳定工作，是一种高稳定性、耐高温的电容器。其稳定性介于云母与瓷介电容器之间，一般体积却只有云母电容器的几十分之一，所以在高密度的 SMT 电路中广泛使用。

（3）电解电容器

电解电容器以金属氧化膜作为介质，以金属和电解质作为电容的两极，金属为阳极，电解质为阴极。使用电解电容器必须注意极性，由于介质单向极化的性质，它不能用于交流电路，极性不能接反，否则会影响介质的极化，使电容器漏液、容量下降，甚至发热、击穿、爆炸。

由于电解电容器的介质是一层极薄的氧化膜（厚度只有几纳米到几十纳米），因此比率电容（电容量/体积）比任何其他类型电容器的都要大。换言之，对于相同的容量和耐压，其体积比其他电容器都要小几个或几十个数量级，低压电解电容器的这一特点更为突出。在要求大容量的场合（如滤波电路等），均选用电解电容器。电解电容器的损耗大，温度特性、频率特性、绝缘性能差，漏电流大（可达毫安级），长期存放可能因电解液干涸而老化。因此，除体积小以外，其任何性能均远不如其他类型的电容器。常见的电解电容器有铝电解、钽电解和铌电解电容器。此外，还有一些特殊性能的电解电容器，如激光储能型、闪光灯专用型、高频低感型电解电容器等，用于不同要求的电路。

1）铝电解电容器（型号：CD）

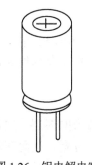

图 1.26　铝电解电容器的外形

结构：铝电解电容器一般是用铝箔和浸有电解液的纤维带交叠卷成圆柱形后，封装在铝壳内，其外形见图 1.26。大容量的铝电解电容器的外壳顶端通常有"十"字形压痕，其作用是防止电容器内部发热引起外壳爆炸：假如电解电容器被错误接入电路，介质反向极化会导致内部迅速发热，电解液汽化，膨胀的气体就会顶开外壳顶端的压痕释放压力，避免外壳爆裂伤人。

特点：这是一种使用最广泛的通用型电解电容器，适用于电源滤波和音频旁路。铝电解电容器的绝缘电阻小，漏电损耗大，容量范围是 0.33～10 000 μF，额定工作电压一般在 6.3～450 V 之间。

2）钽电解电容器（型号：CA）

结构：采用金属钽（粉剂或溶液）作为电解质。

特点：钽电解电容器已经发展了大约 50 年。由于钽及其氧化膜的物理性能稳定，所以它与铝电解电容器相比，具有绝缘电阻大、漏电小、寿命长、比率电容大、长期存放性能稳定、温度及频率特性好等优点；但它的成本高、额定工作电压低（最高只有 160 V）。这种电容器主要用于一些对电气性能要求较高的电路，如积分、计时、开关电路等。钽电解电容器分为有极性和无极性的两种。

除液体钽电容以外，近年来又发展了超小型固体钽电容器。高频片状钽电容器的最小尺寸可达 1 mm×2 mm，用于混合集成电路或采用 SMT 技术的微型电子产品中。

（4）可变电容器（型号：CB）

结构：可变电容器是由很多半圆形动片和定片组成的平行板式结构，动片和定片之间用介质（空气、云母或聚苯乙烯薄膜）隔开，动片组可绕轴相对于定片组旋转 0～180°，从而改变电容量的大小。可变电容器按结构可分为单联、双联和多联几种。图 1.27 是常见小型可变电容器的外形。双联可变电容器又分成两种，一种是两组最大容量相同的等容双联，另一种是两组最大容量不同的差容双联。目前最常见的小型密封薄膜介质可变电容器（CBM 型），采用聚苯乙烯薄膜作为片间介质。

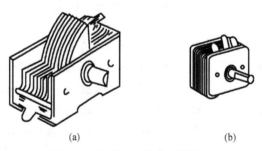

(a) (b)

图 1.27 小型可变电容器的外形

特点：主要用在需要经常调整电容量的场合，如收音机的频率调谐电路。单联可变电容器的容量范围通常是 7/270 pF 或 7/360 pF；双联可变电容器的最大容量通常为 270 pF。

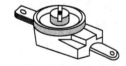

图 1.28 微调电容器

（5）微调电容器（CCW 型）

结构：在两块同轴的陶瓷片上分别镀有半圆形的银层，定片固定不动，旋转动片就可以改变两块银片的相对位置，从而在较小的范围内改变容量（几十 pF），如图 1.28 所示。

特点：一般在高频回路中用于不经常进行的频率微调。

4. 电容器的合理选用

电容器的种类繁多，性能指标各异，合理选用电容器对于产品设计十分重要。所谓合理选用，就是要在满足电路要求的前提下综合考虑体积、重量、成本、可靠性等各方面的因素。为了合理选用电容器，应该广泛收集产品目录，及时掌握市场信息，熟悉各类电容器的性能特点；了解电路的使用条件和要求以及每个电容器在电路中的作用，如耐压、频率、容量、允许偏差、介质损耗、工作环境、体积、价格等因素。

一般，电路各级之间耦合多选用金属化纸介电容器或涤纶电容器；电源滤波和低频旁路宜选用铝电解电容器；高频电路和要求电容量稳定的地方应该用高频瓷介电容器、云母电容器或钽电解电容器；如果在使用中要求电容量做经常性调整，可选用可变电容器；如不需要经常调整，可使用微调电容器。

在具体选用电容器时，还应该注意如下问题。

（1）电容器的额定电压

不同类型的电容器有不同的额定电压系列，所选电容器的耐压应该符合标准系列，一般应该高于电容器两端实际电压的 1.5～2 倍。不论选用何种电容器，都不得使其额定电压低于电路实际工作电压的峰值，否则电容器将会被击穿。因此，必须仔细分析电容器所加电压的性质。一般，电路的工作电压是按照电压的有效值读数的，往往会忽略电压的峰值可能超过电容器的额定电压的情况。因此，在选择电容器的额定电压时，必须留有充分的裕量。

但是，选用电容器的耐压也不是越高越好，耐压高的电容器体积大、价格高。不仅如此，由于液体电解质的电解电容器自身结构的特点，一般应使电路的实际电压相当于所选额定电压的 50%～70%，才能充分发挥电解电容器的作用。如果实际工作电压低于其额定电压的一半，让高耐压的电解电容器在低电压的电路中长期工作，反而容易使它的电容量逐渐减小、损耗增大，导致工作状态变差。

（2）标称容量及精度等级

各类电容器均有其容量标称值系列及精度等级。电容器在电路中的作用各不相同，某些特殊场合（如定时电路）要求一定的容量精度，而在更多场合，容量偏差可以很大，例如，在电路中用于耦合或旁路，电容量相差几倍往往都没有很大关系。在制造电容器时，控制容量比较困难，不同精度的电容器，价格相差很大。所以，在确定电容器的容量精度时，应该仔细考虑电路的要求，不要盲目追求电容器的精度等级。

（3）对 $\tan\delta$ 值的选择

介质材料的区别使电容器的 $\tan\delta$ 值相差很大。在高频电路或对信号相位要求严格的电路中，$\tan\delta$ 值对电路性能的影响很大，直接关系到整机的技术指标，所以应该选择 $\tan\delta$ 值较小的电容器。

（4）电容器的体积和比率电容

在产品设计中，一般都希望体积小、重量轻，特别是在密度较高的电路中，更要求选用小型电容器。由于介质材料不同，电容器的体积往往相差几倍或几十倍。

单位体积的电容量称为电容器的比率电容，即

$$比率电容 = \frac{电容器}{电容器体积}$$

比率电容越大，电容器的体积越小，价格也贵一些。

（5）成本

由于各类电容器的生产工艺相差很大，因此价格也相差很大。在满足产品技术要求的情况下，应该尽量选用价格低廉的电容器，以便降低产品成本。

表 1.18 中列出了常见固定电容器的性能特点及适用范围，表 1.19 是固定电容器在室温条件下的 $\tan\delta$ 和绝缘电阻（时间常数）值，供选用时参考。

表 1.18　常见固定电容器的性能特点及适用范围

用　　途	电容器种类	电容量	工作电压/V	损耗角正切/$\tan\delta$
高频旁路	高频陶瓷	8.2～1000 pF	500	0.0015
	云母	51～4700 pF	500	0.001
	玻璃膜	100～3300 pF	500	0.0012
	涤纶	100～3300 pF	400	0.015
	玻璃釉	10～3300 pF	100	0.001
低频旁路	低频陶瓷	0.001～0.047 μF	＜500	0.04
	铝电解	10～1000 μF	25～450	0.2
	涤纶	0.001～0.047 μF	400	0.015
滤波	铝电解	10～10000 μF	25～450	＜0.2
	复合纸介	0.01～10 μF	2000	0.015
	液体钽电解	220～3300 μF	16～125	＜0.5
滤波器	陶瓷	100～4700 pF	500	0.0015
	聚苯乙烯	100～4700 pF	500	0.0015
	云母	51～4700 pF		
调谐	高频陶瓷	1～1000 pF	500	0.0015
	云母	51～1000 pF	500	0.0015
	玻璃膜	51～1000 pF	500	0.0012
	聚苯乙烯	51～1000 pF	＜1600	0.001

续表

用　途	电容器种类	电容量	工作电压/V	损耗角正切/tanδ
高频耦合	云母	470～6800 pF	500	0.001
	聚苯乙烯	470～6800 pF	400	0.001
	高频陶瓷	10～6800 pF	500	0.0015
低频耦合	铝电解	1～47 μF	＜450	0.15
	低频陶瓷	0.001～0.047 μF	＜500	0.04
	涤纶	0.001～0.1 μF	＜400	＜0.015
	液体钽电解	0.33～470 μF	＜63	＜0.15
电源输入端 抗高频干扰	低频陶瓷	0.001～0.047 μF	＜500	0.04
	云母	0.001～0.047 μF	500	0.001
	涤纶	0.001～0.1 μF	＜1000	＜0.015
储能	复合纸介	10～50 μF	1～30kV	0.015
	铝电解	100～10000 μF	1～5kV	0.15
开关电源	铝电解	1000～10000 μF	25～100V	＞0.3
高频、高压	高频陶瓷	470～6800 pF	＜12kV	0.001
	聚苯乙烯	180～4000 pF	＜30kV	0.001
	云母	330～2000 pF	＜10kV	0.001
一般电路中的 小型电容器	金属化纸介	0.001～10 μF	＜160	＜0.01
	高频陶瓷	1～500 pF	＜160	0.0015
	低频陶瓷	680～0.047 μF	63	＜0.04
	云母	4.7～10000 pF	100	＜0.001
	铝电解	1～3300 μF	6.3～50	＜0.2
	钽电解	1～3300 μF	6.3～63	＜0.15
	聚苯乙烯	0.47p～0.47 μF	50～100	＜0.001
	玻璃釉	10～3300 pF	＜63	0.0015
	金属化涤纶	0.1～1 μF	63	0.0015
	聚丙烯	0.01～0.47 μF	63～160	0.001

表 1.19　固定电容器在常温下的 tanδ 和绝缘电阻（时间常数）

参数类型	损耗角正切/tanδ	绝缘电阻（时间常数）/(MΩ·μF)
纸介	0.0012～0.01	2000～20 000
金属化纸介	0.003～0.02	500～10 000
聚酯	0.0012～0.01	6000～100 000
金属化聚酯	0.0012～0.02	500～15 000
聚碳酸酯	0.0005～0.002	15000～120 000

参数类型	损耗角正切/tanδ	绝缘电阻（时间常数）/(MΩ·μF)
聚苯乙烯	0.00012～0.001	50 000～1 000 000
聚丙烯	0.0001～0.001	600 000～1 000 000
聚四氟乙烯	0.0001～0.0005	600 000～1 000 000
云母	0.0002～0.002	20 000～60 000
高频陶瓷	0.0005～0.005	15 000～100 000
低频陶瓷	0.012～0.05	6 000～10 000
半导体陶瓷	0.02～0.2	0.8～10
铝电解	0.05～0.5	1.2～150
固体钽电解	0.02～0.1	80～2000
液体钽电解	0.01～0.5	800～40 000

5. 用万用表判断电容器的质量

如果没有专用检测仪器，使用万用表也能简单判断电容器的质量。

（1）检测小容量电容器

1）对于容量大于 5100 pF 的电容器，用万用表的欧姆挡测量电容器的两引线，应该能观察到万用表显示的阻值变化，这是电容器充电的过程。数值稳定后的阻值读数就是电容器的绝缘电阻（也称漏电电阻）。假如数字式万用表显示绝缘电阻在几百 kΩ 以下或者指针式万用表的表针停在距∞较远的位置，表明电容器漏电严重，不能使用。

2）对于容量小于 5100 pF 的电容器，由于充电时间很快，充电电流很小，直接使用万用表的欧姆挡就很难观察到阻值的变化。这时，可以借助一个 NPN 三极管的放大作用进行测量。测量电路如图 1.29 所示。电容器接到 A、B 两端，由于晶体管的放大作用，就可以测量到电容器的绝缘电阻。判断方法同上所述。

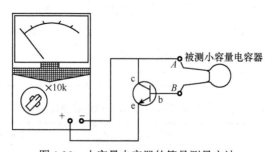

图 1.29　小容量电容器的简易测量方法

（2）测量电解电容器

测量电解电容器时，应该注意它的极性。一般，电容器正极的引线长一些。测量时万用表内电源的正极与电容器的正极相接，电源负极与电容器负极相接，称为电容器的正接。电容器的正向连接比反向连接时的漏电电阻大。注意：数字式万用表的红表笔内接电源正极,而指针式万用表的黑表笔内接电源正极。当电解电容器引线的极性无法辨别时,可以根据电解电容器正向连接时绝缘电阻大,反向连接时绝缘电阻小的特征来判别。用万用表红、黑表笔交换来测量电容器的绝缘电阻,绝缘电阻大的一次,连接表内电源正极的表笔所接的就是电容器的正极,另一极为负极。

（3）测可变电容器的漏电等

可变电容器的漏电或碰片短路,也可用万用表的欧姆挡来检查。将万用表的两只表笔分别与可变电容器的定片和动片引出端相连,同时将电容器来回旋转几下,阻值读数应该极大且无变化。如果读数为零或某一较小的数值,说明可变电容器已发生碰片短路或漏电严重。

1.4.4　电感器

电感器俗称电感或电感线圈,是利用电磁感应原理制成的元件,在电路里起阻流、变压、传送信号的作用。电感器的应用范围很广泛,它在调谐、振荡、耦合、匹配、滤波、陷波、延迟、补偿及偏转聚焦等电路中都是必不可少的。由于其用途、工作频率、功率、工作环境不同,对电感器的基本参数和结构就有不同的要求,导致电感器类型和结构的多样化。

电感器按工作特征分成电感量固定的和电感量可变的两种类型;按磁导体性质分成空心电感、磁心电感和铜心电感;按绕制方式及其结构分成单层、多层、蜂房式、有骨架式或无骨架式电感。

1.　电感器的基本参数

（1）电感量

在没有非线性导磁物质存在的条件下,一个载流线圈的磁通量 Ψ 与线圈中的电流 I 成正比,其比例常数称为自感系数,用 L 表示,简称电感,即

$$L = \Psi / I$$

电感的基本单位是 H（亨利）,实际常用单位有 mH（毫亨）、μH（微亨）和 nH（毫微亨）。一般电感器的电感量精度在 ±5%～±20% 之间。

（2）固有电容

电感线圈的各匝绕组之间通过空气、绝缘层和骨架而存在着分布电容,同时,在屏蔽罩之间、多层绕组的每层之间、绕组与底板之间也都存在着分布电容。这样,电感器实际上可以等效成如图 1.30 所示的电路。图中的等效电

图 1.30　电感器的等效电路

容 C_0,就是电感器的固有电容。由于固有电容的存在,使线圈有一个固有频率或谐振频率,记为 f_0,其值为

$$f_0 = \frac{1}{(2\pi\sqrt{LC_0})}$$

使用电感线圈时，应使其工作频率远低于线圈的固有频率。为了减小线圈的固有电容，可以减小线圈骨架的直径，用细导线绕制线圈，或者采用间绕法、蜂房式绕法。

（3）品质因数（Q 值）

电感线圈的品质因数定义为

$$Q = \frac{2\pi f L}{r}$$

式中，f 是工作频率（Hz），L 是线圈的电感量（H），r 表示线圈的损耗电阻（Ω），包括直流电阻、高频电阻及介质损耗电阻。

Q 值反映线圈损耗的大小，Q 值越高，损耗功率越小，电路效率越高。一般谐振电路要求电感器的 Q 值高，以便获得更好的选择性。

为提高电感线圈的品质因数，可以采用镀银导线、多股绝缘线绕制线匝，使用高频陶瓷骨架及磁心（提高磁通量）。

（4）额定电流

电感线圈中允许通过的最大电流。当电感线圈在供电回路里作为高频扼流圈或在大功率谐振电路里作为谐振电感时，都必须考虑它的额定电流是否符合要求。

（5）稳定性

线圈产生几何变形、温度变化引起的固有电容和漏电损耗增加，都会影响电感器的稳定性。电感线圈的稳定性，通常用电感温度系数 α_L 和不稳定系数 β_L 来衡量，它们越大，表示电感线圈的稳定性越差。

$$\alpha_L = \frac{L_2 - L_1}{L_1(t_2 - t_1)}$$

式中，L_2 和 L_1 分别表示温度为 t_2 和 t_1 时的电感量（H），α_L 用于衡量电感量相对于温度的稳定性。

$$\beta_L = \frac{L - L_t}{L}$$

式中，L 和 L_t 分别为原来的和温度循环变化后的电感量（H），β_L 表示电感量经过温度循环变化后不再能恢复到原来数值的这种不可逆变化（无单位数值，可以用小数、或百分数表示）。

温度对电感量的影响，主要是由于导线受热膨胀使线圈产生几何变形而引起的。为减小这一影响，可以采用热绕法（绕制时将导线加热，冷却后导线收缩，紧紧贴合在骨架上）或烧渗法（在高频陶瓷骨架上烧渗一层旋绕的银薄膜，代替原来的导线），保证线圈不变形。

湿度增大时，线圈的固有电容和漏电损耗增加，也会降低线圈的稳定性。改进的方法是将线圈用绝缘漆或环氧树脂等防潮物质浸渍密封。但这样处理后，由于浸渍材料的介电常数比空气大，会使线匝间的分布电容增大，同时还引入介质损耗，影响 Q 值。

测量电感器的参数比较复杂，一般都是通过电感测量仪和电桥等专用仪器进行的。

同类仪器也很多,具体使用和测量的方法详见各仪器的使用说明书。

2. 几种常用电感器

(1) 小型固定电感器

结构:有卧式(LG1、LGX 型)和立式(LG2、LG4 型)两种,其外形如图 1.31 所示。这种电感器是在棒形、工字形或王字形的磁心上直接绕制一定匝数的漆包线或丝包线,外表裹覆环氧树脂或封装在塑料壳中。有些环氧树脂封装的固定电感器用色码标注其电感量,故也称为色码电感。

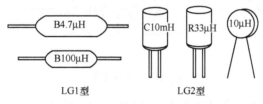

图 1.31　小型固定电感器

小型固定电感器的电感量范围一般为 0.1 μH～10 mH,允许偏差有Ⅰ、Ⅱ、Ⅲ三档,分别表示±5%、±10%和±20%。Q 值在 40～80 之间。额定电流用 A、B、C、D、E 档表示,分别代表 50 mA、150 mA、300 mA、700 mA、1600 mA。显然,相同电感量的固定电感,A 档的体积最小,E 档的体积最大。

特点:具有体积小、重量轻、结构牢固(耐震动、耐冲击)、防潮性能好、安装方便等优点,常用在滤波、扼流、延迟、陷波等电路中。

(2) 平面电感

结构:主要采用真空蒸发、光刻电镀及塑料包封等工艺,在陶瓷或微晶玻璃片上沉积金属导线制成,见图 1.32。目前的工艺水平已经可以在 1 cm^2 的面积上制作出电感量为 2 μH 以上的平面电感。

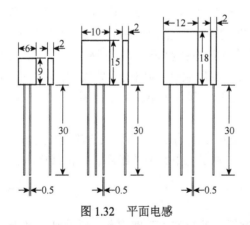

图 1.32　平面电感

特点:平面电感的稳定性、精度和可靠性都比较好,适用在频率范围为几十 MHz 到几百 MHz 的高频电路中。

（3）中周线圈

结构：由磁心、磁罩、塑料骨架和金属屏蔽壳组成，线圈绕制在塑料骨架上或直接绕制在磁心上，骨架的插脚可以焊接到印制电路板上。有些中周线圈的磁罩可以旋转调节，有些则是磁心可以旋转调节。调整磁心和磁罩的相对位置，能够在 ±10% 的范围内改变中周线圈的电感量。常用的中周线圈的外形结构如图 1.33 所示。

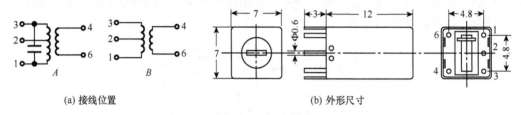

(a) 接线位置   (b) 外形尺寸

图 1.33　中周线圈

特点：中周线圈是超外差式无线电设备中的主要元件之一，作为电感元件，它广泛应用在调幅、调频接收机、电视接收机、通信接收机等电子设备的振荡调谐回路中。由于中周线圈的技术参数根据接收机的设计要求确定，并直接影响接收机的性能指标，所以各种接收机中的中周线圈的参数都不完全一致。为了正确选用，应该针对实际情况，查阅有关资料。

我国生产的超外差式调幅中波无线电广播接收机中，变频后的工作中频都是 465 kHz。所以，有些厂家生产的产品，已经把配用的回路电容装配在中周线圈的结构上，在选用时查表可知各种回路电容的电容量。

（4）铁氧体磁心线圈

铁氧体铁磁材料具有较高的导磁率，常用来作为电感线圈的磁心，制造体积小而电感量大的电感器。用罐形铁氧体磁心［见图 1.34（a）］制作的电感器，因其具有闭合磁路，使有效导磁率和电感系数很高。如果在中心磁柱上开出适当的气隙，不但可以改变电感系数，而且能够提高电感的 Q 值、减小电感温度系数。罐形磁心线圈广泛应用于 LC 滤波器、谐振回路和匹配回路。常见的铁氧体磁心还有 I 形磁心、E 形磁心和磁环。I 形磁心俗称磁棒，常用作无线电接收设备的天线磁心，如图 1.34（b）所示；E 形磁心见图 1.34（c），常用于小信号高频振荡电路的电感线圈；用铁氧体磁环［见图 1.34（d）］绕制的电感线圈，多用于近年来迅速发展的开关电源，作为高频扼流圈。

（5）其他电感器

在各种电子设备中，根据不同的电路特点，还有很多结构各异的专用电感器。例如，半导体收音机的磁性天线，电视机中的偏转线圈、振荡线圈等。

3.　变压器

两个电感线圈相互靠近，就会产生互感现象。因此从原理上来说，各种变压器都属于电感器。变压器在电子产品中能够起到交流电压变换、电流变换、传递功率和阻抗变

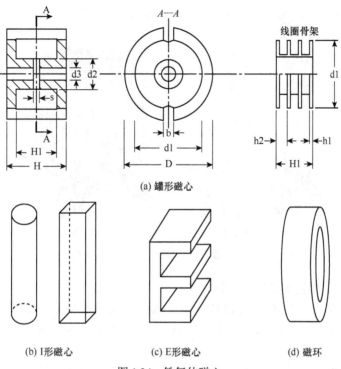

(a) 罐形磁心

(b) I形磁心　　(c) E形磁心　　(d) 磁环

图 1.34　铁氧体磁心

换的作用，是不可缺少的重要元件之一。电子产品中常用变压器的分类方法、种类及特点见表 1.20。

表 1.20　电子产品中常用变压器的分类方法、种类及特点

变压器的分类方法	变压器种类		特点、用途
按用途分类	电源变压器		一般变压器，用于低档电子产品
	隔离变压器		初/次级绕组匝数 1:1，多在实验室内使用
	调压器		调整滑动端改变输出电压，多在实验室内使用
	输入/输出变压器	音频变压器	在音频电路里阻抗变换，失真小
		中频变压器	在无线电设备里工作在谐振频率上，金属外壳电磁屏蔽
		高频变压器	在高频电路里阻抗变换，失真小
按导磁材料分类	脉冲变压器		传递脉冲信号失真小
	硅钢片（或玻莫合金片）变压器		价格低，效率较低
	低频铁氧体磁心变压器		体积小，效率高，用于信号变换
	高频铁氧体磁心变压器		工作频率高，体积小，效率高，用于开关电源
按铁芯形状分类	E 形铁芯变压器		结构简单，价格低，效率较低，用于低档电子产品
	C 形铁芯变压器		效率高，成本较高，用于工业电子产品及仪器设备
	R 形铁芯变压器		漏磁小，体积小，损耗低，寿命长，噪声低，重量轻，干扰小，效率高，用于高档电子产品及数字设备
	O 形铁芯变压器		
按防潮方式分类	非密封式变压器		一般变压器，防潮性能较差
	灌封式变压器		用绝缘油灌封绕组，防潮、耐热好，用于大功率输出
	密封式变压器		金属外壳密封，防潮性能较好，并能防止磁场泄露

图 1.35 是变压器的图形符号及常用变压器的外形。

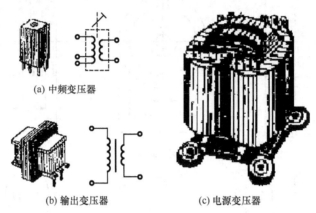

(a) 中频变压器

(b) 输出变压器   (c) 电源变压器

图 1.35　变压器的图形符号及常用变压器的外形

变压器的主要性能参数如下所述。

1）额定功率指在规定的电压和频率下，变压器能够长期连续工作而不超过规定温升的输出功率（单位：VA、kVA 或 W、kW）。一般电子产品中的变压器，额定功率都在数百瓦以下。

2）变压比指变压器次级电压与初级电压的比值或次级绕组匝数与初级绕组匝数的比值，通常在变压器外壳上直接标出电压变化的数值，如 220 V/12 V。变阻比是变压比的另一种表达形式，可以用来表示初级和次级的阻抗变换关系，如用 4：1 表示初级、次级的阻抗比值。

3）效率是输出功率与输入功率的比值，一般用百分数表示。变压器的效率由设计参数、材料、制造工艺及额定功率决定。通常 20 W 以下的变压器的效率大约是 70%～80%，而 100 W 以上的变压器的效率可达到 95%左右。

4）温升指当变压器通电工作以后，线圈温度上升到稳定值时，比环境温度升高的数值。温升高的变压器，绕组导线和绝缘材料容易老化。

5）绝缘电阻和抗电强度指线圈之间、线圈与铁芯之间以及引线之间，在规定的时间内（例如 1 分钟）可以承受的试验电压。它是判断电源变压器能否安全工作特别重要的参数。不同的工作电压、不同的使用条件和要求，对变压器的绝缘电阻和抗电强度有不同的要求。一般要求，电子产品中的小型电源变压器的绝缘电阻不小于 500 MΩ，抗电强度不小于 2000 V。

6）空载电流：变压器初级加额定电压而次级空载，这时的初级电流叫做空载电流。空载电流的大小，反映变压器的设计、材料和加工质量。空载电流大的变压器自身损耗大，输出效率低。一般，空载电流不超过变压器额定电流的 10%。设计和制作优良的变压器，空载电流可小于额定电流的 5%。

7）信号传输参数用于阻抗变换的音频、高频变压器，还要考虑漏电感、频带宽度和非线性失真等参数。

变压器的常见故障有开路和短路。开路故障大部分是因为引出端断线，用万用表的电阻挡容易检查出来。短路故障则不太容易判断，除了线圈电阻比标准阻值明显变小以外，绕组局部短路很难用万用表准确检查出来。一般，可以观察空载电流是否过大，空载温升是否超过正常温升。

1.4.5 机电元件

机电元件是利用机械力或电信号实现电路接通、断开或转接的元件。电子产品中常用的开关、继电器和接插件就属于机电元件。它的主要功能包括以下几个方面。

1）机电元件可以传输信号和输送电能。

2）机电元件可以通过金属接触点的闭合或开启，使其所联系的电路接通或断开。

影响机电元件可靠性的主要因素是温度、潮热、盐雾、工业气体和机械震动等。高温影响弹性材料的机械性能，容易造成应力松弛，导致接触电阻增大，并使绝缘材料的性能变坏；潮热使接触点受到腐蚀并造成结构材料的绝缘电阻下降；盐雾使接触点和金属零件被腐蚀；工业气体二氧化硫或二氧化氢对接触点特别是银镀层有很大的腐蚀作用；震动易造成焊接点脱落，接触不稳定。选用机电元件时，除了应该根据产品技术条件规定的电气、机械、环境要求以外，还要考虑元件动作的次数、镀层的磨损等因素。

在对可靠性有较高要求的地方，为了有效地改善机电元件金属接触点的性能，可以使用固体薄膜保护剂。

1. 接插件的分类和几种常用接插件

习惯上，常按照接插件的工作频率和外形结构特征来分类。

按照接插件的工作频率分类，低频接插件通常是指适合在频率 100 MHz 以下工作的连接器。而适合在频率 100 MHz 以上工作的高频接插件，在结构上需要考虑高频电场的泄漏、反射等问题，一般都采用同轴结构，以便与同轴电缆连接，所以也称为同轴连接器。

按照外形结构特征分类，常见的有圆形接插件、矩形接插件、印制板接插件、带状电缆接插件等。

（1）圆形接插件

圆形接插件的插头具有圆筒状外形，插座焊接在印制电路板上或紧固在金属机箱上，插头与插座之间有插接和螺接两类连接方式，广泛用于系统内各种设备之间的电气连接。插接方式的圆形接插件用于插拔次数较多、连接点数少且电流不超过 1 A 的电路连接，常见的台式计算机键盘、鼠标插头（PS/2 端口）就属于这一种。螺接方式的圆形接插件俗称航空插头、插座，见图 1.36。它有一个标准的螺旋锁紧机构，特点是接点多、插拔力较大、连通电流大、连接较方便、抗震性极好，容易实现防水密封及电磁屏蔽等特殊要求。这类连接器的接点数目从两个到多达近百个，额定电流可从 1 安培到数百安培，工作电压均在 300～500 V 之间。

（2）矩形接插件

矩形接插件见图 1.37。矩形接插件的体积较大，电流容量也较大，并且矩形排列能够充分利用空间,所以这种接插件被广泛用于印刷电路板上安培级电流信号的互相连接。有些矩形接插件带有金属外壳及锁紧装置,可以用于机外的电缆之间和电路板与面板之间的电气连接。

图 1.36　圆形接插件

图 1.37　矩形接插件

（3）印制板接插件

印制板接插件如图 1.38 所示,用于印制电路板之间的直接连接,外形是长条形,

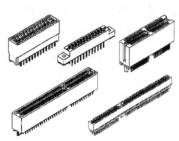

图 1.38　印制板接插件

结构有直接型、绕接型、间接型等形式。插头由印制电路板（"子"板）边缘上镀金的排状铜箔条（俗称"金手指"）构成;插座根据设计要求订购,焊接在"母"板上。"子"电路板插入"母"电路板上的插座,就连接了两个电路。印制板插座的型号很多,主要规格有排数（单排、双排）、针数（引线数目,从 7 线到近 200 线不等）、针间距（相邻接点簧片之间的距离）以及有无定位装置、有无锁定装置等。从台式计算机的主板上

最容易见到符合不同的总线规范的印制板插座,用户选择的显卡、声卡等就是通过这种插座与主板实现连接。

（4）同轴接插件

同轴接插件又叫做射频接插件或微波接插件,用于传输射频信号、数字信号的同轴电缆之间连接,工作频率可达到数千 MHz 以上,见图 1.39。Q9 型卡口式同轴接插件常用于示波器的探头电缆连接。

图 1.39　同轴接插件

（5）带状电缆接插件

带状电缆是一种扁平电缆，从外观看像是几十根塑料导线并排粘合在一起。带状电缆占用空间小，轻巧柔韧，布线方便，不易混淆。带状电缆插头是电缆两端的连接器，它与电缆的连接不用焊接，而是靠压力使连接端内的刀口刺破电缆的绝缘层实现电气连接，工艺简单可靠，如图 1.40 所示。带状电缆接插件的插座部分直接装配焊接在印制电路板上。

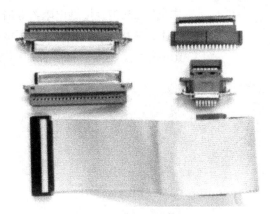

图 1.40　带状电缆接插件

带状电缆接插件用于低电压、小电流的场合，能够可靠地同时传输几路到几十路数字信号，但不适合用在高频电路中。在高密度的印制电路板之间已经越来越多地使用了带状电缆接插件，特别是在微型计算机中，主板与硬盘、软盘驱动器等外部设备之间的电气连接几乎全部使用这种接插件。

（6）插针式接插件

插针式接插件常见到两类，如图 1.41 所示。图 1.41（a）为民用消费电子产品常用的插针式接插件，插座可以装配焊接在印制电路板上，插头压接（或焊接）导线，连接印制板外部的电路部件。例如，电视机里可以使用这种接插件连接开关电源、偏转线圈和视放输出电路。图 1.41（b）所示接插件为数字电路常用，插头、插座分别装焊在两块印制电路板上，用来连接两者。这种接插件比标准的印制板体积小，连接更加灵活。

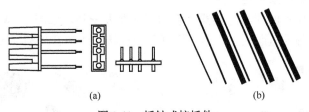

(a)　　　　　　　　　　　　　　　　　(b)

图 1.41　插针式接插件

（7）D 形接插件

这种接插件的端面很像字母 D，具有非对称定位和连接锁紧机构，如图 1.42 所示。常见的接点数有 9、15、25、37 等几种，连接可靠，定位准确，用于电器设备之间的连

图 1.42　D 形接插件

接。典型的应用有计算机的 RS-232 串行数据接口和 LPT 并行数据接口（打印机接口）。

（8）条形接插件

条形接插件如图 1.43 所示，广泛用于印制电路板与导线的连接。接插件的插针间距有 2.54 mm（额定电流 1.2 A）和 3.96 mm（额定电流 3 A）两种，工作电压 250 V，接触电阻约 0.01 Ω。插座焊接在电路板上，导线压接在插头上，压接质量对连接可靠性的影响很大。这种接插件保证插拔次数约 30 次。

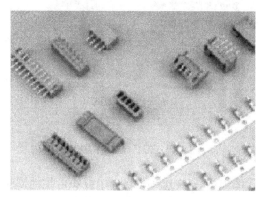

图 1.43　条形接插件

（9）音视频接插件

这种接插件也称 AV 连接器，用于连接各种音响设备、摄录像设备、视频播放设备，传输音频、视频信号。音视频接插件有很多种类，常见有耳机/话筒插头座和莲花插头座。

耳机/话筒插头、插座比较小巧，用来连接便携式、袖珍型音响电子产品，如图 1.44（a）所示。插头直径 $\phi 2.5$ 的用于微型收录机耳机，$\phi 3.5$ 的用于计算机多媒体系统输入/输出音频信号，$\phi 6.35$ 的用于台式音响设备，大多是话筒插头。这种接插件的额定电压 30 V，额定电流 30 mA，不宜用来连接电源。一般使用屏蔽线作为音频信号线与插头连接，可以传送单声道或双声道信号。

莲花插头、插座也叫同心连接器，它的尺寸要大一些，如图 1.44（b）所示。插座常被安装在声像设备的后面板上，插头用屏蔽线连接，传输音频和视频信号。选用视频

(a)　　　　　　　　　　　　　　(b)

图 1.44　音视频接插件

屏蔽线要注意导线的传输阻抗与设备的传输阻抗相匹配。这种接插件的额定电压为 50 V（AC），额定电流为 0.5 A，保证插拔次数约 100 次。

（10）直流电源接插件

如图 1.45 所示，这种接插件用于连接小型电子产品的便携式直流电源，例如"随身听"收录机（Walkman）的小电源和笔记本电脑的电源适配器（AC Adaptor）都是使用这类接插件连接。插头的额定电流一般在 2～5 A，尺寸有三种规格，外圆直径×内孔直径为 3.4 mm×1.3 mm、5.5 mm×2.1 mm、5.5 mm×2.5 mm。

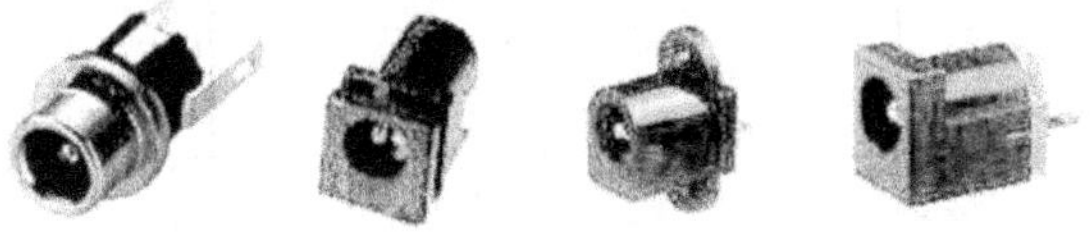

图 1.45　直流电源接插件

2. 开关的主要参数及种类

开关是在电子设备中用于接通或切断电路的广义功能元件，种类繁多，分类方式见表 1.21。

表 1.21　电子产品中常用开关的分类

分类方法	动作方式或结构	开关种类
按机械动作方式或结构分类	旋转式	旋转片式
		凸轮开关
		刷形开关
		拨盘编码开关
		组合开关
	按动式	单按钮开关
		组合按钮开关
	扳钮式	钮子开关
		波形开关
	双列直插式	拨动开关
		滑动开关
		钮柄开关
	滑动式	拨动开关
		推拉开关
		杠杆开关
	键盘式	琴键开关
		触摸开关
		薄膜开关

分类方法	动作方式或结构	开关种类
按使用方法分类	手动或机械控制	微动开关
		电子开关
		电源开关
		波段开关
		多位开关
		转换开关
		拨码开关
	非电物理量控制	光电开关
		磁控开关
		压力开关
		延时开关
		温控开关
		声控开关
按驱动方式分类	手动	
	机械控制	
	声、光、磁、温度控制	

传统的开关都是手动式机械结构，由于构造简单、操作方便、廉价可靠，使用十分广泛。随着新技术的发展，各种非机械结构的电子开关，如气动开关、水银开关以及高频振荡式、感应电容式、霍尔效应式的接近开关等，正在不断出现。但它们已经不是传统意义上的开关，往往包括了比较复杂的电子控制单元。

开关的主要技术参数如下。

1）额定电压：正常工作状态下所能承受的最大直流电压或交流电压有效值。

2）额定电流：正常工作状态下所允许通过的最大直流电流或交流电流有效值。

3）接触电阻：一对接触点连通时的电阻，一般要求不大于 $20\,m\Omega$。

4）绝缘电阻：不连通的各导电部分之间的电阻，一般要求不小于 $100\,M\Omega$。

5）抗电强度（耐压）：不连通的各导电部分之间所能承受的电压，一般开关要求不小于 $100\,V$，电源开关要求不小于 $500\,V$。

6）工作寿命：在正常工作状态下使用的次数，一般开关为 $5000\sim10\,000$ 次，高可靠开关可达到 $5\times10^{4}\sim5\times10^{5}$ 次。

这里只简要介绍几种机械类开关。由开关机械结构带动的活动触点俗称"刀"，也称"极"，对应同一活动触点的静触点数（即活动触点各种可能的位置）俗称"掷"，也称"位"。因此，开关的性能规格常用"×刀×掷"或"×极×位"来表示，如图 1.46 所示。

（1）旋转式开关

1）波段开关：波段开关如图 1.47 所示，分为大、中、小型三种。波段开关靠切入或咬合实现接触点的闭合，可有多刀位、多层型的组合，绝缘基体有纸质、瓷质或玻璃布环氧树脂板等几种。旋转波段开关的中轴带动它各层的接触点联动，同时接通或切断电路。波段开关的额定工作电流一般为 0.05～0.3 A，额定工作电压为 50～300 V。

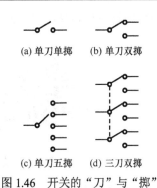

(a) 单刀单掷　　(b) 单刀双掷

(c) 单刀五掷　　(d) 三刀双掷

图 1.46　开关的"刀"与"掷"

2）刷形开关：刷形开关如图 1.48 所示，靠多层簧片实现接点的摩擦接触，额定工作电流可达 1 A 以上，也可分为多刀、多层的不同规格。

图 1.47　波段开关

图 1.48　刷形开关

图 1.49　键盘开关

（2）按动式开关

1）按钮开关：按钮开关分为大、小型，形状多为圆柱体或长方体，其结构主要有簧片式、组合式、带指示灯和不带指示灯的几种。按下或松开按钮开关，电路则接通或断开，常用于控制电子设备中的电源或交流接触器。

2）键盘开关：键盘开关如图 1.49 所示，多用于计算机（或计算器）中数字式电信号的快速通断。键盘有数码键、字母键、符号键及功能键，或是它们的组合。触点的接触形式有簧片式、导电橡胶式和电容式等多种。

3）直键开关：直键开关俗称琴键开关，属于摩擦接触式开关，有单键的，也有多键的，如图 1.50 所示。每一键的触点个数均是偶数（即二刀、四刀、……，十二刀）；键位状态可以锁定，也可以是无锁的；可以是自锁的，也可以是互锁的（当某一键按下时，其他键就会弹开复位）。

4）波形开关：波形开关俗称船形开关，其结构与钮子开关相同，只是把扳动方式的钮柄换成波形而按动换位，见图 1.51。波形开关常用做设备的电源开关。其触点分为单刀双掷和双刀双掷的几种，有些开关带有指示灯。

图 1.50　直键开关　　　　　　　　　　图 1.51　波形开关

（3）拨动开关

1）钮子开关：图 1.52 所示的钮子开关是电子设备中最常用的一种开关，有大、中、小型和超小型的多种，触点有单刀、双刀及三刀的几种，接通状态有单掷和双掷的两种，额定工作电压一般为 250 V，额定工作电流为 0.5～5 A 范围中的多档。

2）拨动开关：拨动开关见图 1.53，一般是水平滑动式换位，切入咬合式接触，常用于计算器、收录机等民用电子产品中。

图 1.52　钮子开关　　　　　　　　　　图 1.53　拨动开关

3．其他连接元件

（1）接线柱

如图 1.54 所示的接线柱常用作仪器面板的输入、输出端口，种类很多。

（2）接线端子

接线端子常用于大型设备的内部接线，见图 1.55。

 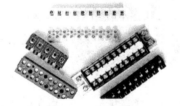

图 1.54　接线柱　　　　　　　　　　图 1.55　接线端子

4．继电器

继电器是根据输入电信号变化而接通或断开控制电路、实现自动控制和保护的自动电器，它是自动化设备中的主要元件之一，起到操作、调节、安全保护及监督设备工作状态等作用。从广义的角度说，继电器是一种由电、磁、声、光等输入物理参量控制的开关。

继电器的种类繁多，在电子产品中常用的，有利用电磁吸力工作的电磁继电器、用极化磁场作用保持工作状态的磁保持继电器、专用于转换高频电路并与同轴电缆匹配的高频继电器、由各种非电量（热、温度、压力等）控制的控制继电器、利用舌簧管工作的舌簧继电器、具有时间控制作用的时间继电器、作为无触点电子开关的固态继电器等。

这里主要介绍最常用的小型电磁式继电器、舌簧继电器和固态继电器。

（1）继电器的型号命名与分类

继电器型号命名不一，部分常用继电器的型号命名如表 1.22。

表 1.22　部分常用继电器的型号命名法

第一部分		第二部分				第三部分		第四部分	第五部分	
主　　称		产品分类				形状特征		序　　号	防护特性	
符号	意义	符号	意义	符号	意义	符号	意义		符号	意义
J	继电器	R	小功率	S	时间	X	小型	数字	F	封闭式
		Z	中功率	A	舌簧	C	超小型		M	密封式
		Q	大功率	M	脉冲	Y	微型			
		C	电磁	J	特种					
		V	温度							

继电器的种类繁多，分类方法也不一样。按功率的大小可分为微功率、小功率、中功率、大功率继电器。按用途的不同可分为控制、保护、时间继电器等。

电磁式继电器的主要参数如下。

1）额定工作电压：继电器正常工作时加在线圈上的直流电压或交流电压有效值。它随型号的不同而不同。

2）吸合电压或吸合电流：继电器能够产生吸合动作的最小电压或最小电流。为了保证吸合动作的可靠性，实际工作电流必须略大于吸合电流，实际工作电压也可以略高于额定电压，但不能超过额定电压的 1.5 倍，否则容易烧毁线圈。

3）直流电阻：指线圈绕组的电阻值。

4）释放电压或电流：继电器由吸合状态转换为释放状态，所需的最大电压或电流值，一般为吸合值的 1/10 至 1/2。

5）触点负荷：继电器触点允许的电压、电流值。一般，同一型号的继电器触点的负荷是相同的，它决定了继电器的控制能力。一般继电器的触点负荷见表 1.23。

表 1.23　一般继电器的触点负荷

功率级别	微 功 率	小 功 率	中 功 率	大 功 率
触点负荷	<0.2 A（接通电压<28 V）	0.5～1 A	2～5 A	10～20 A

此外，继电器的体积大小、安装方式、尺寸、吸合释放时间、使用环境、绝缘强度、触点数、触点形式、触点寿命（工作次数）、触点是控制交流还是直流信号等，在设计时都需要考虑。

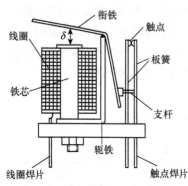

图1.56　电磁继电器结构示意图

（2）几种传统继电器

1）电磁继电器：电磁继电器是各种继电器中应用最广泛的一种，它以电磁系统为主体构成。图1.56是电磁继电器的结构示意图。

当继电器线圈通过电流时，在铁芯、轭铁、衔铁和工作气隙 δ 中形成磁通回路，使衔铁受到电磁吸力的作用被吸向铁芯，此时衔铁带动的支杆将板簧推开，断开常闭触点（或接通常开触点）。当切断继电器线圈的电流时，电磁力失去，衔铁在板簧的作用下恢复原位，触点又闭合。

电磁继电器的特点是触点接触电阻很小，结构简单，工作可靠。缺点是动作时间较长，触点寿命较短，体积较大。

2）舌簧继电器：舌簧继电器是一种结构简单的小型继电器，具有动作速度快、工作稳定、机电寿命长以及体积小等优点。常见的有干簧继电器和湿簧继电器两类。

干簧继电器由一个或多个干式舌簧开关（又称干簧管）和励磁线圈（或永久磁铁）组成，结构示意图如图1.57所示。干簧管内有一组导磁簧片，封装在充有惰性气体的玻璃管内，导磁簧片又兼做接触簧片，起着电路开关和导磁的双重作用。当线圈通过电流或将磁铁接近干簧管时，两个簧片的端部形成极性相反的磁极而相互吸引。当吸引力 F 大于簧片的弹力时，两者接触，使常开触点闭合；当线圈中的电流减小或磁铁远离时，簧片间的吸引力 F 小于簧片的弹力，动簧片又返回到初始位置，触点断开。

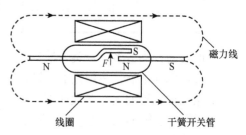

图1.57　干簧继电器结构示意图

湿簧继电器是在干簧继电器的基础上发展起来。它是在干簧管内充入了水银和高压氢气，使触点被水银浸润而成为汞润触点，氢气不断地净化触点上的水银，使触点一直被纯净的汞膜保护着。用湿簧管制成的舌簧继电器称为湿簧继电器。根据动作原理，湿簧继电器可分为非极化和极化两种。根据触点形式，又分为常开触点及转换触点两种，转换触点又有两位置偏移式及三位置极化式之分。

如图1.58所示，图1.58（a）为非极化转换触点湿簧继电器的动作原理图，图1.58（b）为极化式湿簧继电器的结构简图，它和非极化式的区别，是在对称的两个电极上分别焊有两个永久磁铁，能够把上磁极和动簧片端头先行磁化。

（3）固态继电器

固态继电器是由固体电子元器件组成的无触点开关，简称 SSR（solid state relay）。

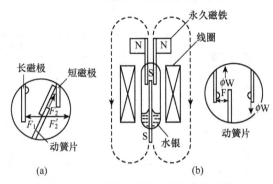

图 1.58　两种湿簧继电器结构原理图

从工作原理上说，固态继电器并不属于机电元件，但它能在很多应用场合作为一种高性能的继电器替代品。对被控电路优异独特的通断能力和显著延长的工作寿命，让它的使用范围迅速从继电器的范畴扩大到电源开关的范畴，即直接利用它控制灵活、工作长寿可靠、防爆耐震、无声运行的特点来通断电气设备中的电源。

1）固态继电器的结构：按使用场合，固态继电器（SSR）可以分为交流型和直流型两大类。它们的外形见图 1.59。

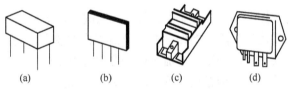

图 1.59　固态继电器的外形

2）SSR 的主要参数：SSR 的参数包括输入参数和输出参数，表 1.24 列出了国产 SSR 的参数范围，供选用时参考。

表 1.24　SSR 的主要参数

参数名称		典型数值	
		交　流　型	直　流　型
输入	输入电压/V	3～30	
	输入电流/mA	3～30	
	临界导通电压/V	≤3	
	临界导通电流/mA	≥1	
	释放电压/V	≥1	
输出	额定工作电压/V	30～380	4～50
	额定工作电流/A	1～25	1～3
	过零电压/|V|	5～25	1
	浪涌电流/工作电流/倍	10	

参数名称		典型数值	
		交 流 型	直 流 型
输出	通态压降/V	≤1.5～1.8	≤1.5
	通态电阻/Ω		≤20
	断态漏电流/mA	≤5～8	<0.01
	断态电阻/MΩ	≤2	≤2
	接通与关断时间	<10 ms	<100 μs
	工作频率/Hz	45～65	
	输入/出绝缘电阻/MΩ	≥10^3	
	输入/出绝缘电压/kV	≥1～2	

5. 正确选用机电元件

能否正确地选用开关及接插件，对于电子产品可靠性的影响极大，下面是必须考虑的有关问题。

1）应该严格按照使用和维护所需要的电气、机械、环境要求来选择机电元件，不能勉强迁就，否则容易发生故障。例如，在大电流工作的场合，选用接插件的额定电流必须比实际工作电流大很多，否则，电流过载将会引起触点的温度升高，导致弹性元件失去弹性，或者开关的塑料结构融化变形，使开关的寿命大大降低；在高电压下，要特别注意绝缘材料和触点间隙的耐压程度；插拔次数多的接插件或开关频度高的开关，应注意其触点镀层的耐磨情况和弹性元件的屈服限度。

2）为了保证连通，一般应该把多余的接触点并联使用，并联的接触点数目越多，可靠性就越高。设计接触对时，应该尽可能增加并联的点数，保证可靠接触。

3）要特别注意接触面的清洁。经验证明，接触点表面肮脏是机电元件的主要故障之一。在购买或领用新的开关及接插件后，应该保持清洁并且尽可能减少不必要的插拔或拨动，避免触点磨损；在装配焊接时，应该注意焊锡、焊剂或油污不要流到接触表面上；如果可能，应该定期清洗或修磨开关及接插件的接触对。

4）在焊接开关和接插件的连线时，应避免加热时间过长、焊锡和焊剂使用过多，否则可能使塑料结构或接触点损伤变形，引起接触不良。

5）接插件和开关的接线端要防止虚焊或连接不良，为避免接线端上的导线从根部折断，在焊接后应加装塑料热缩套管。

6）要注意开关及接插件在高频环境中的工作情况。当工作频率超过 100 kHz 时，小型接插件或开关的各个触点上，往往同时分别有高、低电平的信号或快速脉冲信号通过，应该特别注意避免信号的相互串扰，必要时可以在接触对之间加接地线，起到屏蔽作用。高频同轴电缆与接插件连接时，电缆的屏蔽层要均匀梳平，内外导体焊接后都要修光，焊点不宜过大，不允许残留可能引起放电的毛刺。

7）当信号电流小于几个微安时，由于开关内的接触点表面上有氧化膜或污染层，假如接触电压不足以击穿膜层，将会呈现很大的接触电阻，所以应该选用密封型或压力较大的滑动接触式开关。

8）多数接插件一般都设有定位装置以免插错方向，插接时应该特别注意；对于没有定位装置的接插件，更应该在安装时做好永久性的接插标志，避免使用者误操作。

9）插拔力大的连接器，安装一定要牢固。对于这样的连接器，要保证机械安装强度足够高，避免在插拔过程中因用力使安装底板变形而影响接触的可靠性。

10）电路通过电缆和接插件连通以后，不要为追求美观而绷紧电缆，应该保留一定的长度裕量，防止电缆在震动时受力拉断；选用没有锁定装置的多线连接器（例如微型计算机系统中的总线插座），应在确定整机的机械结构时采取锁定措施，避免在运输、搬动过程中由于震动冲击引起接触面磨损或脱落。

1.4.6　半导体分立器件

半导体分立器件自从 20 世纪 50 年代问世以来，曾为电子产品的发展起到重要的作用。现在，虽然集成电路已经广泛使用，并在不少场合取代了晶体管，但是应该相信，晶体管到任何时候都不会被全部废弃。因为晶体管有其自身的特点，还会在电子产品中发挥其他元器件所不能取代的作用。所以，晶体管不仅不会被淘汰，而且一定还将有所发展。

晶体管的应用原理、性能特点等知识，在电子学课程中已经详细介绍过，这里简要介绍实际应用中的工艺知识。

1. 常用半导体分立器件及其分类和特点

（1）常见半导体分立器件的分类

1）半导体二极管。

① 普通二极管：整流二极管、检波二极管、稳压二极管、恒流二极管、开关二极管等。

② 特殊二极管：微波二极管、变容二极管、雪崩二极管、SBD、TD、PIN、TVP 管等。

③ 敏感二极管：光敏二极管、热敏二极管、压敏二极管、磁敏二极管。

发光二极管。

2）双极型晶体管。

① 锗管：高频小功率管（合金型、扩散型），低频大功率管（合金型、台面型）。

② 硅管：低频大功率管、大功率高压管（扩散型、扩散台面型、外延型），高频小功率管、超高频小功率管、高速开关管（外延平面工艺），低噪声管、微波低噪声管、超 β 管（外延平面工艺、薄外延、钝化技术），高频大功率管、微波功率管（外延平面型、覆盖型、网状结构、复合型）。

③ 专用器件：单结晶体管、可编程单结晶体管。

3）晶闸管。

① 普通晶闸管、高频快速晶闸管。

② 双向晶闸管、可关断晶闸管（GTO）。

③ 特殊晶闸管：正反向阻断管、逆导管等。

4）场效应晶体管。

① 结型硅管：N 沟道（外延平面型）、P 沟道（双扩散型）、隐埋栅、V 沟道（微波大功率）。

② 结型砷化镓管：肖特基势垒栅（微波低噪声、微波大功率）。

③ 硅 MOS 耗尽型：N 沟道、P 沟道。

④ 硅 MOS 增强型：N 沟道、P 沟道。

（2）常用半导体分立器件的一般特点

1）二极管：按照结构工艺不同，半导体二极管可以分为点接触型和面接触型。因为点接触型二极管 PN 结的接触面积小，结电容小，适用于高频电路，但允许通过的电流和承受的反向电压也比较小，所以只适合在检波、变频等电路中工作；面接触型二极管 PN 结的接触面积大，结电容比较大，不适合在高频电路中使用，但它可以通过较大的电流，多用于频率较低的整流电路。

半导体二极管可以用锗材料或用硅材料制造。锗二极管的正向电阻很小，正向导通电压约为 0.2 V，但反向漏电流大，温度稳定性较差，现在在大部分场合被肖特基二极管（正向导通电压约为 0.2 V）取代；硅二极管的反向漏电流比锗二极管小很多，缺点是需要较高的正向电压（约 0.5～0.7 V）才能导通，只适用于信号较强的电路。

二极管应该按照极性接入电路。大部分情况下，应该使二极管的正极（或称阳极）接电路的高电位端，负极（或称阴极）接低电位端；而稳压二极管的负极要接电路的高电位端，其正极接电路的低电位端。

在采用国产元器件的电子产品中，常用的检波二极管多为 2AP 型，常用的整流二极管为 2CP 或 2CZ 型，稳压二极管多用 2CW 型，开关二极管多用 2CK 型，变容二极管常用的型号是 2CC 型。

2）双极型三极管：三极管的种类很多，按照结构工艺分类，有 PNP 和 NPN 型。按照制造材料分类，有锗管和硅管。锗管的导通电压低，更适合在低电压电路中工作；但是硅管的温度特性比锗管稳定，穿透电流 I_{ceo} 很小。按照工作频率分类，低频管可以用在工作频率为 3 MHz 以下的电路中；高频管的工作频率可以达到几百 MHz 甚至更高。按照集电极耗散的功率分类，小功率管的额定功耗在 1 W 以下，而大功率管的额定功耗可达几十 W 以上。

3）场效应晶体管：和普通双极型三极管相比，场效应晶体管有很多特点。从控制作用来看，三极管是电流控制器件，而场效应管是电压控制器件。场效应晶体管栅极的输入电阻非常高，一般可达几百 MΩ 甚至几千 MΩ，所以对栅极施加电压时，基本上不分取电流，这是一般三极管不能与之相比的。另外，场效应管还具有噪声低、动态范围大等优点。场效应晶体管广泛应用于数字电路、通信设备和仪器仪表，已经在很多场合取代了双极型三极管。

场效应晶体管的三个电极分别叫做漏极（D）、源极（S）和栅极（G），可以把它们类比作普通三极管的 c、e、b 三极，而且 D、S 极能够互换使用。场效应管分为结型场效应管和绝缘栅型场效应管两种。

2. 半导体分立器件的型号命名

自从国产半导体分立器件问世以来，国家就对半导体分立器件的型号命名制定了统一的标准。但是，近年来国内生产半导体器件的厂家纷纷引进国外的先进生产技术，购入原材料、生产设备及全套工艺标准，或者直接购入器件管芯进行封装。因此，市场上多见的是按照日本、欧洲、美国产品型号命名的半导体器件，符合我国标准命名的器件反而不易买到。在选用进口半导体器件时，应该仔细查阅有关技术资料，比较性能指标。

（1）国产半导体分立器件的型号命名

按照国家标准规定，国产半导体分立器件的型号命名如表 1.25 所示。

表 1.25　国产半导体分立器件的型号命名

第一部分		第二部分		第三部分		第四部分	第五部分
用数字表示器件的电极数目		用汉语拼音字母表示器件的材料和极性		用汉语拼音字母表示器件的类别		用数字表示器件序号	用汉语拼音字母表示规格号
符号	意义	符号	意义	符号	意义		
2	二极管	A	N 型锗材料	P	普通管		
		B	P 型锗材料	V	微波管		
		C	N 型硅材料	W	稳压管		
		D	P 型硅材料	C	参量管		
3	三极管			F	发光管		
				Z	整流器		
				L	整流堆		
				S	隧道管		
				N	阻尼管		
		A	PNP 型锗材料	X	低频小功率管，$f_{hfb}<$ 3 MHz，$P_c<1$ W		
		B	NPN 型锗材料	G	高频小功率管，$f_{hfb}\geqslant$ 3 MHz，$P_c<1$ W		
		C	PNP 型硅材料	D	低频大功率管，$f_{hfb}<$ 3 MHz，$P_c\geqslant1$ W		
		D	NPN 型硅材料	A	高频大功率管，$f_{hfb}\geqslant$ 3 MHz，$P_c\geqslant1$ W		
		E	化合物材料	U	光电器件		
				K	开关管		
				I	可控整流器		

续表

第一部分		第二部分		第三部分		第四部分	第五部分
用数字表示器件的电极数目		用汉语拼音字母表示器件的材料和极性		用汉语拼音字母表示器件的类别		用数字表示器件序号	用汉语拼音字母表示规格号
符 号	意 义	符 号	意 义	符 号	意 义		
3	三极管			T	体效应器件		
				B	雪崩管		
				J	阶跃恢复管		
				CS	场效应器件		
				BT	半导体特殊器件		
				FH	复合管		
				PIN	PIN 型管		
				JG	激光器件		

注：场效应管、半导体特殊器件、复合管、PIN 型管和激光器件的型号命名只有三、四、五部分。

例如：

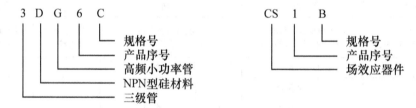

（2）日本半导体分立器件的型号命名。见表 1.26。

表 1.26　日本半导体分立器件的型号命名

第一部分		第二部分		第三部分		第四部分	第五部分
用数字表示器件的有效电极数目或类型		注册标志		用字母表示器件的使用材料极性类别		用多位数字表示登记号	用字母表示改进型标志
符 号	意 义	符 号	意 义	符 号	意 义	意 义	意 义
0	光电二极管或三极管或包括上述器件的组合管	S	已经在日本电子工业协会（JEIA）注册登记的半导体器件	A	PNP 高频晶体管	此器件在日本电子工业协会的注册登记号，不同厂家生产的性能相同的器件可以使用同一登记号	此器件是原型号产品的改进型
				B	PNP 低频晶体管		
1	二极管			C	NPN 高频晶体管		
2	三极管或具有三个电极的其他器件			D	NPN 低频晶体管		
				E	P 控制极可控硅		
				G	N 控制极可控硅		
3	具有四个有效电极的器件			H	基极单结晶体管		
...	具有 n 个有效电极的器件			J	P 沟道场效应管		
n−1				K	N 沟道场效应管		
				M	双向可控硅		

例如：

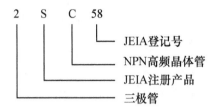

（3）欧洲半导体分立器件的型号命名，见表 1.27。

表 1.27　欧洲半导体分立器件的型号命名

第一部分		第二部分		第三部分		第四部分
用字母表示材料		用字母表示类型及主要特性		用数字或字母加数字表示登记号		用字母对同一型号分档
符号	意　义	符号	意　义	符号	意　义	意　义
A	锗材料，禁带 0.6～1.0 eV	A	检波、开关、混频二极管	3 位数字	通用半导体器件的登记序号	同一型号的半导体器件按某个参数分档
B	硅材料，禁带 1.0～1.3 eV	B	变容二极管	字母加 2 位数字	专用半导体器件的登记序号	
C	砷化镓材料，禁带>1.3 eV	C	低频小功率三极管 (R_{Tj}>15℃/W)			
D	锑化铟材料，禁带<1.3 eV	D	低频大功率三极管 (R_{Tj}≤15℃/W)			
R	复合材料	E	隧道二极管			
		F	高频小功率三极管 (R_{Tj}>15℃/W)			
		G	复合器件及其他器件			
		H	磁敏二极管			
		K	开放磁路中的霍尔元件			
		L	高频大功率三极管 (R_{Tj}≤15℃/W)			
		M	封闭磁路中的霍尔元件			
		P	光敏器件			
		Q	发光器件			
		R	小功率可控硅 (R_{Tj}>15℃/W)			
		S	小功率开关管 (R_{Tj}>15℃/W)			
		T	大功率可控硅 (R_{Tj}>15℃/W)			
		U	大功率开关管 (R_{Tj}>15℃/W)			
		X	倍增二极管			
		Y	整流二极管			
		Z	稳压二极管			

例如：

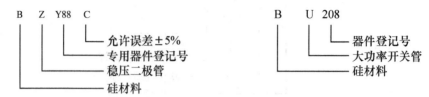

（4）美国半导体分立器件的型号命名，见表 1.28。

表 1.28　美国半导体分立器件的型号命名

第一部分		第二部分		第三部分		第四部分	第五部分
用符号器件的类别		用数字表示 PN 结的数目		登记标志		用多位数字表示登记号	用字母表示器件分档
符　号	意　义	符　号	意　义	符　号	意　义	意　义	意　义
JAN 或 J	军用品	1	二极管	N	已经在美国电子工业协会（EIA）注册登记	在美国电子工业协会的注册登记号	同一型号的不同档次
—	非军用品	2	三极管				
		3	3 个 PN 结器件				
		n	n 个 PN 结器件				

例如：

3. 半导体分立器件的封装及管脚

常见的半导体分立器件的封装及引线如图 1.60 所示。目前，常见的器件封装多是塑料封装或金属封装，也能见到玻璃封装的二极管和陶瓷封装的三极管。金属外壳封装的晶体管可靠性高、散热好并容易加装散热片，但造价比较高；塑料封装的晶体管造价低，应用广泛。

4. 选用半导体分立器件的注意事项

晶体管正常工作需要一定的条件。如果工作条件超过允许的范围，则晶体管不能正常工作，甚至造成永久性的损坏。为使晶体管能够长期稳定运行，必须注意下列事项。

（1）二极管

1）切勿使电压、电流超过器件手册中规定的极限值，并应根据设计原则选取一定的裕量。

2）允许使用小功率电烙铁进行焊接，焊接时间应该小于 3～5 s，在焊接点接触型二极管时，要注意保证焊点与管芯之间有良好的散热。

3）玻璃封装的二极管引线的弯曲处距离管体不能太小，一般至少 2 mm。

4）安装二极管的位置尽可能不要靠近电路中的发热元件。

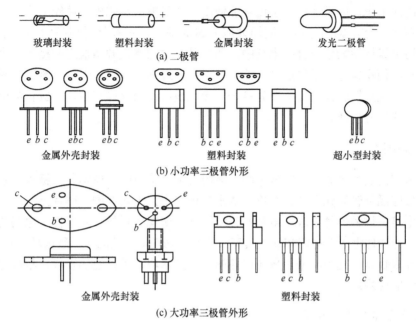

图 1.60　国产晶体管的封装及引线

5）接入电路时要注意二极管的极性。

（2）三极管

使用三极管的注意事项与二极管基本相同，此外还有如下几点。

1）安装时要分清不同电极的管脚位置，焊点距离管壳不要太近，一般三极管应该距离印制板 2～3 mm 以上。

2）大功率管的散热器与管壳的接触面应该平整光滑，中间应该涂抹导热硅脂以便减小热阻并减少腐蚀；要保证固定三极管的螺丝钉松紧一致。

3）对于大功率管，特别是外延型高频功率管，在使用中要防止二次击穿。所谓二次击穿是指这样一种现象：三极管在工作时，可能 V_{ce} 并未超过 BV_{ceo}，P_c 也未达到 P_{cm}，而三极管已被击穿损坏了。为了防止二次击穿，就必须大大降低三极管的使用功率和工作电压。其安全工作区的判定，应该依据厂家提供的资料，或在使用前进行必要的检测筛选。

应当注意，大功率管的功耗能力并不服从等功耗规律，而是随着工作电压的升高，其耗散功率相应减小。对于相同功率的三极管而言，低电压、大电流的工作条件要比在高电压、小电流下使用更为安全。

（3）场效应管

1）结型场效应管和一般晶体三极管的使用注意事项相仿。

2）对于绝缘栅型场效应管，应该特别注意避免栅极悬空，即栅、源两极之间必须经常保持直流通路。因为它的输入阻抗非常高，所以栅极上的感应电荷就很难通过输入电阻泄漏，电荷的积累使静电电压升高，尤其是在极间电容较小的情况下，少量电荷就会产生很高的电压，以至往往管子还未经使用，就已被击穿或出现性能下降的现象。

为了避免上述原因对绝缘栅型场效应管造成损坏，在存储时应把它的三个电极短路；在采用绝缘栅型场效应管的电路中，通常是在它的栅、源两极之间接入一个电阻或稳压二极管，使积累电荷不致过多或使电压不致超过某一界限；焊接、测试时应该采取防静电措施，电烙铁和仪器等都要有良好的接地线；使用绝缘栅型场效应管的电路和整机，外壳必须良好接地。

1.4.7　集成电路

集成电路是利用半导体工艺或厚膜、薄膜工艺，将电阻、电容、二极管、双极型三极管、场效应晶体管等元器件按照设计要求连接起来，制作在同一硅片上，成为具有特定功能的电路。这种器件打破了电路的传统概念，实现了材料、元器件、电路的三位一体，与分立元器件组成的电路相比，具有体积小、功耗低、性能好、重量轻、可靠性高、成本低等许多优点。几十年来，集成电路的生产技术取得了迅速的发展，集成电路得到了极其广泛的应用。

1．集成电路的基本类别

对集成电路分类，是一个很复杂的问题，分类方法有很多种：按制造工艺分类、按基本单元核心器件分类、按集成度分类、按电气功能分类、按应用环境条件分类、按通用或专用的程度分类等。

1）按照制造工艺分类，集成电路可以分为：①半导体集成电路；②薄膜集成电路；③厚膜集成电路；④混合集成电路。

用厚膜工艺（真空蒸发、溅射）或薄膜工艺（丝网印刷、烧结）将电阻、电容等无源元件连接制作在同一片绝缘衬底上，再焊接上晶体管管芯，使其具有特定的功能，叫做厚膜或薄膜集成电路。如果再连接上单片集成电路，则称为混合集成电路。这三种集成电路通常为某种电子整机产品专门设计而专用。用平面工艺（氧化、光刻、扩散、外延工艺）在半导体晶片上制成的电路称为半导体集成电路（也称单片集成电路）。这种集成电路作为独立的商品，品种最多，应用最广泛，一般所说的集成电路就是指半导体集成电路。

2）按照基本单元核心器件分类，半导体集成电路可以分为：①双极型集成电路；②MOS 型集成电路；③双极-MOS 型（BIMOS）集成电路。

用双极型三极管或 MOS 场效应晶体管作为基本单元的核心器件，可以分别制成双极型集成电路或 MOS 型集成电路。由 MOS 器件作为输入级、双极型器件作为输出级电路的双极-MOS 型（BIMOS）集成电路，结合了以上二者的优点，具有更强的驱动能力而且功耗较小。

3）按照集成度分类，有小规模（集成了几个门电路或几十个元件）、中规模（集成了一百个门或几百个元件以上）、大规模（一万个门或十万个元件）、超大规模（十万个元件以上）集成电路。

4）按照电气功能分类，一般可以把集成电路分成数字和模拟集成电路两大类，见表 1.29。这种分类方法可以算是一种传统的方法，由于近年来的技术进步，新的集成电路层出不穷，已经有越来越多的品种难以简单地照此归类。

表 1.29　半导体集成电路的分类

数字集成电路	逻辑电路	门电路、触发器、计数器、加法器、延时器、锁存器等
		算术逻辑单元、编码器、译码器、脉冲发生器、多谐振荡器
		可编程逻辑器件（PAL、GAL、FPGA、ISP）
		特殊数字电路
	微处理器	通用微处理器、单片机电路
		数字信号处理器（DSP）
		通用/专用支持电路
		特殊微处理器
	存储器	动态/静态 RAM
		ROM、PROM、EPROM、E^2PROM
		特殊存储器件
模拟集成电路	接口电路	缓冲器、驱动器
		A/D、D/A、电平转换器
		模拟开关、模拟多路器、数字多路/选择器
		采样/保持电路
		特殊接口电路
	光电器件	光电传输器件
		光发送/接收器件
		光电耦合器、光电开关
		特殊光电器件
	音频/视频电路	音频放大器、音频/射频信号处理器
		视频电路、电视机电路
		音频/视频数字处理电路
		特殊音频/视频电路
	线性电路	线性放大器、模拟信号处理器
		运算放大器、电压比较器、乘法器
		电压调整器、基准电压电路
		特殊线性电路

数字集成电路：数字电路是能够传输"0"和"1"两种状态信息并完成逻辑运算的电路。与模拟电路相比，数字电路的工作形式简单、种类较少、通用性强、对元器件的精度要求不高。数字电路中最基本的逻辑关系有"与"、"或"、"非"三种，再由它们组

合成各类门电路和某一特定功能的逻辑电路，如触发器、计数器、寄存器、译码器等。按照逻辑电平的定义，数字电路分为正逻辑和负逻辑的两种。正逻辑是用"1"状态表示高电平，"0"状态表示低电平，而负逻辑则与其相反。

在各种集成电路中，衡量器件性能的一项重要指标是工作速度。对于 TTL（也称晶体管-晶体管逻辑）数字电路来说，传输速度可以做得很高，这是 MOS 电路所不及的。另外，在双极型集成电路中，还有一般为低速的 DTL（二极管-晶体管逻辑）电路，一般为高速的 ECL（高速逻辑）电路，以及 HTL（高阈值逻辑）电路。

常用的双极型数字集成电路有 54××、74××、74LS×× 系列。

MOS 型数字集成电路包括 CMOS、PMOS、NMOS 三大类，具有构造简单、集成度高、功耗低、抗干扰能力强、工作温度范围大等特点。因此，MOS 型数字集成电路已广泛应用于计算机电路。近年来，PMOS、NMOS 器件已经趋于淘汰。

常用的 CMOS 型数字集成电路有 4000、74HC×× 系列。

大规模数字集成电路（LST）同普通集成电路一样，也分为双极型和 MOS 型两大类。由于 MOS 型电路具有集成度易于提高、制造工艺简单、成品率高、功耗低等许多优点，所以 LST 电路多为 MOS 电路，计算机电路中的 CPU、ROM（只读存储器）、RAM（随机存储器）、EPROM（可编程只读存储器）以及多种电路均属于此类。

模拟集成电路：除了数字集成电路，其余的集成电路统称为模拟集成电路。模拟集成电路的精度高、种类多、通用性小。按照电路输入信号和输出信号的关系，模拟集成电路还分类为线性集成电路和非线性集成电路。

线性集成电路指输出、输入信号呈线性关系的集成电路。它以直流放大器为核心，可以对模拟信号进行加、减、乘、除以及微分、积分等各种数学运算，所以又称为运算放大器。线性集成电路广泛应用在消费类、自动控制及医疗电子仪器等设备上。这类电路的型号很多，功能多样。根据功能可分类如下：①一般型——低增益、中增益、高增益、高精度；②特殊型——高输入阻抗、低漂移、低功耗、高速度。

非线性集成电路大多是特殊集成电路，其输入、输出信号通常是模拟-数字、交流-直流、高频-低频、正-负极性信号的混合，很难用某种模式统一起来。例如，用于通信设备的混频器、振荡器、检波器、鉴频器、鉴相器，用于工业检测控制的模-数隔离放大器、交-直流变换器，稳压电路及各种消费类家用电器中的专用集成电路，都是非线性集成电路。

5）按照通用或专用的程度分类，集成电路还可以分成通用型、半专用、专用等几个类型。

半专用集成电路也叫半定制集成电路（SCIC），是指那些由器件制造厂商提供母片，再经整机厂用户根据需要确定电气性能和电路逻辑的集成电路。常见的半通用集成电路有门阵列（GA）、标准单元器件（CBIC）、可编程逻辑器件（PLD）、模拟阵列和数字-模拟混合阵列。

专用集成电路也叫定制集成电路（ASIC），是整机厂用户根据本企业产品的设计要求，从器件制造厂专门定制、专用于本企业产品的集成电路。

显然，从有利于采用法律手段保护知识产权、实现技术保密的角度看，ASIC 集成电路最好，SCIC 比通用集成电路好；从技术上说，ASIC、SCIC 芯片的功能更强、性能更稳定，大批量生产的成本更低。

6）按应用环境条件分类，集成电路的质量等级分为军用级、工业级和商业（民用）级。在军事工业、航天、航空等领域，环境条件恶劣、装配密度高，军用级集成电路应该有极高的可靠性和温度稳定性，对价格的要求退居其次；商业级集成电路工作在一般环境条件下，保证一定的可靠性和技术指标，追求更低廉的价格；工业级集成电路是介于两者之间的产品，但不是所有集成电路都有这三个等级的品种。一般说来，对于相同功能的集成电路，工业级芯片的单价是商业级芯片的 2 倍以上，而军用级芯片的单价则可能达到 4～10 倍。

2. 集成电路的型号与命名

近年来，集成电路的发展十分迅速，特别是中、大规模集成电路的发展，使各种性能的通用、专用集成电路大量涌现，类别之广、型号之多令人眼花缭乱。国外各大公司生产的集成电路在推出时已经自成系列，但除了表示公司标志的电路型号字头有所不同以外，一般说来在数字序号上基本是一致的。大部分数字序号相同的器件，功能差别不大而可以代换。因此，在使用国外集成电路时，应该查阅手册或几家公司的产品型号对照表，以便正确选用器件。

在国内，半导体集成电路研制生产的起步并不算晚，但由于设备条件落后和工艺水平低下，除了产品类型不如国外多样，更主要的问题在于质量不够稳定，特别是大多数品种的生产合格率很低，使平均成本过高，无法参加市场商品竞争。近年来，国内半导体器件的生产厂家通过技术设备引进，在发展微电子产品技术方面取得了一些进步。国家标准规定，国产半导体集成电路的型号命名由五部分组成，见表 1.30。

表 1.30　国产半导体集成电路的命名符号及意义

第一部分		第二部分		第三部分	第四部分		第五部分	
字母表示器件符合国家标准		字母表示器件的类型		数字表示器件的系列和品种代号	字母表示器件的工作温度范围/℃		字母表示器件的封装形式	
符号	意　义	符号	意　义		符号	意　义	符号	意　义
		T	TTL 电路		C	0～+70	W	陶瓷扁平封装
		H	HTL 电路		E	−40～+85	B	塑料扁平封装
		E	ECL 电路		R	−55～+85	F	全密封扁平封装
		C	CMOS 电路		M	−55～+125	D	陶瓷直插封装
		F	线性放大器				P	塑料直插封装
		D	音响电路				J	玻璃直插封装
C	中国制造	W	稳压器	（与国际接轨）			H	玻璃扁平封装
		J	接口电路				K	金属壳菱形封装
		B	非线性电路				T	金属壳圆形封装

续表

第一部分		第二部分		第三部分	第四部分		第五部分	
字母表示器件符合国家标准		字母表示器件的类型		数字表示器件的系列和品种代号	字母表示器件的工作温度范围/℃		字母表示器件的封装形式	
符号	意义	符号	意义		符号	意义	符号	意义
		M	存储器					
		μ	微处理器					
		AD	模-数转换器					
		DA	数-模转换器					
		S	特殊电路					

例如，CC4013CP——CMOS 双触发器：

又如，CF3140CP——低功耗运算放大器：

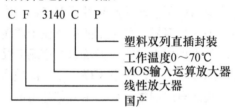

过去，国产集成电路大部分按照旧的国家标准命名，也有一些是按照企业自己规定的标准命名；现在，新的国家标准规定，国产集成电路的命名方法和国际接轨，如表 1.30 所示。因此，如果选用按照国家标准命名的集成电路，应该检索厂家的产品手册以及性能对照表。不过，采用国家标准命名的集成电路目前在市场上不易见到。

进口集成电路的型号命名一般是用前几位字母符号表示制造厂商，用数字表示器件的系列和品种代号。常见外国公司生产的集成电路的字头符号见表 1.31。

表 1.31　常见外国公司生产的集成电路的字头符号

字头符号	生产国及厂商名称	字头符号	生产国及厂商名称
AN，DN	日本，松下	UA，F，SH	美国，仙童
LA，LB，STK，LD	日本，三洋	IM，ICM，ICL	美国，英特尔
HA，HD，HM，HN	日本，日立	UCN，UDN，UGN，ULN	美国，斯普拉格
TA，TC，TD，TL，TM	日本，东芝	SAK，SAJ，SAT	美国，ITT
MPA，Mpb，μPC，μPD	日本，日电	TAA，TBA，TCA，TDA	欧洲，电子联盟
CX，CXA，CXB，CXD	日本，索尼	SAB，SAS	德国，SIGE
MC，MCM	美国，摩托罗拉	ML，MH	加拿大，米特尔

3. 集成电路的封装

集成电路的封装，按材料基本分为金属、陶瓷、塑料三类，按电极引脚的形式分为通孔插装式及表面安装式两类。这几种封装形式各有特点，应用领域也有区别。这里主要介绍通孔插装式引脚的集成电路封装，对于近年来迅速发展的表面安装技术（SMT）及表面安装元器件的封装，则在第 2 章里进行系统的介绍。

（1）金属封装

金属封装散热性好，电磁屏蔽好，可靠性高，但安装不够方便，成本较高。这种封装形式常见于高精度集成电路或大功率器件。符合国家标准的金属封装有 T 型和 K 型两种，外形见图 1.61。

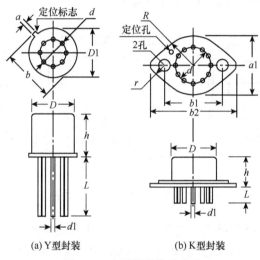

（a）Y 型封装　　　　（b）K 型封装

图 1.61　金属封装集成电路

（2）陶瓷封装

采用陶瓷封装的集成电路导热好且耐高温，但成本比塑料封装高，所以一般都是高档芯片。见图 1.62，国家标准规定的陶瓷封装集成电路可分为扁平型 [W 型，见图 1.61（a）] 和双列直插型 [D 型，国外一般称为 DIP 型，见图 1.61（b）] 两种。但 W 型封装的陶瓷扁平集成电路的水平引脚较长，现在被引脚较短的 SMT 封装所取代，已经很少见到。

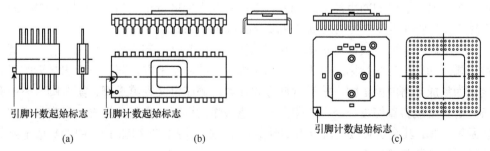

引脚计数起始标志　　引脚计数起始标志　　　　　　　　　　　引脚计数起始标志

（a）　　　　　　　　　（b）　　　　　　　　　　　　（c）

图 1.62　陶瓷封装集成电路

直插型陶瓷封装的集成电路，随着引脚数的增加，发展为 CPGA（ceramic pin grid array）形式，图（c）是微处理器 80586（Pentium CPU）的陶瓷 PGA 型封装。

（3）塑料封装

这是最常见到的封装形式，最大特点是工艺简单、成本低，因而被广泛使用。国家标准规定的塑料封装的形式，可分为扁平型（B 型）和直插型（D 型）两种。

随着集成电路品种规格的增加和集成度的提高，电路的封装已经成为一个专业性很强的工艺技术领域。现在，国内外的集成电路封装名称逐渐趋于一致，不论是陶瓷材料的还是塑料材料的，均按集成电路的引脚布置形式来区分。图 1.63 是常见的几种集成电路封装。图 1.63（a）是塑料单列封装 PSIP（plastic single in-line package）。图 1.63（b）是塑料 V-DIP 型封装 PV-DIP（plastic vertical dual in-line package）。图 1.63（c）是塑料 ZIP 型封装 PZIP（plastic zigzag in-line package）。

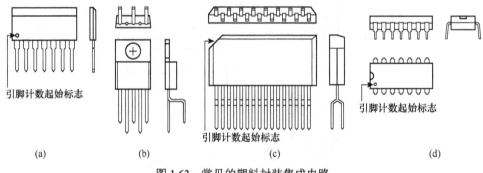

图 1.63　常见的塑料封装集成电路

以上三种封装，多用于音频前置放大、功率放大集成电路。

图 1.63（d）是塑料 DIP 型封装 PDIP（plastic dual in-line package）。

中功率器件为降低成本、方便使用，现在也大量采用塑料封装形式。但为了限制温升并有利于散热，通常都如图 1.63（b）所示，同时封装一块导热金属板，便于加装散热片。

（4）集成电路的引脚分布和计数

集成电路是多引脚器件，在电路原理图上，引脚的位置可以根据信号的流向摆放，但在电路板上安装芯片，就必须严格按照引脚的分布位置和计数方向插装。绝大多数集成电路相邻两个引脚的间距是 2.54 mm，宽间距的是 5.08 mm，窄间距的是 1.778 mm；DIP 封装芯片两列引脚之间的距离是 7.62 mm 或 15.24 mm。

集成电路的表面一般都有引脚计数起始标志，在 DIP 封装集成电路上，有一个圆形凹坑或弧形凹口；当起始标志位于芯片的左边时，芯片左下方、离这个标志最近的引脚被定义为集成电路的第 1 脚，按逆时针方向计数，顺序定义为第 2 脚、第 3 脚、……有些芯片的封装被斜着切去一个角或印上一个色条作为引脚计数起始标志，离它最近的引脚也是第 1 脚，其余引脚按逆时针方向计数。图 1.61、图 1.62 和图 1.63 中的集成电路都画出了引脚计数起始标志。

4. 使用集成电路的注意事项

（1）工艺筛选

工艺筛选的目的，在于将一些可能早期失效的元器件及时淘汰出来，保证整机产品的可靠性。由于从正常渠道供货的集成电路在出厂前都要进行多项筛选试验，可靠性通常都很高，用户在一般情况下也就不需要进行老化或筛选了。问题在于，近年来集成电路的市场情况比较混乱，常有一些从非正常渠道进货的次品鱼目混珠。所以，实行了科学质量管理的企业，都把元器件的使用筛选作为整机产品生产的第一道工序。特别是那些对于设备及系统的可靠性要求很高的产品，更必须对元器件进行使用筛选。

事实上，每一种集成电路都有多项技术指标，而对于使用这种集成电路的具体产品，往往并不需要用到它的全部功能以及技术指标的极限。这样，就为元器件的使用筛选留出了很宽的余地。有经验的电子工程技术人员都知道，对廉价元器件进行关键指标的使用筛选，既可以保证产品的可靠性，也有利于降低产品的成本。

（2）正确使用

1）在使用集成电路时，其负荷不允许超过极限值；当电源电压变化不超出额定值 $\pm10\%$ 的范围时，集成电路的电气参数应符合规定标准；在接通或断开电源的瞬间，不得有高电压产生，否则将会击穿集成电路。

2）输入信号的电平不得超出集成电路电源电压的范围（即：输入信号的上限不得高于电源电压的上限，输入信号的下限不得低于电源电压的下限；对于单个正电源供电的集成电路，输入电平不得为负值）。必要时，应在集成电路的输入端增加输入信号电平转换电路。

3）一般情况下，数字集成电路的多余输入端不允许悬空，否则容易造成逻辑错误。"与门"、"与非门"的多余输入端应该接电源正端，"或门"、"或非门"的多余输入端应该接地（或电源负端）。为避免多余端，也可以把几个输入端并联起来，不过这样会增大前级电路的驱动电流，影响前级的负载能力。

4）数字集成电路的负载能力一般用扇出系数 N_0 表示，但它所指的情况是用同类门电路作为负载。当负载是继电器或发光二极管等需要大电流的元器件时，应该在集成电路的输出端增加驱动电路。

5）使用模拟集成电路前，要仔细查阅它的技术说明书和典型应用电路，特别注意外围元件的配置，保证工作电路符合规范。对线性放大集成电路，要注意调整零点漂移、防止信号堵塞、消除自激振荡。

6）商业级集成电路的使用温度一般在 $0\sim+70^{\circ}\mathrm{C}$ 之间。在系统布局时，应使集成电路尽量远离热源。

7）在手工焊接电子产品时，一般应该最后装配焊接集成电路；不要使用大于 45 W 的电烙铁，每次焊接时间不得超过 10 s。

8）对于 MOS 集成电路，要特别防止栅极静电感应击穿。一切测试仪器（特别是信号发生器和交流测量仪器）、电烙铁以及线路本身，均须良好接地。当 MOS 电路的 D-S

电压加载时，若 G 输入端悬空，很容易因静电感应造成击穿，损坏集成电路。对于使用机械开关转换输入状态的电路，为避免输入端在拨动开关的瞬间悬空，应该在输入端接一个几十千欧的电阻到电源正极（或负极）上。此外，在存储 MOS 集成电路时，必须将其收藏在防静电盒内或用金属箔包装起来，防止外界电场将栅极击穿。

1.4.8　电声元件

电声元件用于电信号和声音信号之间的相互转换，常用的有扬声器、耳机、传声器（送话器、受话器）等，这里仅对扬声器和传声器进行简单的介绍。

1. 扬声器

扬声器俗称喇叭，是音响设备中的主要元件。扬声器的种类很多，除了已经淘汰的舌簧式以外，现在多见的是电动式、励磁式和晶体压电式，图 1.64 是常见扬声器的结构与外形。

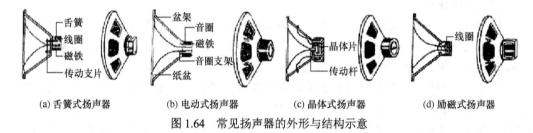

(a) 舌簧式扬声器　　(b) 电动式扬声器　　(c) 晶体式扬声器　　(d) 励磁式扬声器

图 1.64　常见扬声器的外形与结构示意

（1）电动式扬声器

按所采用的磁性材料不同，电动式扬声器分为永磁式和恒磁式两种。永磁式扬声器的磁体很小，可以安装在内部，所以又称内磁式。它的特点是漏磁少、体积小但价格稍高。彩色电视机和电脑多媒体音箱等对磁屏蔽有要求的电子产品一般采用的全防磁喇叭就是永磁式电动扬声器。恒磁式扬声器的磁体较大，要安装在外部，所以又称外磁式。其特点是漏磁大、体积大但价格便宜，通常用在普通收音机等低档电子产品中。

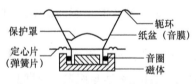

图 1.65　电动式扬声器的结构示意

电动式扬声器的结构由纸盆、音圈、磁体等组成，见图 1.65。当音圈内通过音频电流时，音圈产生变化的磁场，与固定磁体的磁场相互作用，使音圈随电流变化而前后运动，带动纸盆振动发出声音。

（2）压电陶瓷扬声器和蜂鸣器

压电陶瓷随两端所加交变电压产生机械振动的性质叫做压电效应，为压电陶瓷片配上纸盆就能制成压电陶瓷扬声器。这种扬声器的特点是体积小、厚度薄、重量轻，但频率特性差、输出功率小，目前还在改进研制之中。压电陶瓷蜂鸣器则广泛用于电子产品输出音频提示、报警信号。

（3）耳机和耳塞机

耳机和耳塞机在电子产品的放音系统中代替扬声器播放声音。它们的结构和形状各有不同，但工作原理和电动式扬声器相似，也是由磁场将音频电流转变为机械振动而还原声音。耳塞机的体积微小，携带方便，一般应用在袖珍收、放音机中。耳机的音膜面积较大，能够还原的音域较宽，音质、音色更好一些，一般价格也比耳塞机更贵。

2. 传声器

传声器俗称话筒，它的作用与扬声器相反，是将声能转换为电能的元件。常见的话筒种类有动圈式、晶体式、铝带式、电容式等，以动圈式和驻极体电容式应用最广泛。

（1）动圈式传声器

动圈式传声器由永久磁铁、音圈、音膜和输出变压器等组成，其结构如图 1.66 所示。声压使传声器的音膜振动，带动音圈在磁场里前后运动，切割磁力线产生感应电动势，把感受到的声音转换为电信号。输出变压器进行阻抗变换并实现输出匹配。这种话筒有低阻（200～600 Ω）和高阻（10～20 kΩ）两类，以阻抗 600 Ω 的最常用，频率响应一般在 200～5000 Hz。动圈式传声器的结构坚固，性能稳定，经济耐用。

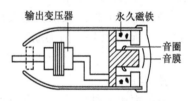

图 1.66　动圈式传声器的结构示意

（2）普通电容式传声器

普通电容式传声器由一固定电极和一膜片组成，其结构与接线如图 1.67 所示。声压使膜片振动引起电容量改变，电路中充电电流随之变化，此电流在电阻上转换成电压输出。普通电容式话筒带有电源和放大器，给电容振膜提供极化电压并将微弱的电信号放大。这种话筒的频率响应好，输出阻抗极高，但结构复杂，体积大，又需要供电系统，使用不够方便，适合在对音质要求高的固定录音室内使用。

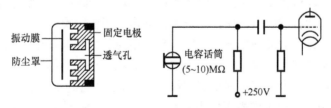

图 1.67　普通电容式传声器的结构与接线

（3）驻极体电容式传声器

驻极体电容式传声器除了具有普通电容式传声器的优良性能以外，还因为驻极体振动膜不需要外加直流极化电压就能够永久保持表面的电荷，所以结构简单、体积小、重量轻、耐震动、价格低廉、使用方便，得到广泛的应用。但驻极体电容式传声器在高温高湿的工作条件下寿命较短。

这种传声器的内部结构见图 1.68，驻极体电容的输出阻抗很高，可能达到几十 MΩ，所以传声器内一般用场效应管进行阻抗变换以便与音频放大电路相匹配。

图 1.68　驻极体电容式传声器的结构

3. 选用电声元件的注意事项

1）电声元件应该远离热源，这是因为电动式电声元件内大多有磁性材料，如果长期受热，磁铁就会退磁，动圈与音膜的连接就会损坏；压电陶瓷式、驻极体式电声元件会因为受热而改变性能。

2）电声元件的振动膜是发声、传声的核心部件，但共振腔是它产生音频谐振的条件之一。假如共振腔对振动膜起阻尼作用，就会极大降低振动膜的电-声转换灵敏度。例如，扬声器应该安装在木箱或机壳内才能扩展音量、改善音质；外壳还可以保护电声元件的结构部件。

3）电声元件应该避免潮湿的环境，纸盆式扬声器的纸盆会受潮变形，电容式传声器会因为潮湿降低电容的品质。

4）应该避免电声元件的撞击和振动，防止磁体失去磁性、结构变形而损坏。

5）扬声器的长期输入功率不得超过其额定功率。

1.4.9　光电器件

1. 光电二极管

（1）光电二极管的结构和工作原理

光电二极管又叫做光敏二极管，管壳上有接收入射光的窗口，使光线能进入 PN 结。光电二极管可以在两种状态下工作：第一种，光电二极管加反向工作电压，没有光线射入时，它只能流过很小的反向电流。此时，反向电流的大小与普通二极管相同；有光线射入时，在耗尽层中产生自由载流子，所产生的载流子移出耗尽层，反向电流增大。反向电流与入射光线的照度之间呈现良好的线性关系。这是光电二极管最常用的工作状态。第二种，光电二极管不加工作电压，当有光线射入时，PN 结受光照射产生正向电压，具有光电池的性质。在图 1.69 中，图 1.69（a）是光电二极管的电路符号，图 1.69（b）是光电二极管的反向电流与入射光线的照度之间的关系曲线，图 1.69（c）是光电二极管在不同照度下反向电压与反向电流之间的关系曲线。

同所有的半导体光电器件一样，光电二极管也具有一定的光谱灵敏度。灵敏度从紫外区延伸到红外区。

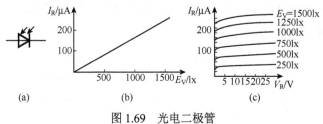

图 1.69 光电二极管

（2）特征参数和极限参数

光电二极管的主要特征参数是光电灵敏度 $E_。$它表示照度增加时，反向电流增大了多少（单位：nA/lx）。其他重要的特征参数还有最大光电灵敏度波长 λ_{ES}、截止频率 f_g 和耗尽层电容 C_S。

常用的光电二极管的典型参数为：$E \approx 120$ nA/lx；$\lambda_{ES} \approx 0.85$ μm；$f_g \approx 1$ MHz；$C_S \approx 20 \sim 150$ pF。

光电二极管的极限参数有最大允许反向电压（一般为 $20 \sim 30$ V）和环境温度范围（一般为 $-50 \sim +100℃$）。

2. 光电晶体管

（1）结构和工作原理

光电晶体管是一种特殊的硅晶体管，光线可以照射到基极-集电极耗尽层上，一定强度的光线可以控制电晶体管 c-e 极间的导通电流。对于某些类型的光电晶体管，将其基极用引线引出，通过基极偏置电路，可预调工作点。另一些光电晶体管的基极不用引线引出，只能由外部光线唯一控制其导通。在图 1.70 中，图 1.70（a）是光电晶体管的电路符号，图 1.70（b）是光电晶体管的等效电路，图 1.70（c）是光电晶体管在不同照度下的 I_C-V_{CE} 特性曲线。

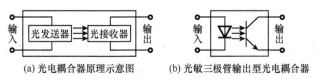

(a) 光电耦合器原理示意图　　(b) 光敏三极管输出型光电耦合器

图 1.70 光电晶体管

（2）特征参数和极限参数

光电晶体管的主要特征参数有以下几项：集电集亮电流 I_{Ch}；集电集暗电流 I_{Cd}；最大光电灵敏度的波长 λ_{ES}；光电灵敏度 E。

常用光电晶体管的典型特征参数如下：$E \approx 0.15$ μA/lx；$\lambda_{ES} \approx 0.85$ μm；$I_{Ch} \approx 0.8$ mA；$I_{Cd} \approx 0.2$ μA。

3. 发光二极管

（1）结构和工作原理

发光二极管（LED）是将电能转化为光能的一种器件，其电路符号及其外形如图 1.71

所示。正向流过一定强度的电流时，发光二极管能发出可见光或不可见光，例如发出红色光线或红外光线。

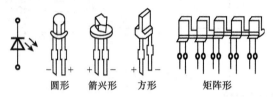

图 1.71　发光二极管的电路符号及其外形

发光二极管由砷化镓（GaP）、磷砷化镓（GaAsP）、磷化镓（AsP）等一些半导体材料制成。

发光二极管也具有单向导电性，工作在正向偏置状态，但它的正向导通电压降比较大，一般在 2 V 左右，当正向电流达到 2 mA 时，发光二极管开始发光，而且光线强度的增加与电流强度成正比。发光二极管发出的光线颜色主要取决于晶体材料及其所掺杂质。常见发光二极管光线的颜色有红色、黄色、绿色和蓝色。

（2）特征参数和极限参数

发光二极管的主要特征参数有发光面积 A、发光强度 I_V 等。

极限参数有最大允许正向直流电流 I_{Fmax}，最大允许反向电压 V_{Rmax}，最大允许功耗 P_{TOT}，允许的环境温度范围 U_T。

发光二极管的典型极限参数如下：$I_{Fmax} \approx 50$ mA；$V_{Rmax} \approx 3$ V；$P_{TOT} \approx 120$ mW；$U_T \approx -40 \sim +100$℃。

发光二极管主要用作显示器件，用来指示电子产品的工作状态。表示数字的 7 段发光管字符显示器也是由发光二极管组成的。

4. 七段字符显示器

（1）结构和工作原理

利用发光二极管的光电效应，可以制成简单的显示器件，最典型的就是七段字符显示器，也叫做七段码显示器，如图 1.72（a）所示。通常使用的七段字符显示器，是由八个条状发光二极管按图 1.72 所示的形式排列，每一段就是一个发光二极管，通常表示小数点的段叫做 h 段，8 字的每一段分别叫做 $a \sim g$ 段。按规定使某些笔段的发光二极管点亮，就能组成数字或字母。

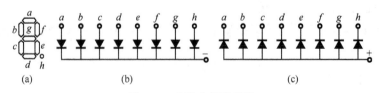

图 1.72　七段字符显示器

在实际应用中，小数点段不常使用，所以叫七段字符显示器。

七段字符显示器内部发光二极管的连接形式有两种，即共阴极和共阳极接法。在图 1.72 中，图 1.72（b）是共阴极连接，图 1.72（c）是共阳极连接。七段字符显示器的外形一般是长方形，有 9 个引脚，分别叫做 com（公共端）和 $a \sim h$ 端（字段端）。

七段字符显示器中某一段发光二极管正向导通电流大于 2 mA 时，该段被点亮发光，导通电流越大，所发光线越强，人眼感觉越亮，但光电二极管寿命就越短。可以在电路中采用限流电阻控制发光强度。

七段字符显示器能显示 0～9 的数字和简单的字符，如显示大写英文字母 E，需要 a、b、c、d、g 段亮，而 e、f、h 段灭。所以应该正向偏置 a、b、c、d、g 段发光二极管，反向偏置 e、f、h 段发光二极管。对于共阴极连接的七段字符显示器，发光段端的电位要高于公共端（com），不发光段端的电位应低于或等于公共端；而共阳极连接的七段字符显示器则与此相反。

（2）多位七段字符显示器

七段字符显示器在实际应用中，通常是多个字符一起使用，一般按图 1.73 的形式排列。

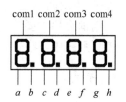

图 1.73　多位七段字符显示器

这时，每一个七段字符显示器的 $a \sim h$ 端相连，统一引出仍然叫 $a \sim h$ 端。由于它们决定了每一个七段字符显示器的显示字符形式，所以叫字选控制端；每一个七段字符显示器的公共端独立引出并用其控制每个七段字符显示器的亮与灭，叫位选控制端。显示时，利用人眼的视觉暂留现象，采用动态扫描的显示方法，即某一时刻只有一个七段字符显示器被点亮。

七段字符显示器的驱动电路比较简单，用数字电路或通用的微处理器芯片都可以实现。

5．光电耦合器

（1）结构和工作原理

光电耦合器利用光束实现电信号的传递。工作时，把电信号加到输入端，使发光器件发光，受光器件在光辐射的作用下产生并输出电流，从而实现以光为媒介的电-光-电两次转换，通过光进行输入端和输出端之间的耦合。光电耦合器由光发送器和一个光接收器组成，如图 1.74（a）所示。

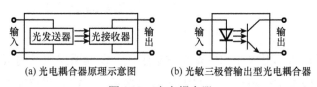

（a）光电耦合器原理示意图　　（b）光敏三极管输出型光电耦合器

图 1.74　光电耦合器

光电耦合器的种类繁多。常用的是以砷化镓发光二极管为发光部分和以硅光敏器件为受光部分构成的光电耦合器，硅光敏器件与砷化镓发光二极管的光谱匹配十分理想。由于受光器件的不同，而有不同的光电耦合器品种。例如，常见的光电耦合器有光敏二极管输出型、光敏三极管输出型、达林顿光敏三极管输出型、光控晶体闸流管输出型以及集成电路输出型等。光敏三极管输出型光电耦合器在一般电子产品中经常用到，其结构示意图见图1.74（b）。

单个光电耦合器通常做成普通晶体管式的外形；多个光电耦合器做在一起的集成式光电耦合器，通常做成常用的双列直插式封装。用在数字电路中的光电耦合器相当于一个光控开关，集成式光电耦合器中输出光敏三极管的基极通常不引出来。

光电耦合器的主要特点是：①输入端与输出端之间没有电的直接联系，实现了输入电路与输出电路之间的电气隔离；②信号单向传递，输出信号对输入信号无影响；③抗干扰能力强。

（2）光电耦合器的主要极限参数

光电耦合器的主要极限参数如下，①信号输入端（光发送器）：反向电压 $V_R \approx 3$ V；正向电流 $I_F \approx 60$ mA。②信号输出端（光接收器）：集电极-发射极反向电压 $V_{CEO} \approx 70$ V；发射极-基极反向电压 $V_{EBO} \approx 7$ V；集电极电流 $I_{Cmax} \approx 100$ mA。

光电耦合器主要应用在输入与输出电路之间的电气隔离以及抗干扰的场合，例如，电脑控制系统中，在输入/输出部分与微处理器之间加入光电耦合器来保护微处理器。

6. 示波管

示波管也叫做阴极射线管，是属于电真空器件的一种电子管。它既能用来显示周期性的电信号波形，也能显示单次脉冲。显示信号的频率范围可以从低频到超高频。用示波管观测快速变化的信号极为方便。示波管广泛应用在示波器、图示仪等电子设备中。

（1）示波管的结构

示波管由玻壳、电子枪、偏转系统和荧光屏四部分组成。示波管的偏转系统一般使用电-磁偏转系统。它是由两对相互垂直的偏转板组成，靠近显示屏的一对偏转板称为 X 偏转板或水平偏转板，靠近电子枪的一对偏转板称为 Y 偏转板或垂直偏转板。示波管的结构示意图如图1.75所示。

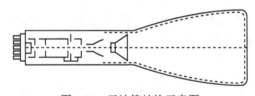

图1.75 示波管结构示意图

示波管的电子枪由发射系统和主聚焦透镜组成。发射系统包括阴极、调制极和加速极；主聚焦透镜采用电子单透镜，中间电极孔径较大，在较低的聚焦电压下，就可以保证电子束不会打到聚焦极上，通常把这种电子枪称为零电流电子枪。电子枪用来发射不同速度的电子束，它相当于一只电子"画笔"，轨迹在荧光屏上描绘出活动的画面。电子束在荧光屏上按一定次序进行有规律的运动，叫做电子束扫描运动。其中，电子束在水平方向上的运动，叫做"水平扫描"；也叫"行扫描"；在垂直方向上的运动叫做"垂直扫描"，也叫"帧扫描"。

示波管采用全玻璃外壳的结构，玻璃外壳简称玻壳，它由管颈、锥体、屏和芯柱四部分构成。管壳内被抽至 10^{-4} pas 的真空度，使电子枪发出电子能在管内自由流动。

荧光屏的内表面涂有一层荧光粉，荧光粉的某一点受到电子轰击，就会被激发而发光，在屏幕上形成光点。在电子能量一定的条件下，光点的亮度正比于轰击该点的电子束电流大小。

（2）示波管的工作原理

示波管工作时，在 X 偏转板加随时间呈周期性变化的线性锯齿形扫描电压，同时在 Y 偏转板加被测的信号电压，电子束在荧光屏上的位置是其在 X 轴与 Y 轴上偏转分量的矢量和。假设

在 X 偏转板加周期性变化的锯齿波电压 $V_X = at$，光束在 X 轴上偏转位置 $x = at$；

在 Y 偏转板加正弦波电压 $V_Y = V_Y \sin \omega t$，光束在 Y 轴上偏转位置 $y = Y \sin \omega t$，则矢量和为

$$W = W_m \sin \frac{\omega x}{a} ,$$

a 是波形在 X 轴上的放大比例。若 $a = 1$，则 $W = W_m \sin \omega t$。

（3）对示波管的要求

1）偏转灵敏度高。示波管一般用在示波器中，被观测的信号幅度一般很微弱，有时只有 mV 级。希望示波管的灵敏度尽可能高些，以降低示波器中放大器的增益。偏转灵敏度的单位用 mm/V 表示，实用中常用其倒数即偏转因数来表示，单位为 V/mm。

2）偏转线性度好。即屏面各处的偏转灵敏度相同。偏转线性好的示波管，光栅失真小，偏转量与输入的偏转信号严格成正比例。

3）分辨率高。即屏上光点直径小。这就要求电子枪聚焦质量高和偏转散焦小，荧光粉颗粒度细。

4）记录速度高。记录速度是指电子束在屏幕上偏转时，其位置能被记录下来的电子束最高移动速度。记录速度高，就能够显示快速变化的信号。

7. 显像管

（1）显像管的结构

显像管由玻璃外壳、电子枪、荧光屏和管外偏转线圈四大部分组成，就显像管本身的结构及其工作特性来说，它也属于真空电子管。图 1.76 是黑白显像管结构示意图。与示波管电子枪不同，显像管电子枪的聚焦系统由一系列同轴的圆筒和圆孔膜片组装而成。它的作用是产生定向的和聚焦得很细的电子束，同时可以方便地控制电子束电流的大小。在显像管玻璃外壳的锥体上加有高压端子，在管内形成强电场，这个电压叫阳极电压，不同尺寸的显像管，阳极电压可达到 $10 \sim 25$ kV。显像管中电子束的偏转是在磁场的作用下产生的，偏转线圈的作用就是使聚焦电子束在管内空间产生偏转并击打到荧光屏上。偏转线圈套在管外颈椎的转折处，偏转线圈由行和帧两个相互垂直放置的线圈组成。当分别通入行、帧锯齿波电流时，电子束就在管内从上到下、从左到右顺序偏转，电子束在屏幕上移动的轨迹形成扫描光栅。彩色显像管有三个电子枪，R、G、B 三色荧光粉按

"品"字形规则排列涂满荧光屏，屏后还设有均匀分布细孔的荫罩板。三个电子束通过荫罩板上的小孔打到一组三色荧光粉上，激发的红、绿、蓝色决定一个像素的亮度、色调和饱和度。图1.77是彩色显像管电子枪的照片。

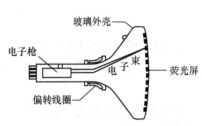

图1.76 黑白显像管结构示意图

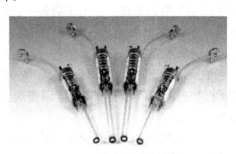

图1.77 彩色显像管的电子枪

（2）显像管的工作原理

当偏转线圈未加扫描信号时，从显像管阴极发出的电子流经过电子枪的聚焦，形成电子束。电子束被高压加速后打上荧光屏，在荧光屏的中心处产生聚焦光点。当偏转线圈分别加上行和帧的扫描信号时，电子束在屏上扫出均匀发光的光栅。如果这时在电子枪的栅极加上与被摄像景物图像亮度对应的视频信号，则从电子枪发出的电子束电流不再是固定不变的，而是受到视频信号的调制。这个随时间变化、受视频信号调制的电子束经扫描展开后，打到荧光屏上，在屏上就会出现对应的明暗相间的光学图像。

（3）显像管的分类

按结构和尺寸，显像管有如下几种分类。

1）按屏幕尺寸分类。屏幕尺寸是指屏幕的对角线尺寸，目前可见到31 cm（12 in）、35 cm（14 in）、44 cm（17 in）、47 cm（19 in）、54 cm（21 in）、64 cm（25 in）、74 cm（29 in）和86 cm（34 in）等多种尺寸的显像管。

2）按管颈尺寸分类。有粗（35 mm）、中（28.6 mm）、细（20 mm）三种直径的管颈尺寸。粗管颈显像管的偏转能耗过大，除了在要求高分辨率的显像管中使用以外，其他场合已不采用。

3）按偏转角分类。偏转角是扫描电子束最大的偏转角度，以前常见的是90°和110°，现在大屏幕显像管的偏转角更大。加大偏转角，可以缩短显像管的总长度，但不利于提高显像管的分辨率。高分辨率显像管的偏转角一般小于90°。

按用途分类，显像管可分为如下几类：①黑白显像管；②彩色显像管；③电脑显示器所用的显像管，其特点是分辨率很高；④工业和医用电视使用的各类显像管；⑤电视投影显像管。

8. 液晶显示器件

（1）原理及特点

液晶（liquid crystal）是指一种物质状态，有人称之为物质的第四态。这是一种在一定温度范围内，既具有晶体所特有的各向异性的双折射性，又具有液体流动性的物质状态。它是不同于固体（晶体）、液体（各向同性物质）和气体的特殊物质状态。目前，世界上发现或人工合成的液晶已不下几千种。

利用液晶的电光效应和热光效应制成的显示器件叫做液晶显示器（liquid crystal device，LCD），它是显示器件大家族中的后起之秀，由于其优越的特性，目前已广泛应用在液晶电视、便携式计算机、手机等电子产品中，随着技术的发展，液晶显示器件的应用范围正在迅速扩大。

液晶是不导电的，对其施加足够强的电场，则会引起液晶分子改变原来的取向，这样原来清澈透明的液晶由于受到电场的作用将变浑浊，而未施加电场的部分仍然是清澈的，去除电场之后，浑浊部分又重新恢复清澈透明的状态。液晶本身并不发光，它借助自然光或外来光才能显示，并且外部光线越强，显示效果越好。液晶显示器件就是利用液晶的这种特性制成的一种显示器件。

与其他显示器件相比，液晶显示器件具有如下优点。

1）液晶显示器件的表面为平板型结构，能显著减少显示图像的失真。

2）功耗低，工作电压低（一般为 2～6 V），工作电流小（一般为几个 $\mu A/cm^2$）。

3）易于集成，体积小，由于液晶显示器件的功耗很低，因此可以应用在元器件密度较大的场合。

4）显示信息量大，液晶显示器件的像素可以做得很小，使其单位面积内的显示信息量加大，这对于像高清晰度电视机这样的产品是最理想的选择方案。

5）寿命极长。

6）无电磁污染，液晶显示器件工作时，不产生电磁辐射，对环境无电磁污染。

当然，液晶显示器件也有缺点，主要体现在以下几个方面。

1）机械强度低，易于损坏。

2）工作温度范围窄，一般为 −10～+60℃。

3）动态特性较差，响应时间和余晖时间较长（ms 级），在显示高速变化的图像时，画面上容易产生"拖尾"现象。

与早期的液晶显示器件相比，目前的产品已经有了很大的改善，特别是在动态特性方面，液晶显示器件已经取得了极大的进步，完全能满足目前视频显示的需要。

（2）液晶显示器件的特性

液晶显示器件在显示方式上，可以分为正像显示和负像显示。正像显示就是显示时背景是浅色的，显示内容是深色的；而负像显示则是显示时背景是深色的，显示的内容是浅色的。

液晶显示器件按显示像素可以分为：段形（segment）显示器件和点矩阵（matrix）显示器件两大类。点矩阵显示器件又可分为普通点短阵显示器件和有源短阵显示器件，其中，有源短阵显示器件是目前常说的 TFT 液晶显示器件。

（3）段形（segment）显示器件

与 LED 七段显示器相似，段形液晶显示器件是字符形式的，常用的段形显示像素排列形式有六段显示形、七段显示形、八段显示形、九段显示形、十六段显示形、十八段显示形,其示意图如图 1.78 (a) ~图 1.78 (f) 所示。段形液晶显示器常作为电子钟表、计算器、仪器仪表的显示器。

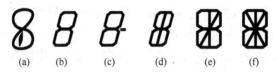

$$(a) \quad (b) \quad (c) \quad (d) \quad (e) \quad (f)$$

图 1.78 段形液晶显示器件

段形液晶显示器件的电极连接方式有两种,即静态驱动连接和动态驱动连接。

静态驱动连接方式中,每个显示段都单独引出其电极。与 LED 七段显示器相似,它也有一个公共极,每个显示段的公共极连在一起。

动态驱动连接方式有多种形式,它的段电极将组合成几部分引出,而公共电极也不止一个。我国的国家标准中,对段形液晶显示器件动态驱动电极连接排布的方式有详细的描述。

(4) 点矩阵(matrix)显示器件

点矩阵液晶显示器件的像素是由微小的矩形点组成的。其中,普通点矩阵方式是前后电极呈正交的两组平行线条,相互叠放,电极交点即为显示像素;有源短阵显示器件的矩阵电极都在同一玻璃面上,另一片玻璃上只是一个公用电极。有源短阵液晶显示器件克服了普通矩阵液晶显示器件节点像素上电容量大的缺点,所以特别适合显示电视图像等活动的画面。

液晶显示器件要在驱动电路的配合下才能工作。段形液晶显示器件的驱动电路与LED 七段码显示器件类似,电路组成较为简单,可以用一般的数字电路芯片、通用微处理器或专用芯片组成。点矩阵液晶显示器件的驱动电路较为复杂,一般由通用微处理器或专用微处理器构成,其复杂程度远高于段形液晶显示器件。液晶显示器件及其驱动电路是紧密相连的,通常作为一个整体模块使用。

TFT (thin film transistor, 薄膜晶体管),一般代指薄膜液晶显示器,实际上是指薄膜晶体管矩阵,它可以对屏幕上各个独立的像素进行"主动的"控制,这就是所谓的主动矩阵式 TFT (active matrix TFT) 的来历。在 TFT 上,产生图像的基本原理很简单:显示屏由许多可以发出任意颜色光线的像素组成,控制各个像素,使之显示相应的颜色。在 TFT LCD 中,一般采用背光技术,为了精确控制每一个像素的颜色和亮度,需要在每一个像素后面安装一个类似百叶窗的开关。从技术上说,液晶显示器使用丝状(nematic)液晶,它的分子结构随外界环境因素变化,具有不同的物理特性,能够实现让光线通过或者阻挡光线的百叶窗效果。

TFT 显示屏一般有一个由偏光板、彩色滤光片组成的夹层,这两层之间是液晶。偏光板、彩色滤光片决定通过的光通量以及生成光的颜色。夹层外面是两层玻璃基板,上层玻璃基板上有 FED 晶体管,下层是共同电极,两者共同作用,生成精确控制的电场。电场决定了液晶的排列方式,分别控制红、绿、蓝三基色。图 1.79 是目前使用最普遍的扭曲向列 TFT 液晶显示器 (twisted nematic TFT LCD) 的工作原理示意图。上、下两层玻璃上都有沟槽,上层的沟槽纵向排列,下层是横向排列的。

如图 1.79（a）所示，不加电压时，液晶处于自然状态，从发光层漫射过来的光线通过夹层之后，会产生 90°的扭曲，能够从下层顺利透过；如 1.79（b）图所示，当两层之间加上电压，就会生成一个电场，这时液晶都会垂直排列，所以光线不会发生扭转，光线无法通过下层。

（a）　　　　　　　　　　　　（b）

图 1.79　扭曲向列 TFT 显示器工作原理示意图

　　TFT 的像素结构如图 1.80 所示，有红、绿、蓝三基色的三种彩色滤光镜，依次排列在玻璃基板上组成一组（dot pitch）。对应一个像素，每一个单色滤光镜称之为子像素（sub-pixel）。如果一个 TFT 显示器最大支持 1280×1024 分辨率，至少需要 1280×1024×3 个子像素和晶体管。对于一个 15 in[①]的 TFT 显示器（1024×768）来说，一个像素大约是 0.0188 in；对于 18.1 in 的 TFT 显示器（1280×1024 而言），就是 0.011 in。像素对于显示器具有决定意义，每个像素越小，显示器可能达到的最大分辨率就越大。不过，由于晶体管物理特性的限制，目前每个 TFT 像素的大小基本是 0.0117 in（0.297 mm），所以 15 in 显示器的最大分辨率只有 1280×1024。

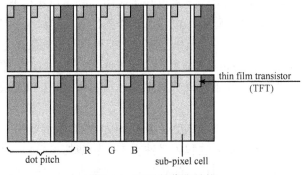

thin film transistor
(TFT)

dot pitch　　R　G　B　　sub-pixel cell

图 1.80　TFT 的像素结构

　　TFT 技术是 20 世纪 90 年代发展起来的、采用新材料和新工艺的大规模半导体全集成电路制造技术，是液晶（LC）、无机和有机薄膜电致发光（EL 和 OEL）平板显示器的基础。TFT 是在玻璃或塑料基板等非单晶片上（当然也可以在晶片上）通过溅射、化学沉积工艺形成制造电路必需的各种膜，通过对膜的加工，制作大规模半导体集成电路。采用非单晶基板，可以大幅度降低成本，是传统大规模集成电路向大面积、

---

① 1 in＝2.54 cm。

多功能、低成本方向的延伸。在大面积玻璃或塑料基板上制造控制像素开关性能的TFT，比在硅片上制造大规模IC的技术难度更大。对生产环境的要求（净化度为100级）、对原材料纯度的要求（纯度为99.999985%）、对生产设备和生产技术的要求都超过半导体大规模集成电路，是现代电子工业大生产的顶尖技术。TFT技术的主要特点包括以下几个方面。

1）大面积。自十几年前第一代大面积玻璃基板（300 mm×400 mm）TFT LCD生产线投产，到近年来投入运行的产品，玻璃基板的面积已经扩大到（950 mm×1200 mm），原则上面积的限制已经不是问题。

2）高集成度。用于液晶投影的1.3 in的TFT芯片的分辨率为XGA，含有百万个像素。分辨率为SXGA（1280×1024）的16.1英寸的TFT阵列非晶体硅的膜厚只有50 nm，包括TAB ON GLASS和SYSTEM ON GLASS技术在内，其IC的集成度、对设备和供应技术的要求，难度都超过传统的LSI。

3）功能强大。TFT最早作为矩阵选址电路，改善了液晶的光阀特性。对于高分辨率显示器，通过0~6 V范围的电压调节（典型值0.2~4 V），实现了对像素的精确控制，从而使LCD实现高质量、高分辨率显示成为可能。TFT LCD是人类历史上第一种在显示质量上超过CRT的平板显示器。现在，已经开始把驱动IC集成到玻璃基板上，整个TFT的功能将更加强大，这是传统的大规模半导体集成电路所无法比拟的。

4）低成本。玻璃基板和塑料基板从根本上解决了大规模半导体集成电路的成本问题，为推广应用开拓了广阔的空间。

5）工艺灵活。除了采用溅射、CVD（化学气相沉积）和MCVD（分子化学气相沉积）等传统工艺成膜以外，激光退火技术也开始应用，既可以制作非晶膜、多晶膜，也可以制造单晶膜。不仅可以制作硅膜，也可以制作其他Ⅱ-Ⅵ族、Ⅲ-Ⅴ族半导体薄膜。

6）应用领域广泛。以TFT技术为基础的液晶平板显示器是信息社会的支柱产业，其技术可应用到正在迅速成长中的薄膜晶体管有机电致发光（TFT-OLED）平板显示器中。

在以往的10年里TFT LCD迅速成长为主流显示器件。TFT LCD显示器的主要特点如下所述。

使用特性好：低工作电压，低驱动电压，功耗约为CRT显示器的十分之一甚至更小，节省了大量的能源；固体化使安全性和可靠性提高；轻薄的平板化，节省了大量原材料和使用空间；规格型号、尺寸系列化，品种多样，使用方便灵活，维修、更新、升级容易，使用寿命长；显示范围覆盖1~40 in；能实现从最简单的单色字符图形显示，到高分辨率、高彩色保真、高亮度、高对比度、高响应速度的各种视频显示；显示方式有直视型、投影型、透视式和反射式。

环保特性好：无辐射、无闪烁，对使用者的健康无损害。特别是TFT LCD电子书刊的出现，将把人类带入无纸办公、无纸印刷时代，引发人类学习、传播和记载文明方式的革命。

适用范围宽：从-20℃到+50℃的温度范围内都可以正常使用，经过温度加固处理的产品，低温工作温度能达到-80℃。既可作为移动终端、台式终端，又可以作为大屏幕投影电视,是性能优良的全尺寸视频显示终端。

制造技术的自动化程度高,大规模工业化生产特性好:TFT LCD 产业技术日趋成熟,大批量生产的成品率已经达到 90% 以上。

TFT LCD 易于集成化和更新换代:它是大规模半导体集成电路技术和光源技术的完美结合,继续发展潜力很大。目前,玻璃基板的和塑料基板的,非晶、多晶、单晶硅和其他材料的 TFT LCD 都在研制和生产之中。

1.4.10　电磁元件

利用电磁感应原理制造的电磁元件在电子产品中广泛应用,霍尔元件和磁记录元件是其中的典型元件。

1. 霍尔效应与霍尔元件

(1) 霍尔效应

霍尔效应是电流磁效应的一种。它是指当磁场垂直作用在有电流流过的固体元件上时,则在与电流方向和磁场方向都成直角的方向上将产生电动势,这种现象称为霍尔效应,所产生的电压称为霍尔电压。图 1.81 是霍尔效应示意图。

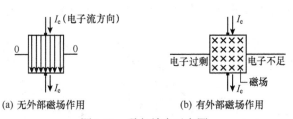

(a) 无外部磁场作用　　　　　　(b) 有外部磁场作用

图 1.81　霍尔效应示意图

霍尔电压 V_H 可用下式表示,即

$$V_H = \frac{R_H f_H I_C B}{d}$$

式中,B—磁通密度;I_C—控制电流;R_H—霍尔系数;f_H—形状效应系数;d—元件厚度。

其中,R_H 与材料有关,是固有的常数,金属材料的 R_H 极小,所以在金属中形成的霍尔电压很小。而某些半导体材料,如锑化铟和砷化铟等的霍尔常数较大,利用这些材料能获得几伏的霍尔电压。霍尔常数除了与材料有关以外,还与温度有关。f_H 是因为实际端子电极受到若干影响而引入的修正系数,它也是常数。所以,霍尔电压 v_H 与磁通密度 B 和控制电流 I_C 成正比,与元件厚度 d 成反比。

(2) 霍尔元件

霍尔元件是利用霍尔效应将磁场强度变为电压的敏感元件,其特点是输出信号电压(霍尔电压)与磁场强度成正比,并可判定磁场的极性。霍尔元件由半导体材料制成。把霍尔元件和相关电路一体化,就制成霍尔集成电路。霍尔元件的电路符号如图 1.82 所示。

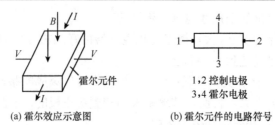

(a) 霍尔效应示意图　　　　　(b) 霍尔元件的电路符号

图 1.82　霍尔效应和霍尔元件的电路符号

控制电极用于控制电流 I_C 的输入，霍尔电极是霍尔电压的输出端。

霍尔元件可用于磁场的精密测量、电动机控制等场合。霍尔电压 V_H 与磁通密度 B 和控制电流 I_C 成正比的特性可用于功率的测量，因为磁通密度 B 与电流成正比，控制电流 I_C 与电压成正比，所以霍尔电压 V_H 与功率成正比。

2. 磁头

磁头也是一种电磁转换器件。磁头的种类众多，并有多种分类方法。例如，按用途可分为录音（音频）磁头、录像（视频）磁头、录码（脉冲）磁头；按磁头中铁芯的数量，可分为单道磁头、多道磁头；按其结构特点，可分为块状磁头和薄膜磁头。

各种块状磁头有着相同的基本结构，其示意图如图 1.83（a）所示。

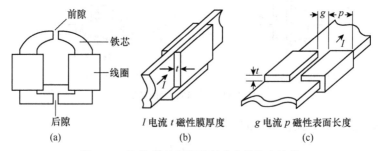

图 1.83　块状磁头和薄膜型磁头的基本结构

与块状磁头相比，薄膜磁头的分辨率较高。薄膜磁头的磁惯量小，能满足快速存取、高密度记录的要求。薄膜磁头分为垂直型和水平型两种，其结构示意见图 1.84（b）和图 1.84（c）。

常用的磁头铁芯材料有坡莫合金、铁氧体、铝硅铁粉等材料。

在各种音像电子产品中，磁头都是关键部件之一，其性能好坏直接影响音频/视频信号的录、放质量。以音频磁头为例，在图 1.84 中，电路符号表示了它们在产品中所起的作用，可以分为放音磁头、录音磁头、录放磁头和抹音磁头。

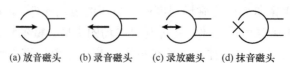

(a) 放音磁头　　(b) 录音磁头　　(c) 录放磁头　　(d) 抹音磁头

图 1.84　音频磁头的电路符号

思考题与习题

1. 试总结电子元器件大致分为几代；对电子元器件的主要要求是什么？

2. 电子元器件的主要参数有哪几项？

3. 试绘出电阻的伏安特性。某些元器件有负阻性质，试绘出负阻段的伏安特性。线性元件的伏安特性是否一定是直线？

4. 电子元器件的规格参数有哪些？

5. 什么叫标称值和标称值系列？举例说明。

6. 请解释允许偏差、双向偏差、单向偏差。允许偏差与其稳定性之间有无必然的联系？

7. 什么叫额定值？什么情况下要考虑降额使用？举例说明极限值的含义。

8. 举例说明电子元器件的主要质量参数的含义。

9. （1）什么叫内部噪声？内部噪声是怎样产生的？

   （2）什么叫噪声电动势？如何描述无源元件的噪声指标？噪声系数是如何定义的？

10. 解释失效率及其单位，解释"浴盆曲线"各段的含义。

11. 如何对电子元器件进行检验和筛选？

12. 试叙述老化筛选的原理，作用及方法。"电解电容器在使用前经过一年的存储时间，就可以达到自然老化"，这句话对吗？

13. 在元器件上常用的数值标注方法有哪三种？

14. 请说明以下表面安装元件上文字的含义及元件名称：

    黑色，6R2；黑色，1M5；半黑半白，100，6 V；带一字槽可微调、三个引脚的 SMD 元件，上面标注是 502。

15. （1）试默写出色标法的色码定义。

    （2）将表 2.1 中 E24 系列标称值改用色标法表示出来。

    （3）请用四色环标注出电阻：6.8 kΩ±5%，47 Ω±5%。

    （4）用五色环标注电阻：2.00 kΩ±1%，39.0 Ω±1%。

    （5）已知电阻上色标排列次序如下，试写出各对应的电阻值及允许偏差：

    "橙白黄　金"，"棕黑金　金"，"绿蓝黑棕　棕"，"灰红黑银　棕"。

16. （1）电阻器如何命名？

    （2）电阻器如何分类？电阻器的主要技术指标有哪些？

    （3）如何正确选用电阻器？

17. （1）电位器有哪些类别？有哪些技术指标？如何选用？如何安装？

    （2）自己去查阅资料，找出一个电子整机线路（例如六管收音机），试分析其中电阻元件，并请你为它选型。

18. （1）电容器有哪些技术参数？哪种电容器的稳定性较好？

    （2）电容器的额定工作电压是指其允许的最大直流电压或交流电压有效值吗？

19. 电容器如何命名，如何分类？

20.（1）常用的电容器有哪几种？它们的特点如何？

（2）简述电解电容器的结构、特点及用途。

21.（1）怎样合理选用电容器？

（2）找一个六管超外差收音机实物，分析内部电路各部分所用电容器的类型，为什么要用这些类型的电容？可否改型？

（3）查阅并分析有关以下电路的资料：普通串联稳压电源、开关电源、低频功放电路、低频前放电路。对其中所用的电容器从型号、体积、耐压、特性等做出比较（可以列表）。

（4）在用精密运算放大器构成反向积分器、PI 调节器、PID 调节器、移相器时，都要用到电容器。试分析在上述运算电路中，怎样合理选用电容器。

22.试简述电感器的应用范围、类型、结构。

23.（1）变压器的作用是什么？请说明变压器是如何分类的？变压器的种类、特点和用途。

（2）变压器的主要性能参数有哪些？

24.电感器有哪些基本参数？为什么电感线圈有一个固有频率？使用中应注意什么？什么叫 Q 值？如何提高 Q 值？

25.（1）请总结几种常用电感器的结构、特点及用途。

（2）请自己查资料，找出一个多波段收音机的线路图（如有实物及随机图纸，则更好）。指出图中各种电感器的结构、特点及用途。

（3）在开关电源中，在 DC/DC 电源变换器中，经常用到电感器，请自行查阅资料，作出资料卡片。

（4）用运放及阻容元件，可以构成"模拟电感器"，请注意并自行索阅这方面的信息，作出资料卡片。

26.（1）简述开关和插接元件的功能及其可靠性的主要因素；选用何种保护剂，可以有效改善开关的性能？

（2）简述接插件的分类，列举常用接插件的结构、特点及用途。

（3）列举机械开关的动作方式及类型。

（4）查阅资料：查找出一种万用表的内部电路，分析开关在各挡位时电路的功能。

（5）查阅资料：查找出一种立体声收录机线路，分析其中的开关挡位及电路流程（这叫"开关挡位读图法"）。

（6）如何正确选用开关及接插件？

27.（1）继电器如何分类？选用电磁式继电器应考虑的主要参数是哪些？

（2）干簧继电器和电磁式继电器相比有哪些特点？

（3）选择和使用固态继电器应注意哪些问题？

28.如何正确选用机电元件？

29.（1）半导体分立器件如何分类？

（2）半导体分立器件型号如何命名？

（3）半导体分立器件的封装形式有哪些？

（4）如何选用半导体分立器件？

30.（1）简述集成电路按功能分类的基本类别。

（2）国产集成电路如何命名？国外的呢？注意收集信息。

（3）对集成电路封装形式进行小结，并收集信息。

（4）总结使用集成电路的注意事项。

（5）数字集成电路的输入信号电平可否超过它的电源电压范围？

（6）数字集成电路的电源滤波应该如何进行？为什么要滤波？

31.图 1.85 所示是一个串联型直流稳压电源。

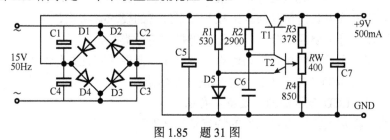

图 1.85　题 31 图

（1）请改正图中的错误，在错误处画"×"并改画正确。

（2）从表 1.32 给出的元器件库存表内，选择合适的型号填入表 1.33（b），使之成为正确的元件清单（其中电阻只须选择正确的标称值填入）。

表 1.32　题 31 表（a）材料库存表

编　　号	型　　号	编　　号	型　　号	编　　号	型　　号
1	2AP9	9	3DD01A	17	CD11-6.3V-220μ
2	2CZ82	10	3DK4	18	CA-16V-47μ
3	2CK44	11	3AX22	19	CD11-10V-470μ
4	2CW14	12	3CT6	20	CJ11-63V-0.01μ
5	3CG21	13	CS2B	21	CD11-16V-1000μ
6	3DG6	14	CCW3-1-5/20p	22	CL10-63V-0.01μ
7	3AG15	15	CBM-X-270p	23	CD11-25V-1000μ
8	3AD18A	16	CJ10-160V-0.1μ	24	CD11-16V-220μ

表 1.33　题 31 表（b）元器件清单

R1	RT-0.125-b-	-±5%	C1～C4	
R2	RT-0.125-b-	-±10%	C5	
R3	RT-0.125-b-	-±10%	C6	
R4	RT-0.125-b-	-±5%	C7	
Rw	WS-1-0.5W-	-±10%	T1	
D1～D4			T2	
D5				

32．（1）请说明电动式扬声器和压电陶瓷扬声器的主要特点是什么？

（2）请分别说明动圈式传声器、普通电容式传声器、驻极体电容式传声器的主要特点。

（3）选用电声元件时应注意哪些问题？

33．（1）试说明光电二极管的结构和工作原理。

（2）试说明光电晶体管的结构和工作原理。

（3）试说明发光二极管的结构和工作原理。发光二极管的特征参数和极限参数有哪些？

（4）光电耦合器的主要工作原理是什么？其主要特点是什么？主要参数有哪些？

34．（1）示波管主要由哪几部分组成？对示波管的要求有哪些？

（2）显像管由哪几部分组成？显像管是如何分类的？

（3）液晶显示器件具有哪些优点？液晶显示器件的特征是什么？

35．（1）什么叫 TFT 技术？TFT 技术的主要特点是什么？

（2）TFT LCD 显示器的主要特点有哪些？

36．什么是霍尔效应？霍尔元件的特点是什么？

实 训 部 分

实训项目 1　色环电阻的识别与测量

1．实训目的和任务

根据色环电阻的色环读出电阻阻值和误差。

2．与实训相关知识

普通色环电阻（误差±5％以上）只有四个色环，第一、第二个色环代表数值，第三个色环代表倍率，第四色环代表精度。

精密色环电阻（误差±2％以内）有五个色环，第一、第二、第三个色环代表数值，第四个色环代表倍率，第五个色环代表精度。

各色环颜色代表的数值如表 1.34 所示

表 1.34　各色环颜色代表数值

颜　色	棕	红	橙	黄	绿	蓝	紫	灰	白	黑	金	银
代表数值	1	2	3	4	5	6	7	8	9	0	N/A	N/A
代表倍率	10^1	10^2	10^3	10^4	10^5	10^6	10^7	10^8	10^9	10^0	10^{-1}	10^{-2}
代表误差	1%	2%	N/A	N/A	0.5%	0.25%	0.1%	0.05%	N/A	N/A	5%	10%

倍率环就是数值后面加零的数量，例如倍率环的颜色是橙色，即是 103 就是数值后

面加 3 个零。

置万用表档位于电阻档的适当挡位，指针校零后即可测量阻值。

3. 实训器材

焊接有 30 个以上不同数值色环电阻的线路板，每个学生 1 块万用表。

4. 实训内容和步骤

1）老师提供给每个学生块焊接有从 R1～R30 共 30 个以上不同数值色环电阻的线路板，由学生写出每个色环电阻的数值与误差，用万用表测量每个电阻的阻值并记录下来与色环读数比较是否在误差范围内。

2）交换学生手上的线路板参照上述步骤继续练习。

3）学生交互检查或开展色环电阻识别速度竞赛，见表 1.35。

表 1.35　电阻识别、测量技能训练表

由色环写出具体阻值				由具体阻值写出色环			
色　　环	阻　　值	色　　环	阻　　值	阻　　值	色　　环	阻　　值	色　　环
棕黑黑		棕黑红		0.5 Ω		2.7 Ω	
红黄黑		绿棕棕		1 Ω		3 Ω	
橙橙黑		棕黑绿		36 Ω		5.6 Ω	
黄紫橙		蓝灰橙		220 Ω		6.8 Ω	
灰红红		黄紫棕		470 Ω		8.2 Ω	
白棕黄		红紫黄		750 Ω		24 Ω	
黄紫棕		紫绿棕		1k Ω		47 Ω	
橙黑棕		棕黑橙		1.2 kΩ		39 Ω	
紫绿红		橙橙橙		1.8 kΩ		100 Ω	
白棕棕		红红红		2 kΩ		1 MΩ	

要求：一分钟能正确识别 10 个为合格，15 个为良好，20 个为优秀

实训项目 2　电容、二极管、三极管的识别与检测

1. 实训目的和任务

1）了解电容、二极管、三极管的类型、外观和相关标识
2）掌握用万用表检测二极管的极性
3）掌握用万用表判别三极管的管型和每个管脚

2. 与实训相关知识

（1）二极管的判断

从外观上看，二极管两端中有一端会有白色或黑色的一圈，这圈就代表二极管的负

极即 N 极。利用万用表根据二极管正向导通反向不导通的特性即可判别二极管的极性；指针式万用表两根表笔加在二极管两端，当导通时（电阻小），黑表笔所接一端是正极即 P 极，红表笔所接一端是负极即 N 极指针式万用表置于电阻档时，黑表笔接的是表内电池的正极，红表笔接的是表内电池的负极；

若使用数字万用表则相反，红表笔是正极，黑表笔是负极，但数字表的电阻档不能用来测量二极管和三极管，必须用二极管档。

（2）三极管的判断

1）三极管的分类：半导体三极管可分为双极型三极管、场效应晶体管、光电三极管。

本实训内容重点掌握双极型三极管。

双极型三极管分为有 PNP 型和 NPN 型两种。

2）国产三极管的型号命名方式：国产三极管的型号命名通常有五个部分组成，第一部分"3"代表三极管，第二部分通常是 A、B、C、D 等字母，表示材料和特性，由此可知是硅管还是锗管，是 PNP 型还是 NPN 型，具体表示方法为：3A 代表 PNP 锗管（如 3AX21）；3B 代表 NPN 锗管（如 3BX81）；3C 代表 PNP 硅管（如 3CG21）；3D 代表 NPN 硅管（如 3DG130）。

3）双极型三极管的主要参数：双极型三极管的主要参数可分为直流参数 $Icbo$、$Iceo$ 等，交流参数 β、Ft 等，极限参数 Icm、$Uceo$、Pcm 三大类。

4）双极型三极管的测试：要准确了解三极管的参数，需用专门的测量仪器进行测量，如晶体管特性图示仪，当没有专用仪器时也可以用万用表粗略判断，本实训内容要求重点掌握用万用表（以指针表为例）进行管脚的判别。通常以下判别都是设在电阻 1 k 档。

基极的判别：假定某一个管脚为基极，用黑表笔接到基极，红表笔分别接另外两个管脚，如果一次电阻大、一次电阻小说明假定的基极是错误的，找出两次电阻都小时说明假定的基极是正确的，如果没有找到两次电阻小只有两次电阻大，可以用红表笔接到假定的基极上，黑表笔分别接另外两个管脚，一定可以找出两次电阻都小。

PNP 管与 NPN 管的判别：当基极找出来以后，用黑表笔接在基极上红表笔接另外任意一个管脚，若导通说明基极是 P，此被测三极管即为 NPN 管，反之为 PNP 管。

集电极与发射极的判别：用指针万用表判别集电极和发射极，要设法令到三极管导通起来，根据三极管导通的基本条件是必需在发射结上加正向偏置电压这一特性，我们可以在集电极与基极之间加一个分压电阻（大约 100 k），且在集电极和发射极上通过万用表的两根表笔加上正确极性的电压，从而令到发射结导通，此时万用表的两根表笔之间有电流通过，也即反映出电阻值小，根据这一原理可以判别三极管的集电极与发射极。

对于 NPN 管，假定基极以外的某一个极为集电极，万用表的黑表笔接在假定的集电极管脚上，红表笔接在假定的发射极管脚上，用手指替代电阻同时接触到基极与假定的集电极之间，此时若万用表电阻档测出电阻较小，参照上图 1.86 可知，假定的集电极是正确的。若万用表电阻档测出电阻较大，说明假定是错误的。

对于 PNP 管，假定基极以外的某一个极为集电极，万用表的红表笔接在假定的集电极管脚上，黑表笔接在假定的发射极管脚上，用手指替代电阻同时接触到基极与假定的集电极之间，此时若万用表电阻档测出电阻较小，参照上图 1.87 可知，假定的集电极是正确的。若万用表电阻档测出电阻较大，说明假定是错误的。

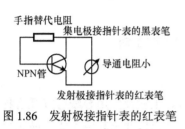

图 1.86　发射极接指针表的红表笔

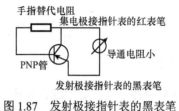

图 1.87　发射极接指针表的黑表笔

3. 实训训器材

万用表 1 块

整流二极管 2CP 系列、检波二极管 2AP 系列、稳压管系列各 2 个

三极管 PNP 管与 NPN 管各 3 个以上（例如：3DG6A、9012、9013、3AX31、3DK4、3CG5、BD137）。

4. 实训内容和步骤

1）用万用表判断二极管的正负极，对照二极管外形看看判断是否正确。

2）用万用表判断三极管是 NPN 还是 PNP 管，判断三极管的唢呐个管脚，记下三极管的型号，画出管脚排列图，同学间相互检查判断是否正确。

第2章 电子产品的常用材料和工具

2.1 常用导线与绝缘材料

2.1.1 导线

导线是能够导电的金属线，是电能的传输载体。工业及民用导线有好几百种，有些导线线径细得像头发丝，有些线径粗得如金属棒，这里仅介绍那些电子产品生产中常用的电线电缆和电磁线。

1. 导线材料

（1）导线分类

电子产品中常用的导线包括电线与电缆，又能细分成裸线、电磁线、绝缘电线电缆和通信电缆四类。裸线是指没有绝缘层的单股或多股导线，大部分作为电线电缆的线芯，少部分直接用在电子产品中连接电路。电磁线是有绝缘层的导线，绝缘方式有表面涂漆或外缠纱、丝、薄膜等，一般用来绕制电感类产品的绕组，所以也叫做绕组线。绝缘电线电缆包括固定敷设电线、绝缘软电线和屏蔽线，用做电子产品的电气连接。通信电缆包括用在电信系统中的电信电缆、高频电缆和双绞线。电信电缆一般是成对的对称多芯电缆，通常用于工作频率在几百 kHz 以下的信号传输；高频电缆对高频信号传输损耗小，效率高。双绞线用在计算机和电信信号的传输，频率在 10 MHz 至几百 MHz。

（2）导线的构成材料

除了裸线，导线一般由导体芯线和绝缘体外皮组成。

1）导体材料：导体材料主要是导电性能好的铜线和铝线，大多制成圆形截面，少数根据特殊要求制成矩形或其他形状的截面。对于电子产品来说，几乎都是使用铜线。纯铜线的表面很容易氧化，一般导线是在铜线表面镀耐氧化金属。例如，①普通导线——镀锡能提高可焊性；②高频用导线——镀银能提高电性能；③耐热导线——镀镍能提高耐热性能。后两种导线的成本较高，使用不如镀锡导线普遍。

导线的粗细标准称为线规，有线号和线径两种表示方法：按导线的粗细排列成一定号码的叫做线号制，线号越大，其线径越小，英、美等国家采用线号制；线径制则是用导线直径的毫米（mm）数表示线规，中国采用线径制。

2）绝缘外皮材料：导线绝缘外皮的作用，除了电气绝缘、能够耐受一定电压以外，还有增强导线机械强度、保护导线不受外界环境腐蚀的作用。

导线绝缘外皮的材料主要有：塑料类（聚氯乙烯、聚四氟乙烯等）、橡胶类、纤维类（棉、化纤等）、涂料类（聚酯、聚乙烯漆）。它们可以单独构成导线的绝缘外皮，也能组合使用。常见的塑料导线、橡皮导线、纱包线、漆包线等，就是以外皮材料区分的。因绝缘材料不同，它们的用途也不相同。

2. 安装导线、屏蔽线

在电子产品生产中常用的安装导线，主要是塑料线。常用几种安装导线的外观见图 2.1，其型号、名称及用途见表 2.1。其中有屏蔽层的导线称为屏蔽线，如图 2.1（c）、图 2.1（h）所示。屏蔽线能够实现静电（或高电压）屏蔽、电磁屏蔽和磁屏蔽的效果。屏蔽线有单芯、双芯和多芯的数种，一般用在工作频率为 1MHz 以下的场合。

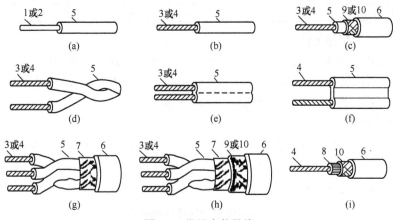

图 2.1　常用安装导线

1—单股镀锡铜芯线　2—单股铜芯线　3—多股镀锡铜芯线　4—多股铜芯线　5—聚氯乙烯绝缘层　6—聚氯乙烯护套
7—聚氯乙烯薄膜绕包　8—聚乙烯星形管绝缘层　9—镀锡铜编织线屏蔽层　10—铜编织线屏蔽层

表 2.1　常用安装导线

型　号	名　称	工作条件	主要用途	结构与外形
AV, BV	聚氯乙烯绝缘安装线	250 V/AC 或 500 V/DC，−60～＋70℃	弱电流仪器仪表、电信设备，电器设备和照明装置	图 2.1（a）
AVR, BVR	聚氯乙烯绝缘安装软电线	250 V/AC 或 500 V/DC，−60～＋70℃	弱电流电器仪表、电信设备要求柔软导线的场合	图 2.1（b）
SYV	聚氯乙烯绝缘同轴射频电缆	−40～＋60℃	固定式无线电装置（50Ω）	图 2.1（c）
RVS	聚氯乙烯绝缘双绞线	450 V 或 750 V/AC，＜50℃	家用电器、小型电动工具，仪器仪表、照明装置	图 2.1（d）
RVB	聚氯乙烯绝缘平行软线	450 V 或 750 V/AC，＜50℃	家用电器、小型电动工具，仪器仪表、照明装置	图 2.1（e）
SBVD	聚氯乙烯绝缘双绞线	−40～＋60℃	电视接收天线馈线（300Ω）	图 2.1（f）
AVV	聚氯乙烯绝缘安装电缆	250 V/AC 或 500 V/DC，−40～＋60℃	弱电流电器仪表、电信设备	图 2.1（g）
AVRP	聚氯乙烯绝缘屏蔽安装电缆	250 V/AC 或 500 V/DC，−60～＋70℃	弱电流电器仪表、电信设备	图 2.1（h）
SIV-7	空气-聚氯乙烯绝缘同轴射频电缆	−40～＋60℃	固定式无线电装置（75Ω）	图 2.1（i）

选择使用安装导线，要注意以下几点。

（1）安全载流量

表 2.2 中列出的安全载流量，是铜芯导线在环境温度为 25℃、载流芯温度为 70℃的条件下架空敷设的载流量。当导线在机壳内、套管内等散热条件不良的情况下，载流量应该打折扣，取表中数据的 1/2 是可行的。一般情况下，载流量可按 5 A/mm^2 估算，这在各种条件下都是安全的。

表 2.2 铜芯导线的安全载流量（25℃）

截面积/mm^2	0.2	0.3	0.4	0.5	0.6	0.7	0.8	1.0	1.5	4.0	6.0	8.0	10.0
载流量/A	4	6	8	10	12	14	17	20	25	47	56	70	85

（2）最高耐压和绝缘性能

随着所加电压的升高，导线绝缘层的绝缘电阻将会下降；如果电压过高，就会导致放电击穿。导线标志的试验电压，是表示导线加电 1 分钟不发生放电现象的耐压特性。实际使用中，工作电压应该大约为试验电压的 1/3～1/5。

（3）导线颜色

塑料安装导线有棕、红、橙、黄、绿、蓝、紫、灰、白、黑等各种单色导线，还有在基色底上带一种或两种颜色花纹的花色导线。为了便于在电路中区分使用，习惯上经常选择的导线颜色见表 2.3，可供参考。

表 2.3 选择安装导线颜色的一般习惯

电路种类		导线颜色
三相交流电路	A 相	红
	B 相	绿
	C 相	蓝
	零线或中性线	淡蓝
	安全接地	绿底黄纹
一般交流电路		①白 ②灰
接地线路		①绿 ②绿底黄纹
直流线路	＋	①红 ②棕
	GND	①黑 ②紫
	－	①青 ②白底青纹
晶体管电极	E 极	①红 ②棕
	B 极	①黄 ②橙
	C 极	①青 ②绿
指示灯		青
电子管电极	＋B	棕
	阳极	红
	帘栅极	橙
	控制栅极	黄
	阴极	绿
	灯丝	青
立体声电路	右声道	①红 ②橙
	左声道	①白 ②灰
有号码的接线端子		1～10 单色无花纹（10 是黑色） 11～99 基色有花纹

（4）工作环境条件

1）室温和电子产品机壳内部空间的温度不能超过导线绝缘层的耐热温度。

2）当导线（特别是电源线）受到机械力作用的时候，要考虑它的机械强度。对于抗拉强度、抗反复弯曲强度、剪切强度及耐磨性等指标，都应该在选择导线的种类、规格及连线操作、产品运输等方面进行考虑，留有充分的余量。

（5）要便于连线操作

应该选择使用便于连线操作的安装导线。例如，带丝包绝缘层的导线用普通剥线钳很难剥出端头，如果不是机械强度的需要，不要选择这种导线作为普通连线。

3. 电磁线

电磁线是具有绝缘层的导电金属线，用来绕制电工、电子产品的线圈或绕组。其作用是实现电能和磁能转换：当电流通过时产生磁场；或者在磁场中切割磁力线产生电流。电磁线包括通常所说的漆包线和高频漆包线。表 2.4 中列出了常用电磁线的型号、特点及用途。

表 2.4　常用电磁线的型号、特点及用途

型　　号	名　　称	线径规格 ϕ/mm	主要特点	用　　途
QQ	高强度聚乙烯醇缩醛漆包圆铜线	0.06～2.44	机械强度高，电气性能好	电机、变压器绕组
QZ	高强度聚酯漆包圆铜线	0.06～2.44	同 QQ 型，且耐热 130℃，抗溶剂性能好	耐热要求 B 级的电机、变压器绕组
QSR	单丝（人造丝）漆包圆铜线	0.05～2.10	工作温度范围达 $-60～+125℃$	小型电机、电器和仪表绕组
QZB	高强度聚酯漆包扁铜线	（2.00～10.00）×（0.2～2.83）	绕线满槽率高	同 QZ 型，用于大型线圈绕组
QJST	单丝包绞合漆包高频电磁线	0.05～0.20	高频性能好	高频线圈、变压器的绕组

在生产电子产品时，经常要使用电磁线（漆包线或高频漆包线）绕制高频振荡电路中的电感线圈。在模具或骨架上绕线并不困难，但刮去线端的漆皮时容易损伤导线。采用热融法可以去除线端的漆皮：将线端浸入小锡炉，漆皮就融化在熔融的锡液中，同时线端被镀上锡。燃烧法也是去除线端漆皮的简便方法之一：将线端放在酒精灯上燃烧，使漆皮碳化，然后迅速浸入乙醇中，取出后用棉布即可擦净线端的漆皮。

4. 带状电缆（电脑排线）

在数字电路特别是计算机类产品中，数据总线、地址总线和控制总线等连接导线往往是成组出现的，其工作电平、导线走向都大体一致。这种情况下，使用安装排线（又叫带状电缆或扁平安装电缆）很方便。这种安装排线与安装插头、插座的尺寸、导线的

数目相对应，并且不用焊接就能实现可靠的连接，不容易产生导线错位的情况（参见本章前面介绍带状电缆接插件的内容）。

目前使用较多的排线，单根导线内是 $\phi 0.1 \times 7$ 的线芯，外皮为聚氯乙烯。导线根数为 8、12、16、20、24、28、32、37、40 线等规格。选购带状电缆的时候，一定要注意它的外形尺寸，如图 2.2 所示。

图 2.2　带状电缆的外形

5. 电源软导线

从电源插座到机器之间的电源线是露在外面的，用户经常需要插、拔、移动，所以电源线不同于其他导线，在选用时不仅要符合安全标准，还要考虑到在恶劣条件下能够正常使用。

1）选择电源线的载流量，要比机壳内导线的安全系数大，因为即便是正常的温升也会使用户产生不安全感。

2）在寒冷的环境中，塑料导线会发硬。要考虑气候的变化，应该能经受弯曲和移动。

3）要有足够的机械强度，电源线经常被提拉并可能被重物挤压或缠绕。所以，导线的保护层必须能够承受这些外力作用。

RVB、RVS、YHR 几种软导线都适合用作电源线。其中，又以有橡胶护套的 YHR 型为最好。

6. 同轴电缆与高频馈线

绝缘材料又称电介质，它在直流电压的作用下，只允许极微小的电流通过。绝缘材料的电阻率（电阻系数）一般都大于 $1 \times 10^9 \ \Omega \cdot cm$，在电子工业中的应用相当普遍。这类材料品种很多，要根据不同要求及使用条件合理选用。

7. 高压电缆

高压电缆一般采用绝缘耐压性能好的聚乙烯或阻燃性聚乙烯作为绝缘层，而且耐压越高，绝缘层就越厚。表 2.5 是绝缘层厚度与耐压的关系，可在选用高压电缆时参考。

表 2.5　耐压与绝缘层厚度的关系

耐压（DC）/kV	6	10	20	30	40
绝缘层厚度/mm	0.7	1.2	1.7	2.1	2.5

8. 双绞线

在计算机网络通讯中，由于频率较高，信号电平较弱，通常采用双绞线，双绞线抗电磁干扰性强，双绞线的接线质量会影响网络的整体性能。双绞线在各种设备之间的接法也非常有讲究，应按规范连接。

双绞线分成 6 类，即一类线、二类线、三类线、四类线、五类和六类线，其中三类以下的线已不再使用。目前使用最多的是五类线。五类线分五类和超五类线，超五类目前应用最多，共 4 对绞线用来提供 10~100 M 服务，六类已经投放使用好长一段时间了，多用来提供 1000 M 服务。

本文主要介绍双绞线的标准接法及其与各种设备的连接方法，目的是使大家掌握规律，提高工作效率，保证网络正常运行。

双绞线一般用于星型网络的布线，每条双绞线通过两端安装的 RJ45 连接器（俗称水晶头）将各种网络设备连接起来。双绞线的标准接法不是随便规定的，目的是保证线缆接头布局的对称性，这样就可以使接头内线缆之间的干扰相互抵消。

超五类线是网络布线最常用的网线，分屏蔽和非屏蔽两种。如果是室外使用，屏蔽线要好些，在室内一般用非屏蔽五类线就够了，而由于不带屏蔽层，线缆会相对柔软些，但其连接方法都是一样的。一般的超五类线里都有四对绞在一起的细线，并用不同的颜色标明。

双绞线有两种接法：EIA/TIA 568B 标准和 EIA/TIA 568A 标准。具体接法如下（图 2.3）：

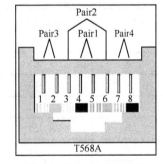

图 2.3　T568A 线序接法

T568A 线序

1	2	3	4	5	6	7	8
绿白	绿	橙白	蓝	蓝白	橙	棕白	棕

T568B 线序

1	2	3	4	5	6	7	8
橙白	橙	绿白	蓝	蓝白	绿	棕白	棕

直通线：两头都按 T568B 线序标准连接。

2.1.2　绝缘材料

绝缘材料又称电介质，它在直流电压的作用下，只允许极微小的电流通过。绝缘材料的电阻率（电阻系数）一般都大于 $1 \times 10^9 \Omega \cdot cm$，在电子工业中的应用相当普遍。这类材料品种很多，要根据不同要求及使用条件合理选用。

1. 绝缘材料的主要性能及选择

（1）抗电强度

抗电强度又叫耐压强度，即每毫米厚度的材料所能承受的电压，它同材料的种类及厚度有关。对一般电子产品生产中常用的材料来说，抗电强度比较容易满足要求。

（2）机械强度

绝缘材料的机械强度一般是指抗张强度，即每平方厘米所能承受的拉力。对于不同用途的绝缘材料，机械强度的要求不同。例如，绝缘套管要求柔软，结构绝缘板则要求有一定的硬度并且容易加工。同种材料因添加料不同，强度也有较大差异，选择时应该注意。

（3）耐热等级

耐热等级是指绝缘材料允许的最高工作温度，它完全取决于材料的成分。按照一般标准，耐热等级可分为七级，参见表2.6。在一定耐热级别的电机、电器中，应该选用同等耐热等级的绝缘材料。必须指出，耐热等级高的材料，价格也高，但其机械强度不一定高。所以，在不要求耐高温处，要尽量选用同级别的材料。

表2.6　绝缘材料的耐热等级

级别代号	最高温度/℃	主要绝缘材料
Y	90	未浸渍的棉纱、丝、纸等制品
A	105	上述材料经浸渍
E	120	有机薄膜、有机瓷漆
B	130	用树脂粘合或浸渍的云母、玻璃纤维、石棉
F	155	用相应树脂粘合或浸渍的无机材料
H	180	耐热有机硅、树脂、漆或其他浸渍的无机物
C	>200	硅塑料、聚氟乙烯、聚酰亚胺及与玻璃、云母、陶瓷等材料的组合

2. 常用绝缘材料

（1）薄型绝缘材料

薄型绝缘材料主要应用于包扎、衬垫、护套等。

绝缘纸：常用的有电容器纸、青壳纸、铜板纸等，具有较高的抗电强度，但抗张强度和耐热性都不高。主要用于要求不高的低压线圈绝缘。

绝缘布：常用的有黄腊布、黄脂绸、玻璃漆布等。它们具有布的柔软性和抗拉强度，适用于包扎、变压器绝缘等。这种材料也可制成各种套管，用做导线护套。

有机薄膜：常用的有聚酯、聚酰亚胺、聚氯乙烯、聚四氟乙烯薄膜。厚度范围是0.04～0.1 mm。其中以聚脂薄膜使用最为普遍，在大部分情况下可以取代绝缘纸、绝缘布并提高耐压、耐热性能。性能最卓越的聚四氟乙烯薄膜，耐热可达到 C 级，但价格高。

粘带：上述有机薄膜涂上胶粘剂就成为各种绝缘粘带，俗称塑料胶带，可以取代传统的"黑胶布"，大大提高了耐热、耐压等级。

塑料套管：除绝缘布套管外，大量用在电子装配中的是塑料套管，即用聚氯乙烯为主料制成各种规格、各种颜色的套管。由于耐热性差（工作温度为 $-60\sim+70℃$），不宜用在受热部位。还有一种热缩性塑料套管，经常用作电线端头的护套。

（2）绝缘漆

绝缘漆使用最多的地方是浸渍电器线圈和表面覆盖。

常用的绝缘漆有油性浸渍漆（1012）、醇酸浸渍漆（1030）、环氧浸渍漆（1033）、环氧无溶剂浸渍漆（515-1/2）、有机硅漆（1053）、覆盖漆、醇酸磁漆、有机硅磁漆等。其中，有机硅漆能耐受较高的温度（H 级），无溶剂漆使用较为方便。

（3）热塑性绝缘材料

热塑性绝缘材料类材料有硬聚乙烯板、软管及有机玻璃板、棒。可以进行热塑加工，但耐热性差。这一般只用于不受热、不受力的绝缘部位如作为护套、护罩、仪器盖板等。透明的有机玻璃适用于加工仪器面罩、铭牌等绝缘零件。

（4）热固性层压材料

常用的层压板材（板厚为 $0.5\sim50$ mm）有酚醛层压纸板（3020~3023）、酚醛层压布板（3025、3027 等）、酚醛层压玻璃布板（3230~3232）、有机硅环氧层压玻璃布板（3250）、环氧酚醛层压玻璃布板（3240）等。上述各类材料都有相应的管材和棒材。棒材的直径从 6 mm 到数百毫米，管材的壁厚是 $1\sim9$ mm。

从粘合剂来看这些材料的性能，环氧优于酚醛，有机硅耐热最佳（达 H 级）。对基板来说，玻璃布最优，布板次之，纸板再次。它们共同的特点是具有良好的电气性能和机械性能，耐潮、耐热、耐油。

（5）云母制品

云母是具有良好的耐热、传热、绝缘性能的脆性材料。将云母用粘合剂粘附在不同的材料上，就构成性能不同的复合材料。常用的有云母带（沥青绸云母带、环氧玻璃粉云母带、有机硅云母等），主要用做耐高压的绝缘衬垫。

（6）橡胶制品

橡胶在较大的温度范围内具有优良的弹性、电绝缘性、耐热、耐寒和耐腐蚀性，是传统的绝缘材料，用途非常广泛。近年来电子工业所用的天然橡胶已被合成橡胶取代。

2.2　制造印制电路板的材料——覆铜板

覆铜板是用减成法制造印制电路板的主要材料。所谓覆铜板，全称为覆铜箔层压板，就是经过粘接、热挤压工艺，使一定厚度的铜箔牢固地附着在绝缘基板上的板材。覆铜板的材料与制造如下所述。

1. 覆铜板的组成

所用基板材料及厚度不同、铜箔与粘接剂不同，制造出来的覆铜板在性能上就有很大区别。铜箔覆在基板一面的，叫做单面覆铜板，覆在基板两面的称为双面覆铜板。

（1）覆铜板的基板

高分子合成树脂和增强材料组成的绝缘层压板可以作为覆铜板的基板。合成树脂作为粘合剂，是基板的主要成分，决定电气性能；增强材料一般有纸质和布质两种，决定基板的热性能和机械性能，如耐浸焊性、抗弯强度等。这些基板除了可以用来制造覆铜板，本身也是生产材料，可以作为电器产品的绝缘底板。几种常用覆铜板的基板材料及其性质如下。

1）酚醛树脂基板和酚醛纸基覆铜板：用酚醛树脂浸渍绝缘纸或棉纤维板，两面加无碱玻璃布，就能制成酚醛树脂层压基板。在基板一面或两面粘合热压铜箔制成的酚醛纸基覆铜板，价格低廉，但容易吸水。吸水以后，绝缘电阻降低；受环境温度影响大。当环境温度高于 100℃时，板材的机械性能明显变差。这种覆铜板在民用或低档电子产品中广泛使用，高档电子产品或工作在恶劣环境条件和高频条件下的电子设备中极少采用。酚醛纸基铜箔板的标准厚度有 1.0 mm、1.5 mm、2.0 mm 等几种，一般优先选用 1.5 mm 和 2.0 mm 厚的板材。

2）环氧树脂基板和环氧玻璃布覆铜板：纤维纸或无碱玻璃布用环氧树脂浸渍后热压而成的环氧树脂层压基板，电气性能和机械性能良好。环氧树脂用双氰胺作为固化剂的环氧树脂玻璃布板材，性能更好，但价格偏高；将环氧树脂和酚醛树脂混合使用制造的环氧酚醛玻璃布板材，价格降低了，也能达到满意的质量。在这两种基板的一面或两面粘合热压铜箔制成的覆铜板，常用于工作在恶劣环境下的电子产品和高频电路中。两者在机械加工、尺寸稳定、绝缘、防潮、耐高温等方面的性能指标相比，前者更好一些。直接观察两者，前者的透明度较好。这两种板材的厚度规格较多，1.0 mm 和 1.5 mm 厚的最常用来制造印制电路板。

3）聚四氟乙烯基板和聚四氟乙烯玻璃布覆铜板：用无碱玻璃布浸渍聚四氟乙烯分散乳液后热压制成的层压基板，是一种高度绝缘、耐高温的新型材料。把经过氧化处理的铜箔粘合、热压到这种基板上制成的覆铜板，可以在很宽的温度范围（−230～＋260℃）内工作，间断工作的温度上限甚至达到300℃。这种高性能的板材介质损耗小，频率特性好，耐潮湿、耐浸焊性、化学稳定性好，抗剥强度高，主要用来制造超高频（微波）电子产品、特殊电子仪器和军工产品的印制电路板，但它的成本较高，刚性比较差。

此外，常见的覆铜板材还有聚苯乙烯覆铜板和柔性聚酰亚胺覆铜板等品种。

（2）铜箔

铜箔是制造覆铜板的关键材料，必须有较高的导电率及良好的焊接性。铜箔质量直接影响覆铜板的性能。要求铜箔表面不得有划痕、砂眼和皱折，金属纯度不低于99.8%，厚度误差不大于±5 μm。按照原电子工业部的部颁标准规定，铜箔厚度的标称系列为18 μm、25 μm、35 μm、50 μm、70 μm 和 105 μm，目前普遍使用的是 35 μm 厚度的铜箔。铜箔越薄，越容易蚀刻和钻孔加工，特别适合于制造线路复杂的高密度印制板。铜箔可通过压延法和电解法两种方法制造，后者易于获得表面光洁、无皱折、厚度均匀、纯度高、无机械划痕的高质量铜箔，是生产铜箔的理想工艺。

（3）粘合剂

铜箔能否牢固地附着在基板上，粘合剂是重要因素。覆铜板的抗剥强度主要取决于粘合剂的性能。常用的覆铜板粘合剂有酚醛树脂、环氧树脂、聚四氟乙烯和聚酰亚胺等。覆铜板的生产工艺流程：铜箔氧化，使零价铜变为二价氧化铜或一价氧化亚铜，可以提高它与基板的粘合力。铜箔氧化后在其粗糙面上胶，然后放入烘箱使之预固化。玻璃布（或纤维纸）预先浸渍树脂并烘烤，也使其处于半固化状态。将胶处于半固化状态的铜箔与玻璃布（或纤维纸）对贴，根据基板厚度要求选择玻璃布（或纤维纸）层的数量，按尺寸剪切后进行压制。压制中使用蒸汽或电加热，使半固化的粘结剂彻底固化，铜箔与基板牢固地粘合成一体，冷却后即为覆铜板。覆铜板的生产工艺流程如图 2.4 所示。

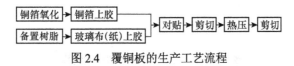

图 2.4　覆铜板的生产工艺流程

2. 覆铜板的非电技术指标

（1）抗剥强度

使单位宽度的铜箔剥离基板所需要的最小力，用这个指标来衡量铜箔与基板之间的结合强度，单位为 kgf/cm。在常温下，普通覆铜板的抗剥强度应该在 1.2 kgf/cm 以上。目前，国内生产的环氧酚醛玻璃布覆铜板的抗剥强度可达到 2.3 kgf/cm。这项指标主要取决于粘合剂的性能、铜箔的表面处理和制造工艺质量。

（2）翘曲度

指单位长度上的翘曲（弓曲或扭曲）值，这是衡量覆铜板相对于平面的平直度指标。由于国内各生产厂家的试验、测试方法不同，所取试样的尺寸不同，故尚无统一的标准。覆铜板的翘曲度取决于基板材料和板材厚度。目前以环氧酚醛玻璃布覆铜板的质量为最好。同样材料的翘曲度，双面覆铜板比单面板小，厚的比薄的小。在制作较大面积的印制板时，应该注意这一指标。如果翘曲度大，则不仅印制板的外观不佳，还可能导致严重的问题：把电路板装入电子产品的机壳时，紧固电路板的矫正力会引起电路的插接部分接触不良、甚至使元器件受到机械损伤或开焊。

（3）抗弯强度

这是表明覆铜板所能承受弯曲的能力，以单位面积所受的力来计算，单位为 kg/cm²。这项指标主要取决于覆铜板的基板材料及厚度。在同样厚度下，环氧酚醛玻璃布层压板的抗弯强度大约为酚醛纸质板的 30 倍左右。相同材料的板材,厚度越大则抗弯强度越高。在确定印制板厚度时应考虑这一指标。

（4）耐浸焊性（耐热性、耐热性）

指覆铜板置入一定温度的熔融焊料中停留一段时间（大约 10 s）后,所能承受的铜箔抗剥能力。这项指标取决于基板材料和粘合剂,对印制电路板的质量影响很大。一般要求覆铜板经过焊接不起泡、不分层。如果耐浸焊性差,印制板在经过多次焊接时,将可能使铜箔焊盘或线条脱落。环氧酚醛玻璃布覆铜板能在 260℃ 的熔锡中停放 180～240 s 而不出现起泡和分层现象。

除了上述几项以外,衡量覆铜板质量的非电技术指标还有表面平整度、光滑度、坑深、耐化学溶剂侵蚀等多项。

3. 几种常用覆铜板的性能特点

覆铜板质量的优劣,直接影响印制电路板的质量。衡量覆铜板质量的主要技术指标有电气性能和非电性能两类。电气性能包括工作频率、介电性能（介质损耗）、表面电阻、绝缘电阻和耐压强度等几项;非电技术指标包括抗剥强度、翘曲度、抗弯强度和耐浸焊性等。

表 2.7 给出了几种常用覆铜板的性能特点。

表 2.7 几种常用覆铜板的性能特点

品 种	标称厚度/mm	铜箔厚度/μm	性能特点	典型应用
酚醛纸基覆铜板	1.0, 1.5, 2.0, 2.5, 3.0, 3.2, 6.4	50～70	价格低, 易吸水, 不耐高温, 阻燃性差	中、低档消费类电子产品, 如收音机、录音机等
环氧纸基覆铜板	同上	35～70	价格高于酚醛纸基板, 机械强度、耐高温和耐潮湿较好	工作环境好的仪器仪表和中、高档消费类电子产品
环氧玻璃布覆铜板	0.2, 0.3, 0.5, 1.0, 1.5, 2.0, 3.0, 5.0, 6.4	35～50	价格较高, 基板性能优于酚醛纸板且透明	工业装备或计算机等高档电子产品
聚四氟乙烯玻璃布覆铜板	0.25, 0.3, 0.5, 0.8, 1.0, 1.5, 2.0	35～50	价格高, 介电性能好, 耐高温, 耐腐蚀	超高频（微波）、航空航天和军工产品
聚酰亚胺覆铜板	0.2, 0.5, 0.8, 1.2, 1.6, 2.0	35	重量轻, 用于制造绕性印制电路板	工业装备或消费类电子产品, 如计算机、仪器仪表等

4. SMT 技术的新型基板材料

采用 SMT 工艺的印制电路基板,适应布线的细密化是主要的技术要求。造成布线细密化的原因有两个:大规模集成电路电极引脚的间距日趋缩小,目前已经达到 0.3 mm;元器件在印制板上装配的高度密集,使 PCB 的布线越来越密,导线的宽度正向 0.1 mm 进展。这些发展都要求基板材料有更好的机械性能、电性能和热性能。

由于元器件在板上的散热量增多，酚醛纸基板或环氧玻璃布基板散热性能差成为明显的缺点，而采用金属芯印制板能够解决这个问题。

金属芯印制板，就是用一块厚度适当的金属板代替环氧玻璃布基板，经过特殊处理以后，电路导线在金属板两面相互连通，而与金属板本身高度绝缘。金属芯印制板的优点是散热性能好，尺寸稳定；所用金属材料具有电磁屏蔽作用，可以防止信号之间相互干扰；并且制造成本也比较低。金属芯印制板的制造方法有很多种，典型的工艺流程如图 2.5 所示。

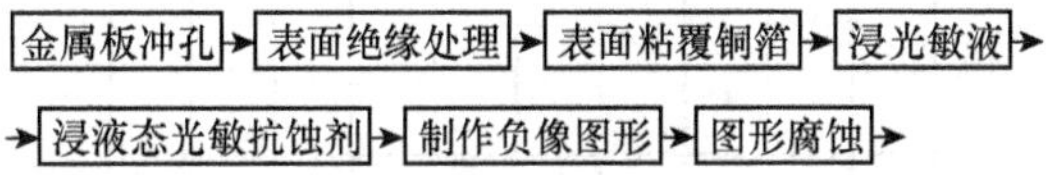

金属板冲孔 → 表面绝缘处理 → 表面粘覆铜箔 → 浸光敏液 →

→ 浸液态光敏抗蚀剂 → 制作负像图形 → 图形腐蚀 →

图 2.5　金属芯印制板的制造工艺流程

2.3　焊 接 材 料

焊接材料包括焊料和焊剂（又叫助焊剂）。掌握焊料和焊剂的性质、成分、作用原理及选用知识，是电子工艺技术中的重要内容之一，对于保证产品的焊接质量具有决定性的影响。

2.3.1　焊料

焊料是易熔金属，它的熔点低于被焊金属。焊料熔化时，将被焊接的两种相同或不同的金属结合处填满，待冷却凝固后，把被焊金属连接到一起，形成导电性能良好的整体。一般要求焊料具有熔点低、凝固快的特点，熔融时应该有较好的润湿性和流动性，凝固后要有足够的机械强度。按照组成的成分，有锡铅焊料、银焊料、铜焊料等多种。目前在一般电子产品的装配焊接中，主要使用铅锡焊料，一般俗称为焊锡。

锡（Sn）是一种质软低熔点的金属，熔点为 232℃，纯锡较贵，质脆而机械性能差；在常温下，锡的抗氧化性强。高于 13.2℃时，锡呈银白色；低于 13.2℃时，锡呈灰色；低于 −40℃时，锡变成粉末。锡容易同多数金属形成金属化合物。

铅（Pb）是一种浅青白色的软金属，熔点为 327℃，机械性能也很差。铅的塑性好，有较高的抗氧化性和抗腐蚀性。铅属于对人体有害的重金属，在人体中积蓄能够引起铅中毒。

（1）铅锡合金

铅与锡以不同比例熔合成铅锡合金以后，熔点和其他物理性能都会发生变化。铅锡焊料具有一系列铅和锡所不具备的优点：①熔点低，低于铅和锡的熔点，有利于焊接；②机械强度高，合金的各种机械强度均优于纯锡和铅；③表面张力小、粘度下降，增大了液态流动性，有利于在焊接时形成可靠接头；④抗氧化性好，铅的抗氧化性优点在合金中继续保持，使焊料在熔化时减少氧化量。

（2）铅锡合金状态图

图 2.6 表示了不同比例的铅和锡的合金状态随温度变化的曲线。

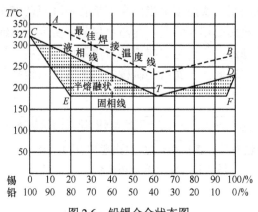

图 2.6　铅锡合金状态图

从图 2.6 中可以看出，当铅与锡用不同的比例组成合金时，合金的熔点和凝固点也各不相同。除了纯铅在 330℃（图中 C 点）左右、纯铅在 230℃（图中 D 点）左右的熔化点和凝固点是一个点以外，只有 T 点所示比例的合金是在一个温度下熔化。其他比例的合金都在一个区域内处于半熔化、半凝固的状态。

在图 2.5 中，C-T-D 线叫做液相线，温度高于这条线时，合金为液相；C-E-T-F-D 叫做固相线，温度低于这条线时，合金为固相；在两条线之间的两个三角形区域内，合金是半熔融、半凝固状态。例如，铅、锡各占 50% 的合金，熔点是 212℃，凝固点是 182℃，在 182～212℃ 之间，合金为半熔化、半凝固的状态。因为在这种比例的合金中锡的含量少，所以成本较低，一般的焊接可以使用；但又由于它的熔点较高而凝固点较低，所以不宜用来焊接电子产品。

图 2.6 中 A-B 线表示最适合焊接的温度，它高于液相线约 50℃。

（3）共晶焊锡

图 2.6 中的 T 点叫做共晶点，对应合金成分为 Pb-38.1%、Sn-61.9% 的铅锡合金称为共晶焊锡，它的熔点最低，只有 182℃，是铅锡焊料中性能最好的一种。它具有以下优点：

1）低熔点，降低了焊接时的加热温度，可以防止元器件损坏。

2）熔点和凝固点一致，可使焊点快速凝固，几乎不经过半凝固状态，不会因为半熔化状态时间间隔长而造成焊点结晶疏松，强度降低。这一点，对于自动焊接有着特别重要的意义。因为在自动焊接设备的传输系统中，不可避免地存在振动。

3）流动性好，表面张力小，润湿性好，有利于提高焊点质量。

4）机械强度高，导电性好。

由于上述优点，共晶焊锡在电子产品生产中获得了广泛的应用。

在实际应用中，铅和锡的比例不可能也不必要严格控制在共晶焊料的理论比例上，一般把 Sn-60%、Pb-40% 左右的焊料就称为共晶焊锡，其熔化点和凝固点也不是在单一的 183℃ 上，而是在某个小范围内。从工程的角度分析，这是经济的。

2.3.2　常用焊料及杂质的影响

表 2.8 列出了不同成分的铅锡焊料的物理性能。由表中可以看出，含锡 60％的焊料，抗张强度和抗剪切强度都比较好，而含锡量过高或过低都不理想。

表 2.8　不同比例铅锡合金的物理性能和机械性能

锡	铅	导电性 （铜：100％）	抗张强度/ (kgf/mm^2) [1]	剪切强度/ (kgf/mm^2)
100	0	13.9	1.49	2.0
95	5	13.6	3.15	3.1
60	40	11.6	5.36	3.5
50	50	10.7	4.73	3.1
42	58	10.2	4.41	3.1
35	65	9.7	4.57	3.6
30	70	9.3	4.73	3.5
0	100	7.9	1.42	1.4

1）1 kgf=9.806 65 N，下同。

除了铅和锡以外，焊锡内不可避免地含有其他微量金属。这些微量金属就是杂质，它们超过一定限量，就会对焊锡的性能产生很大影响。表 2.9 列举了各种杂质对焊锡性能的影响。

不同标准的焊锡规定了杂质的含量。不合格的焊锡可能是成分不准确，也可能是杂质含量超标。在生产中大量使用的焊锡应该经过质量认证。

为了使焊锡获得某些性能，也可以掺入某些金属。例如，掺入少量（0.5％～2％）的银，可使焊锡熔点降低，强度增高；渗入镉可使焊锡变成高温焊锡。

表 2.9　杂质对焊锡性能的影响

杂　　质	对焊料的影响
铜	强度增大，熔点上升，0.2％就会生成不熔性化合物；粘性增大，焊接印制电路板时出现桥接和拉尖
锌	尽管含量微小，也会降低焊料的流动性，使焊料失去光泽；焊接印制电路板时出现桥接和拉尖
铝	尽管含量很小，也会降低焊料的流动性，使焊料失去光泽，特别是腐蚀性增强，症状很像锌的影响
金	机械强度降低，焊点呈白色
锑	抗拉强度增大，但变脆，电阻大，降低流动性；为增加硬度，有时可添加≤4％
铋	硬而脆，熔点下降，光泽变差。为增强耐寒性，需要时可加入微量
砷	焊料表面变黑，流动性降低
铁	量很少就饱和，难熔入焊料中，带磁性；熔点上升，难于焊接

2.3.3　常用焊锡

表 2.10 是一般铅锡焊料的成分及用途。

表 2.10 一般铅锡焊料的成分及用途

名 称	牌 号	主要成分/%			杂 质	熔点/℃	抗拉强度/(kgf/cm²)	用途及焊接对象
		锡	锑	铅				
10 锡铅焊料	HLSnPb10	89～91	≤0.15			220	4.3	仪器、器皿、医药卫生物品
39 锡铅焊料	HLSnPb39	59～61	≤0.8			183	4.7	电子、电气制品
50 锡铅焊料	HLSnPb50	49～51			<0.1%	210	3.8	计算机、散热器、黄铜制品
58-2 锡铅焊料	HLSnPb58-2	39～41		余		235		工业及物理仪表等
68-2 锡铅焊料	HLSnPb68-2	29～31	1.5～2			256	3.3	电缆护套、铅管等
80-2 锡铅焊料	HLSnPb80-2	17～19		量		277	2.8	油壶、容器、散热器
90-6 锡铅焊料	HLSnPb90-6	3～4	5～6		<0.6%	265	5.9	黄铜和铜制品
73-2 锡铅焊料	HLSnPb73-2	24～26	1.5～2				2.8	铅制品
45 锡铅焊料	HLSnPb45	53～57				200		

在电子产品的生产中，常使用表 2.11 中的几种焊锡。

手工烙铁焊接经常使用管状焊锡丝。将焊锡制成管状，内部是优质松香添加一定活化剂组成的助焊剂。由于松香很脆，拉制时容易断裂，造成局部缺少焊剂的现象，而多芯焊丝则能克服这个缺点。焊料成分一般是含锡量为 60%～65% 的铅锡合金。焊锡丝直径有 0.5 mm、0.8 mm、0.9 mm、1.0 mm、1.2 mm、1.5 mm、2.0 mm、2.3 mm、2.5 mm、3.0 mm、4.0 mm、5.0 mm；还有扁带状、球状、饼状等形状的成型焊料。

表 2.11 电子产品生产常用的低温焊锡

序 号	Pb%	Sn%	Bi%	Cd%	熔点/℃
1	40	20	40		110
2	40	23	37		125
3	32	50		18	145
4	42	35	23		150

2.3.4 助焊剂

金属同空气接触以后，表面会生成一层氧化膜。温度越高，氧化就越厉害。这层氧化膜会阻止液态焊锡对金属的润湿作用，犹如玻璃沾上油就会使水不能润湿一样。助焊剂就是用于清除氧化膜、保证焊锡润湿的一种化学溶剂。它不像电弧焊中的焊药那样参与焊接的冶金过程，仅仅起到清除氧化膜的作用。所以，不要企图用助焊剂清除焊件上的各种污物。

1. 助焊剂的作用

1）去除氧化膜。其实质是助焊剂中的氯化物、酸类同焊接面上的氧化物发生还原反应，从而除去氧化膜。反应后的生成物变成悬浮的渣，漂浮在焊料表面。

2）防止氧化。液态的焊锡及加热的焊件金属都容易与空气中的氧接触而氧化。助焊剂融化以后，形成漂浮在焊料表面的隔离层，防止了焊接面的氧化。

3）减小表面张力。增加熔融焊料的流动性，有助于焊锡润湿和扩散。

4）使焊点美观。合适的助焊剂能够整理焊点形状，保持焊点表面的光泽。

2. 助焊剂的分类

助焊剂的分类及主要成分见表 2.12。

表 2.12　助焊剂的分类及主要成分

助 焊 剂	成　　分	
无机系列	酸	正磷酸（H_3PO_4）
		盐酸（HCl）
		氟酸
	盐	氯化物（$ZnCl_2$、NH_4Cl、$SnCl_2$ 等）
有机系列	有机酸（硬脂酸、乳酸、油酸、氨基酸等）	
	有机卤素（盐酸苯胺等）	
	胺基酰胺、尿素、$CO(NH_4)_2$、乙二胺等	
松香系列	松香	
	活化松香	
	氧化松香	

上面三类助焊剂中，以无机焊剂的活性最强，在常温下即能除去金属表面的氧化膜。但这种焊剂的强腐蚀作用容易损伤金属及焊点，不能在焊接电子产品中使用。无机焊剂用机油乳化以后，可制成一种膏状物质，俗称焊油。焊油可以帮助焊接那些难以焊接且焊接后容易清洗的物品。虽然焊油的活性很强，焊接后可用溶剂清洗，但在电子产品的电路焊点中像接线柱间隙内、导线绝缘皮内、元器件根部等溶剂难以到达的部位，就很难清除焊油的残渣。因此，除非特别准许，不允许使用无机焊剂焊接一般电子产品。

有机焊剂的活性次于氯化物，有较好的助焊作用，但是也有一定腐蚀性，残渣不易清理，且挥发物对操作者有害。

松香的主要成分是松香酸（约占 80%）和海松酸等。松香在常温下几乎没有任何化学活力，呈中性；当被加热到 70℃ 以上时开始融化，液态松香有一定的化学活性，呈现较弱的酸性，可与金属表面的氧化物发生化学反应，变成松香酸铜等化合物悬浮在液态焊锡表面。这也起到使焊锡表面不被氧化的作用，同时还能降低液态焊锡表面的张力，增加它的流动性。焊接完毕恢复常温以后，松香又变成稳定的固体，无腐蚀性，绝缘性强。因此，正确使用松香是获得合格焊点的重要条件。

松香很容易溶于酒精、丙酮等溶剂。在电子焊接中，常常将松香溶于酒精制成"松香水"，松香同酒精的比例一般以1：3为宜，也可以根据使用经验增减；但不宜过浓，否则使用时流动性变差。

在松香水中加入活化剂如三乙醇胺，可以增加它的活性。不过这在一般手工焊接中并非必要，只是在浸焊或波峰焊的情况下才使用。

应当注意：松香加热到300℃以上或经过反复加热，就会分解并发生化学变化，成为黑色的固体，失去化学活性。有经验的焊接操作者都知道，碳化发黑的松香不仅不能起到帮助焊接的作用，还会降低焊点的质量。

现在推广使用的氢化松香焊剂，是从松脂中提炼而成，常温下性能比普通松香稳定，加热后酸价高于普通松香，因此有更强的助焊作用。

2.3.5　膏状焊料

用再流焊设备焊接 SMT 电路板要使用膏状焊料。膏状焊料俗称焊膏，由于当前焊料的主要成分是铅锡合金，故也称铅锡焊膏或焊锡膏。焊膏应该有足够的粘性，可以把 SMT 元器件粘附在印制电路板上，直到再流焊完成。焊锡膏由焊粉和糊状助焊剂组成。

1.　焊粉和助焊剂

（1）焊粉

焊粉是合金粉末，是焊膏的主要成分。焊粉是把合金材料在惰性气体（如氩气）中用喷吹法或高速离心法生产的，并储存在氮气中避免氧化。焊粉的合金组分、颗粒形状和尺寸对焊膏的特性和焊接的质量（焊点的润湿、高度和可靠性）产生关键性的影响。

焊粉的合金成分和配比决定膏状焊料的温度特性（熔点和凝固点），可因此分为高温焊料、低温焊料、有铅焊料和无铅焊料。不同金属成分的焊粉，其性质与用途也不相同，必须慎重选择。这里还存在热浸析的问题。所谓热浸析，是指当焊料熔融时，焊料的金属成分对被焊接材料的金属成分发生置换反应。浸析率高，容易把镀在焊接面上的金属置换出来，影响焊料的润湿，不利于在焊接面上产生成分一致的、稳定的合金层。因此，为避免浸析率过高，还要分析焊接对象的金属成分，选择不同合组分的膏状焊料。合金粉对其中有害杂质（如锌、铝、镉、锑、铜、铁、砷、硫等）的含量有严格的限制。铅锡共晶焊锡膏在焊接电子产品中应用最为广泛，但它具有较高的浸析率，不推荐使用在焊接金、银导体的场合。金锡焊料（Au80/Sn20）对于金导体表面有很好的焊接质量，常用于焊接高密度的 SMT 元器件。在铅锡合金中加入银，可以增加焊料的强度，提高耐热性和润湿性，减少对镀银导线表面的浸析，但不宜用于焊接金导体。在铅锡合金中加入铋，既可以提高强度，又可以降低熔点，便于在低温中进行焊接。铅铟焊料有很好的延展性，对金导体的浸析率较低，适用于 SMT 元器件和一般电路的焊接。

理想的焊粉应该是粒度一致的球状颗粒，国内外销售的焊粉的粒度有 150 目、200目、250 目、350 目和 400 目等的数种。粒度用来描述颗粒状物质的粗细程度，原指筛网在每 1 英寸长度上有多少个筛孔（目数），目数越多，筛孔就越小，能通过的颗粒就越细小。粒度大，即目数大，表示颗粒的尺寸小。粒度的单位是目。焊粉的形状、粒度大小和均匀程度，对焊锡膏的性能影响很大：如果印制电路板上的图形比较精细，焊盘的间距比较狭窄，应该使用粒度大的焊粉配制的焊锡膏。焊粉中的大颗粒会影响焊膏的印刷质量和黏度，微小颗粒在焊接时会生成飞溅的焊料球导致短路。焊粉表面的氧化物含量应该小于 0.5%，最好控制在 80 ppm[①]以下。

常用焊粉的金属成分对温度特性及焊膏用途的影响见表 2.13。对不同粒度等级的焊粉的质量要求见表 2.14。

表 2.13　常用焊粉的金属成分对温度特性及焊膏用途的影响

合金组分/%				温度特性/℃		焊膏用途
Sn	Pb	Ag	Bi	熔点	凝固点	
63	37			183	共晶	适用于焊接普通 SMT 电路板，不能用来焊接电极含有 Ag、Ag/Pa 材料的元器件
60	40			183	188	同上
62	36	2		179	共晶	适用于焊接电极含有 Ag、Ag/Pa 材料的元器件，印制板表面镀层不能是水金
10	88	2		268	290	适用于焊接耐高温元器件和需要两次再流焊的首次焊接，印制板表面镀层不能是水金
96.5		3.5		221	共晶	适用于焊接焊点强度高的 SMT 电路板，印制板表面镀层不能是水金
42			58	138	共晶	适用于焊接 SMT 热敏元件和需要两次再流焊的第二次焊接

表 2.14　对不同粒度等级的焊粉的质量要求

型　　号	多于80%的颗粒尺寸/μm	应少于1%的大颗粒尺寸/μm	应少于10%的微颗粒尺寸/μm
1 型	75～105	>150	<20
2 型	45～75	>75	
3 型	20～45	>45	
4 型	20～38	>38	

2. 焊膏组成和技术要求

焊膏是用合金焊料粉末和触变性助焊剂均匀混合的乳浊液。焊膏已经广泛应用在 SMT 的焊接工艺中，可以采用丝网印刷、漏板印刷等自动化涂敷或手工滴涂的方式进行精确的定量分配，便于实现和再流焊工艺的衔接，能满足各种电路组件对焊接可靠性和高密度性的要求。并且，在再流焊开始之前具有一定粘性的焊膏，可以起到固定元器件的作用，使它们不会在传送和焊接过程中发生移位。由于焊接时熔融焊膏的表面张力作用，可以校正元器件相对于 PCB 的微小位移。

对焊膏的技术要求如下所述。

---

① 1 ppm＝1×10⁻⁶，下同。

1）合金组分尽量达到或接近共晶温度特性，保证与印制电路板表面镀层、元器件焊端或引脚的可焊性好，焊点的强度高。

2）在存储期间，焊膏的性质应该保持不变，合金焊粉与助焊剂不分层。

3）在室温下连续印刷涂敷焊膏时，焊膏不容易干燥，可印刷性（焊粉的滚动性）好。

4）焊膏的黏度满足工艺要求，具有良好的触变性。所谓触变性，是指胶体物质随外力作用而改变黏度的特性。触变性好的焊膏，既能保证用模板印刷时受到压力会降低黏度，使之容易通过网孔、容易脱模，又要保证印刷后除去外力时黏度升高，使焊膏图形不塌落、不漫流，保持形状。涂敷焊膏的不同方法对焊膏黏度的要求见表 2.15。

表 2.15　涂敷焊膏的不同方法对焊膏粘度的要求

涂敷焊膏的方法	丝网印刷	模板印刷	手工滴涂
焊膏黏度/(Pa·s)	300～800	普通密度 SMD：500～900 高密度、窄间距 SMD：700～1300	150～300

5）焊料中合金焊粉的颗粒均匀，微粉少，助焊剂融熔汽化时不会爆裂，保证在再流焊时润湿性好，减少焊料球的飞溅。

3. 常用焊锡膏及选择依据

现在国内生产焊锡膏的厂家较多，常见的销售商品见表 2.16。

表 2.16　市场销售的焊锡膏品种及适用范围

使用方式	名　称	化学活性等级	适用范围
丝网印刷	无卤素焊锡膏		航天及军用电子设备
丝网印刷	轻度活化焊锡膏	RMA	军用及专用电子设备
丝网印刷	活化松香焊锡膏	RA	民用消费产品及电子设备
丝网印刷	常温保存焊锡膏	RMA	专用电子设备
定量分配器	定量分配器用焊锡膏	RMA	定量分配器滴涂

注：关于化学活度等级的简单解释如下：在缩写符号 RMA 和 RA 中，R 表示松香助焊剂（Rosin flux）。

　　RMA 型——中等活性（Middle Activated），主要成分为松香加有机活化剂（有机胺、有机卤化物）。

　　RA 型——活化性（Activated），主要成分为松香加无机活化剂。

1）要根据电子产品本身的价值和用途选择焊膏的档次。可靠性要求高的产品应该使用高质量的焊膏。当然，高质量焊膏的价格也高。

2）根据产品的生产流程、印制电路板的制板工艺和元器件的情况来确定焊膏的合金组分：①最常用的焊膏合金组分是 Sn63Pb37 和 Sn62Pb36Ag2；②焊端或引脚采用钯金、钯银厚膜电极或可焊性差的元器件应该选择含银焊膏；③印制板焊盘表面是水金镀层的，不要采用含银焊膏。

3）根据对印制电路板清洁度的要求以及焊接以后的清洗工艺来选择焊膏：①采用溶剂清洗工艺时，要选用溶剂清洗型焊膏；②采用水清洗工艺时，要选用水溶性焊膏；

③采用免清洗工艺时，要选用不含卤素和强腐蚀性化合物的免清洗焊膏；焊接 BGA、CSP 封装的集成电路，芯片的焊点处难于清洗，应该选用高质量的免清洗含银焊膏。

需要特别说明：免清洗焊膏减少了清洗剂的处理与排放、降低了生产能耗与成本、有利于环境保护，免清洗工艺已经被越来越多的现代化电子产品制造企业普及采用。

4）根据印制电路板和元器件的库存时间和表面氧化程度选择不同活性的焊膏：①焊接一般 SMT 产品，采用活性 RMA 级的焊膏；②高可靠性、航天和军工电子产品，可以选择 R 级活性的焊膏；③印制板和元器件存放的时间长，表面氧化严重的，应该采用 RA 级活性的焊膏，焊接以后要清洗。

5）根据电路板的组装密度选择不同合金焊粉粒度的焊膏，焊接窄间距焊盘和引脚的电路板，要采用粒度 3 型（20～45 μm）的焊膏。

6）根据在电路板上涂敷焊膏的方法和组装密度选择不同粘度的焊膏，高密度印刷工艺要求焊膏的粘度高，手工滴涂要求焊膏的粘度低。

4. 焊膏管理与使用的注意事项

1）焊膏通常应该保存在 5～10℃的低温环境下，可以储存在电冰箱的冷藏室内。

2）一般应该在使用的前一天从冰箱中取出焊膏，至少要提前 2 小时取出来，待焊膏达到室温后，才能打开焊膏容器的盖子，以免焊膏在解冻过程中凝结水汽。假如有条件使用焊膏搅拌机，焊膏回到室温只需要 15 分钟。

3）观察锡膏，如果表面变硬或有助焊剂析出，必须进行特殊处理，否则不能使用；如果焊锡膏的表面完好，则要用不锈钢棒搅拌均匀以后再使用。如果焊锡膏的粘度大而不能顺利通过印刷模板的网孔或定量滴涂分配器，应该适当加入稀释剂，充分搅拌稀释以后再用。

4）使用时取出焊膏后，应该盖好容器盖，避免助焊剂挥发。

5）涂敷焊膏和贴装元器件时，操作者应该戴手套，避免污染电路板。

6）把焊膏涂敷印制板上的关键是要保证焊膏能准确地涂覆到元器件的焊盘上。如涂敷不准确，必须擦洗掉焊膏再重新涂敷。擦洗免清洗焊膏不得使用酒精。

7）印好焊膏的电路板要及时贴装元器件，尽量在 4 小时内完成再流焊。

8）免清洗焊膏原则上不允许回收使用，如果印刷涂敷的间隔超过 1 小时，必须把焊膏从模板上取下来并存放到当天使用的焊膏容器里。

9）再流焊的电路板，需要清洗的应该在当天完成清洗，防止焊锡膏的残留物对电路产生腐蚀。

2.3.6　SMT 所用的粘合剂

粘合剂在电子产品中的应用已经有了长久的历史，但它作为在焊接前把元器件固定在电路基板上的一种手段，却是 SMT 技术创造的新方法。

在传统的 THT 安装方法中，元器件在焊接以前，是把引线插入印制板的通孔，靠引线的弯折或整形产生的弹力固定在板上。而 SMT 则完全不同，只需要把元器件简单地放置在电路基板表面上，用粘合剂粘接固定后使用波峰焊设备进行焊接。使用波峰焊接的电路板，由于元器件在焊接时位于基板的下面，所以必须使用粘合剂来固定它们。用于粘贴 SMT 元器件的粘合剂，俗称贴片胶或贴装胶。

在使用再流焊方法的 SMT 电路板上一般不需要使用粘合剂，因为漏印在板上的焊锡膏已经可以粘住元器件。

1. SMT 工艺对粘合剂的要求

对应用于 SMT 工艺来说，理想的粘合剂应该具有下列性能。

1）化学成分简单——制造容易。

2）存放期长——不需要冷藏而不易变质。

3）良好的填充性能——能填充电路板与元器件之间的间隙。

4）不导电——不会造成短路。

5）触变性好——滴下的轮廓良好，不流动，不会因流动而污染元器件的焊盘。

6）无腐蚀——不会腐蚀基板或元器件。

7）充分的预固化粘性——能靠粘性从贴装头上取下元器件。

8）充分的在固化粘接强度——能够可靠地固定元器件。

9）化学性质稳定——与助焊剂和清洗剂不会发生反应。

10）可鉴别的颜色——适合于视觉检查。

从加工操作的角度考虑，粘合剂还应该符合的要求包括以下几个方面。

1）使用操作方法简单——点滴、注射、丝网印刷等。

2）容易固化——固化温度低（不超过 150～180℃，一般≤150℃）、耗能少、时间短（≤5 s）。

3）耐高温——在波峰焊的温度（250±5℃）下不会融化。

4）可修正——在固化以后，用电烙铁加热能再次软化，容易取下元器件。

从环境保护出发，粘合剂还要具有阻燃性、无毒性、无气味、不挥发。

2. SMT 工艺常用的粘合剂

在现有的许多种粘合剂中，没有哪一种能够完全满足以上要求。但经过多年选择，证实热固性粘合剂最适合自动化 SMT 贴装工艺。常用品种的构成与特点见表 2.17。

表 2.17 SMT 工艺常用贴片胶的构成与固化方法

贴片胶的基本树脂	特 性	固化方法
环氧树脂	热敏感，必须低温储存才能保持使用寿命（5℃下 6 个月，常温下 3 个月）。温度升高使寿命缩短，40℃时，寿命和质量迅速下降 固化温度较低，固化速度慢，时间长 粘接强度高，电气特性优良 高速点胶性能不好	单一热固化
丙烯酸脂	性能稳定，不必特殊低温储存，常温下使用寿命 12 个月 固化温度较高，但固化速度快，时间短 粘接强度和电气特性一般 高速点胶性能优良	双重固化：紫外光＋热

相应地，市场上能够买到的贴片胶也有两大类。

1）环氧树脂类贴片胶。这类贴片胶在固化过程中产生的气体对人体有害，应该安装排气系统。①单组分环氧树脂贴片胶要求低温保存，在烘箱内进行固化，可以加快聚合反应速度；②双组分环氧树脂低温固化型贴片胶，其典型重量比配方为环氧树脂 63%、无机填料 30%、胺系固化剂 4 和无机颜料 3%。

2）聚丙烯类贴片胶。这类贴片胶不能在室温下固化，必须采用适当的设备。固化设备应配有通风系统，固化温度约为 150℃，时间约为数十秒到几分钟。①以丙烯酸酯或甲基丙烯酸酯为基料的 UV 贴片胶，采用紫外线光照和烘箱加热固化；②以环氧丙烯树脂为基料的 UVI 贴片胶，采用紫外线光照和红外线热辐射结合固化。

2.4　焊　接　工　具

2.4.1　电烙铁分类及结构

根据用途、结构的不同，电烙铁可分为以下种类。

1）按加热方式分类：有直热式、感应式等。

2）按烙铁的发热能力（消耗功率）分类：有 20 W、30 W、…、500 W 等。

3）从功能分：有单用式、两用式、调温式、恒温式等。

此外，还有特别适合于野外维修使用的低压直流电烙铁和气体燃烧式烙铁。

1. 直热式电烙铁

最常用的是单一焊接使用的直热式电烙铁，它又可以分为内热式和外热式两种。

（1）内热式电烙铁

内热式电烙铁的发热元件装在烙铁头的内部，从烙铁头内部向外传热，所以被称为内热式电烙铁，其外形如图 2.7 所示。它具有发热快、体积小、重量轻和耗电低等特点。内热式烙铁的能量转换效率高，可达到 85%～90% 以上。同样发热量和温度的电烙铁，内热式的体积和重量都优于其他种类。例如，20 W 内热式烙铁的实际发热功率与 25～40 W 的外热式烙铁相当，头部温度可达到 350℃ 左右；它发热速度快，一般通电两分钟就可以进行焊接。

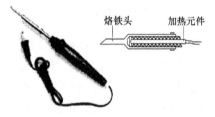

图 2.7　内热式电烙铁的外形与结构

（2）外热式电烙铁

外热式烙铁的发热元件包在烙铁头外面，有直立式、Γ 形等不同形式，其中最常用的是直立式，外形和结构见图 2.8。外热直立式电烙铁的规格按功率分有 30 W、45 W、75 W、100 W、200 W、300 W 等，以 100 W 以上的最为常见；工作电压有 220 V、110 V、36 V 的几种，最常用的是 220 V 规格的。

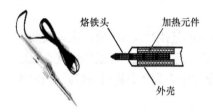

图 2.8　外热式电烙铁的外形与结构

（3）发热元件

电烙铁的能量转换部分是发热元件，俗称烙铁芯。它由镍铬发热电阻丝缠在云母、陶瓷等耐热、绝缘材料上构成。电子产品生产中最常用的内热式电烙铁的烙铁芯，是将镍铬电阻丝缠绕在两层陶瓷管之间，再经过烧结制成的。

（4）烙铁头

存储、传递热能的烙铁头一般都是用紫铜材料制成的。根据表面电镀层的不同，烙铁头可以分为普通型和长寿型。

普通内热式烙铁头的表面通常镀锌，镀层的保护能力较差。在使用过程中，因为高温氧化和助焊剂的腐蚀，普通烙铁头的表面会产生不沾锡的氧化层，需要经常清理和修整。

近年来，市场还可以买到一种长寿命电烙铁，烙铁头的寿命比普通烙铁头延长数十倍，这是手工焊接工具的一大进步。一把电烙铁备上几个不同形状的长寿命烙铁头，可以适应各种焊接工作的需要。长寿命烙铁头通常是在紫铜外面渗透或电镀一层耐高温、抗氧化的铁镍合金，所以这种电烙铁的使用寿命长，维护少。长寿命烙铁头看起来与普通烙铁头没有差别，最简单的判断方法是把烙铁头去靠近磁铁，如果两者之间有吸合磁力，说明烙铁头表面渗镀了铁镍，则是长寿命烙铁头；反之，则是普通烙铁头。

（5）手柄

电烙铁的手柄一般用耐热塑胶或木料制成。如果设计不良，手柄的温升过高会影响操作。

（6）接线柱

接线柱是发热元件同电源线的连接处。必须注意：一般电烙铁都有三个接线柱，其中一个是接金属外壳的。如果要考虑防静电问题，接线时应该用三芯线将电烙铁外壳接保护零线。

2.　感应式电烙铁

感应式电烙铁也叫速热烙铁，俗称焊枪，其结构如图 2.9 所示。它里面实际上是一个变压器，这个变压器的次级一般只有一匝。当变压器初级通电时，次级感应出的大电流通过加热体，使同它相连的烙铁头迅速达到焊接所需要的温度。

这种烙铁的特点是加热速度快。一般通电几秒钟，即可以达到焊接温度。因此，不需要像直热式烙铁那样持续通电。它的手柄上带有电源开关，工作时只需要按下开关几秒钟即可进行焊接，特别适合于断续工作的使用。

由于感应式电烙铁的烙铁头实际上是变压

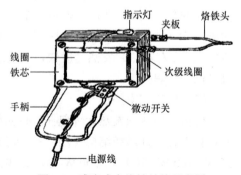

图 2.9　感应式电烙铁结构示意图

器的次级绕组，所以对一些电荷敏感器件，如绝缘栅型 MOS 电路，常会因感应电荷的作用而损坏器件。因此，在焊接这类电路时，不能使用感应式电烙铁。

3. 吸锡器和两用式电烙铁

在焊接或维修电子产品的过程中，有时需要把元器件从电路板上拆卸下来。拆卸元器件是和焊接相反的操作，也叫做拆焊或解焊。常用的拆焊工具有吸锡器和两用电烙铁。

（1）吸锡器

吸锡器是常用的拆焊工具，使用方便，价格适中。如图 2.10 所示，吸锡器实际是一个小型手动空气泵，压下吸锡器的压杆，就排出了吸锡器腔内的空气；释放吸锡器压杆的锁钮，弹簧推动压杆迅速回到原位，在吸锡器腔内形成空气的负压力，就能够把熔融的焊料吸走。在电烙铁加热的帮助下，用吸锡器很容易拆焊电路板上的元器件。

（2）两用电烙铁

图 2.11 所示的是一种焊接、拆焊两用的电烙铁，又称吸锡电烙铁。它是在普通直热式电烙铁上增加吸锡结构组成的，使其具有加热、吸锡两种功能。

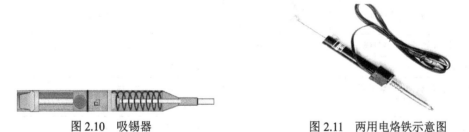

图 2.10　吸锡器　　　　　　　　　图 2.11　两用电烙铁示意图

4. 调温式电烙铁

调温式电烙铁有自动和手动调温的两种。手动调温实际上就是将电烙铁接到一个可调电源（例如调压器）上，由调压器上的刻度可以设定烙铁的温度。

自动恒温电烙铁依靠温度传感元件监测烙铁头的温度，并通过放大器将传感器输出的信号放大，控制电烙铁的供电电路，从而达到恒温的目的。这种烙铁也有将供电电压降为 24 V、12 V 低压或直流供电形式的，对于焊接操作安全来说，无疑是大有益处的。但相应的价格提高使这种电烙铁的推广受到限制。

图 2.12 所示的是另一种恒温式电烙铁。其特点是恒温装置在烙铁本体内，核心是装在烙铁头上的强磁体传感器。强磁体传感器的特性是，能够在温度达到某一点时磁性消失。这一特征正好作为磁控开关来控制加热元件的通断，从而控制烙铁头的温度。装有不同强磁传感器的烙铁头，具有不同的恒温特性。使用者只须更换烙铁头，便可在 260～450℃ 之间任意选定温度，最

图 2.12　恒温式电烙铁示意图

适合维修人员使用。

恒温式烙铁的优越性如下所述。

1）断续加热，不仅省电，而且烙铁不会过热，寿命延长。

2）升温时间快，只需 40～60 s。

3）烙铁头采用渗镀铁镍的工艺，不需要修整。

4）烙铁头温度不受电源电压、环境温度的影响。例如，50 W、270℃的恒温烙铁，当电源电压在 180～240 V 的范围内均能恒温，在电烙铁通电很短时间内就可达到 270℃。

5. 电烙铁的合理使用

如果有条件，选用恒温式电烙铁是比较理想的。对于一般科研、生产，可以根据不同焊接对象选择不同功率的普通电烙铁，通常就能够满足需要。表 2.18 提供了选择烙铁的依据，可供参考。

表 2.18　选择烙铁的依据

焊接对象及工作性质	烙铁头温度/℃（室温、220V 电压）	选用烙铁
一般印制电路板、安装导线	300～400	20 W 内热式、30 W 外热式、恒温式
集成电路	300～400	20 W 内热式、恒温式
焊片、电位器、2～8 W 电阻、大电解电容器、大功率管	350～450	35～50 W 内热式、恒温式 50～75 W 外热式
8 W 以上大电阻、ϕ2 mm 以上导线	400～550	100 W 内热式、150～200 W 外热式
汇流排、金属版等	500～630	300 W 外热式
维修、调试一般电子产品		20 W 内热式、恒温式、感应式、储能式、两用式

烙铁头温度的高低，可以用热电偶或表面温度计测量，也可以根据助焊剂的冒烟状态粗略地估计出来。如图 2.13 所示，温度越低，冒烟越小，持续时间越长；温度高则与此相反。当然，对比的前提是在烙铁头上滴了等量的助焊剂。

实际工作中，要根据情况灵活运用电烙铁。不要以为，烙铁功率小就不会烫坏元器件。假如用一个小功率烙铁焊接大功率元器件，因为烙铁的功率较小，烙铁头同元器件接触以后不能提供足够的热量，焊点达不到焊接温度，不

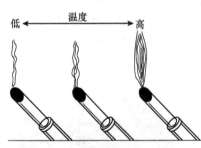

图 2.13　观察冒烟估计电烙铁温度

得不延长烙铁头的停留时间。这样，热量将传到整个器件上，并使管芯温度可能达到损坏器件的程度。相反，用较大功率的烙铁，则能很快使焊点局部达到焊接温度，不会使整个元器件承受长时间的高温，因此不容易损坏元器件。

2.4.2　烙铁头的形状与修整

1. 烙铁头的形状

烙铁头一般用紫铜制成,现在内热式烙铁头都经过电镀。这种表面有镀层的烙铁头,如果不是特殊需要,一般不要用锉修整或打磨。因为电镀层的作用就是保护烙铁头不容易氧化生锈。

为了保证可靠方便的焊接,必须合理选用烙铁头的形状和尺寸。图 2.14 是几种常用烙铁头的外形。其中,圆斜面式是市售烙铁头的一般形式,适于在单面板上焊接不太密集的焊点;凿式和半凿式烙铁头多用于电气维修工作;尖锥式和圆锥式烙铁头适合于焊接高密度的焊点和小而怕热的元件,例如焊接 SMT 元器件;当焊接对象变化大时,可选用适合于大多数情况的斜面复合式烙铁头。

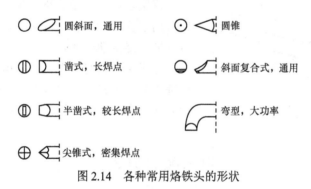

图 2.14　各种常用烙铁头的形状

选择烙铁头的依据是,应使它尖端的接触面积小于焊接处(焊盘)的面积。烙铁头接触面过大,会使过量的热量传导给焊接部位,损坏元器件。一般说来,烙铁头越长、越粗,则温度越低,需要焊接的时间越长;反之,烙铁头越短、越尖,则温度越高,焊接的时间越短。每个操作者可以根据自己的习惯选用烙铁头。有经验的电子装配工人手中都准备有几个不同形状的烙铁头,以便根据焊接对象的变化和工作的需要随时选用。对于一般科研技术人员来说,复合型烙铁头能够适应大多数情况。

2. 烙铁头的修整与镀锡

按照规定,电烙铁头应该经过渗镀铁镍合金,使它具有较强的耐高温氧化性能,但目前市售的一般低档电烙铁的烙铁头大多只是在紫铜表面镀了一层锌合金。镀锌层虽然也有一定的保护作用,但在经过一段时间的使用以后,由于高温及助焊剂的作用(松香助焊剂在常温时为中性,在高温下呈弱酸性),烙铁头往往出现氧化层,使表面凹凸不平,这时就需要修整。一般是将烙铁头拿下来,夹到台钳上用粗锉刀修整成自己要求的形状,然后再用细锉刀修平,最后用细砂纸打磨光。有经验的操作工人都会根据焊接对象的形状和焊点的密集程度,对烙铁头的形状和粗细进行修整。

修整过的烙铁头应该立即镀锡。方法是将烙铁头装好后,在松香水中浸一下;然后接通烙铁的电源，待烙铁热后，在木板上放些松香并放一段焊锡，烙铁头沾上锡，在松香中来回摩擦；直到整个烙铁头的修整面均匀镀上一层焊锡为止。也可以在烙铁头沾上锡后，在湿布上反复摩擦。

应该记住，新的电烙铁通电以前，一定要先浸松香水，否则烙铁头表面会生成难以镀锡的氧化层。

3. 电烙铁的灵活使用

一般的非专业焊接工，手头不可能有各种规格的烙铁。在不太大的范围内，用一把烙铁可以对付不同要求的焊接点，关键在于烙铁头的灵活选择。

烙铁头与温度的关系是：①烙铁头越长，温度越低；②烙铁头越粗，温度越低。当然，反之则是温度高了。这里所说的温度，是指连续焊接时烙铁尖的温度。

大功率电烙铁

裸铜线

图 2.15　用裸铜丝缠接成烙铁焊头

修整多次后变短的烙铁头，可在需要高温烙铁时用以代替功率较大的烙铁。为了热量集中，可以把它修得细一些。

如果手头只有一把大功率电烙铁，但需要焊接细小的或热容量小的焊点，可以用图 2.15 所示的办法，它相当于一把小功率烙铁。

思考题与习题

1. （1）请总结常用导线和绝缘材料的类型、用途及导线色别的习惯用法。
   （2）选择使用安装导线时应注意哪些问题？
   （3）常用绝缘材料的性能怎样？如何选择绝缘材料？
2. 电磁线的作用是什么？请总结归纳各类电磁线的特点和用途。
3. 选用电源软导线时应该考虑哪些因素？
4. （1）请说明常用覆铜板的基板材料及其各自的性能。
   （2）请简要说明覆铜板的生产工艺流程。
   （3）覆铜板的技术指标有哪些？其性能特点是什么？
5. （1）小结焊料的种类和选用原则。
   （2）请说明铅锡焊料具有哪些优点？
   （3）为什么要使用助焊剂？对助焊剂的要求有哪些？
   （4）小结助焊剂的分类及应用。
6. （1）磁性材料分为哪两类？
   （2）铁氧体磁性材料的性能如何？
   （3）铁氧体磁性材料有哪些性能指标？
7. （1）请说明粘合剂的粘接原理。粘合剂的作用是什么？

（2）粘合剂分为哪几类？常用的各种粘合剂的特点是什么？

8．电子工业常用的专用胶有哪些？各类胶的特点是什么？有什么用途？

9．请总结电子装配常用的其他配件、零件及材料。

10．什么是焊粉？常用焊粉的金属成分会对温度特性及焊膏用途产生什么样的影响？

11．（1）什么是焊膏？焊接工艺对焊膏提出哪些技术要求？

（2）常用的焊锡膏有哪些？如何选用焊锡膏？其依据是什么？

（3）焊锡膏在管理和使用时应注意哪些问题？

12．（1）SMT 再流焊中使用的膏状焊料含有什么成分？有哪些品种？

（2）如何保存和正确使用焊锡膏？

13．（1）SMT 工艺对粘合剂有何要求？SMT 工艺常用的粘合剂有哪些？

（2）试说明粘合剂的涂敷方法和固化方法。

14．（1）请总结检修 SMT 电路板常用工具的种类及用途。

（2）检修 SMT 电路板对工具提出哪些要求？

15．（1）请总结电烙铁的分类及结构。

（2）如何合理选用电烙铁？

（3）若 500 型指针式万用表的表笔香蕉插头处的导线因使用日久，从焊点根部处断裂，要重新进行焊接。而香蕉插头处绝缘塑料是与插头金属柄的直纹滚花注塑成一体的，无法取下，且该塑料耐热较差，容易软化变形。为重新焊好表笔线又不损坏塑料柄，请决定：如何选择烙铁的功率，是大些好，还是小些好？焊接时如何保护塑料手柄不受热变形？

（4）如何选择烙铁头的形状？总结使用烙铁的技巧。

16．（1）装卸表面安装元器件，一般需要哪些专用工具？

（2）自动恒温电烙铁的加热头有哪些类型？如何正确选用？

第3章 电子产品生产工艺流程

3.1 电子产品的构成和形成

电子产品有的简单，有的复杂，一般地讲，电子产品的组成结构可以用图 3.1 表示。

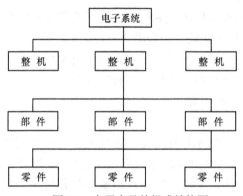

图 3.1 电子产品的组成结构图

例如，一套闭路电视系统，是由前端的卫星接收机、节目摄录设备、编辑播放设备、信号混合设备，传输部分的线路电缆、线路放大器、分配器、分支器等，以及终端的接收机等组成。卫星接收机、放大器等是整机，而接收机和放大器中的电路板、变压器等是其中的部件，电路板中的元器件、变压器中的骨架等则是其中的零件。有些电子产品的构成比较简单，例如一台收音机，是由电路板、元器件、外壳等组成，这些分别是整机、部件和零件，没有系统这个级别的东西。

电子产品的形成也和其他产品一样，须经历新产品的研制、试制试产、测试验证和大批量生产几个阶段，才能进入市场和到达用户手中。在产品形成的各个阶段，都有工艺技术人员参与，解决和确定其中的工艺方案、生产工艺流程和方法。

在新产品研制阶段，工艺工程师参与研发项目组分析新产品的技术特点和工艺要求，确定新产品研制和生产所需的设备、手段，提出和确定新产品生产的工艺方案；在试制试产阶段，工艺技术人员参加新产品样机的工艺性评审，对新产品的元器件选用、电路设计的合理性、结构的合理性、产品批量生产的可行性、性能功能的可靠性和生产手段的适用性提出评审意见和改进要求，并在产品定型时，确定批量生产的工艺方案；产品在批量投产前，工艺技术人员要做好各项工艺技术的准备工作，根据产品设计文件编制好生产工艺流程，岗位操作的作业指导书，设计和制作必要的检测工装，编制调试 ICT、SMT 的程序，对元器件、原材料进行确认，培训操作员工。生产过程中要注意搜集各种信息，分析原因，控制和改进产品质量，提高生产效率等。

3.2　电子产品生产的基本工艺流程

从 3.1 节知道，电子产品系统是由整机、整机是由部件、部件是由零件、元器件等组成。由整机组成系统的工作主要是连接和调试，生产的工作不多，所以我们这里讲的电子产品生产工艺是指整机的生产工艺。

电子产品的装配过程是先将零件、元器件组装成部件，再将部件组装成整机，其核心工作是将元器件组装成具有一定功能的电路板部件或叫组件（PCBA）。本书所指的电子工艺基本上是指电路板组件的装配工艺。

在电路板组装中，可以划分为机器自动装配和人工装配两类。机器装配主要指自动铁皮装配（SMT）、自动插件装配（AI）和自动焊接，人工装配指手工插件、手工补焊、修理和检验等。电路板生产的基本工艺流程如图 3.2 所示。

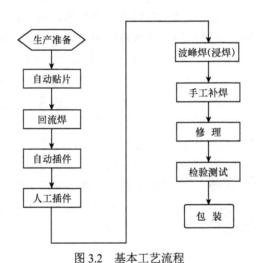

图 3.2　基本工艺流程

生产准备是将要投入生产的原材料、元器件进行整形，如元件剪脚、弯曲成需要的形状，导线整理成所需的长度，装上插接端子等。这些工作是必须在流水线开工以前就完成的。

自动贴片是将贴片封装的元器件用 SMT 技术贴装到印制板上，经回流焊工艺固定焊接在印制板上。经贴有表面封装元器件的电路板送到自动插件机上，机器将可以机插的元器件插到电路板上的相应位置，经机器弯角初步固定后就可转交到手工插接线上去了。

人工将那些不适合机插、机贴的元器件插好，经检验后送入波峰焊机或浸焊炉中焊接，焊接后的电路板个别不合格部分由人工进行补焊、修理，然后进行 ICT 静态测试，功能性能的检测和调试，外观检测等检测工序，完成以上工序的电路板即可进入整机装配了。

3.3　电子企业的场地布局

电子工业从来都既是技术密集型，又是劳动密集型的行业。生产电子产品，采用流水作业的组织形式，生产线是最合适的工艺装备。生产线的设计、订购、制造水平，将直接影响产品的质量及企业的经济效益。生产线的布局也是企业的场地工艺布局。目前各电子企业的规模、产品结构、技术水平、资金状况及场地大小不同，对场地的利用和布局大不一样，但场地的工艺布局的好坏，直接影响到企业的生产组织、场地的利用效率、物流的通畅、生产的效率和效益。提高生产场地布局的设计水平已经成为有关专家和工程技术人员必须面对的问题。

企业场地的工艺布局设计是一个系统工程，是由许多因素相互作用、相互制约和相互依赖的有机整体。工艺布局所考虑的有硬件，也有软件。硬件有插件线、SMT 线、调试线、总装线等生产线系统，水、电、气等动力系统，计算机网络系统，通信系统等，软件有生产管理的顺畅、物流的顺差，对环境的影响等。场地布局的设计，必须有工艺技术部门、生产部门、物流管理部门、品质检验部门和市场部门共同研究、反复论证，提出最优化的方案，报企业决策。在设计场地工艺布局时应考虑的主要因素有以下几点。

1）企业的产品结构、设备投资、规模大小。产品机构决定生产线的种类和数量，不同的产品生产线的构造多少有所区别；设备的多少、技术先进程度决定了工艺流程和工序；生产规模决定生产线、设备的多少和场地大小。

2）产品生产工艺流程的优化和企业的水、电、气、信等系统的配备，要尽量简化工艺流程，尽量缩短上述系统的线路，节省投资。

3）要尽量保证物流的顺畅、管理的方便，从物料进厂、检验、仓存、生产线的流向、工序之间的周转以及成品的存储和发货，要尽量简短、不重复、不较差。

4）要考虑生产环境的整洁、有序、噪声和污染的防治。

思考题与习题

1. 电子产品的构成是怎样的？
2. 工艺工作在电子产品形成的各阶段应完成哪些工作？
3. 电子产品生产的主要工艺流程是怎样的？
4. 设计电子产品生产的工艺布局应考虑哪些因素？

第4章 印制电路板工艺

印制电路板是电子产品中电路元器件的载体，它起到对电路元器件之间电气连接的作用。任何的电路设计都需要被安装在电路板上，才可以实现其功能。印制电路板是现代电子产品中不可缺少的重要组成部分。

但是加工电路板，却成为电子爱好者感到最头痛的事，往往是：半天时间就设计好的电路，可加工电路板却花费了几天的时间。甚至是一些很好的电路设计创意，却因为加工电路板太费时间而放弃了试验，以致无法继续实现。如何能够简单、快捷、低成本、高质量加工试验用电路板，是一个很值得大家共同研究、探讨和摸索的课题。

电路板的制作随着制作工艺的发展，从最原始的手工制作方法（刀刻法、漆图法、贴图法等）开始，到转印制作方法（热转印法、光转印法等），以及现在使用全自动计算机控制物理雕刻法为止，技术的提高和工艺的改进给电子爱好者设计和制作印制电路板提供了行之有效的解决方案。

本章从理论和实践操作上分别讲解了电路板的基础知识、电路板的设计方法以及电路板的多种制作方法，并通过在实训室中对多种制作方法的实践操作，从而学会如何制作印制电路板。

4.1 印制电路板基础

印制电路板（printed circuit board，PCB）也叫印刷电路板，简称为印制板。印制电路板由绝缘基板、连接导线和装配焊接电子元器件的焊盘组成，具有导电线路和绝缘基板的双重作用。它可以实现电路中各个元器件的电气连接，代替复杂的布线，不仅减少了整机体积，降低了产品成本，提高了电子设备的质量和可靠性。印制电路板具有良好的产品一致性，它可以采用标准化设计，有利于在生产过程中实现规模化、机械化和自动化；使整块经过装配调试的印制电路板作为一个备件，便于整机产品的互换与维修。从生活中不可或缺的消费类电子产品到宇航工业电子产品，印制电路板都是电路的基本载体和连接基础。可以说，没有印制电路板就没有现代化电子信息产业的高速发展。由于以上优点，印制电路板已经极其广泛地应用于电子产品的生产制造中。

最早使用的印制电路板是单面纸基覆铜印制板。自从半导体晶体管于20世纪50年代出现以来，对于印制板的需求量急剧上升；特别是集成电路的迅速发展及广泛应用，使电子设备的体积越来越小，电路布线密度及难度越来越大，这就要求印制板不断更新，品种从单面板发展到双面板、多层板和柔性板，结构及质量发展为超高密度、微型化和高可靠性；新的设计方法、设计用品和制板材料、制板工艺不断出现。目前，计算机辅助设计（CAD）印制电路板的应用软件已经普及推广，在专门化的印制板生产厂家中，机械化、自动化生产已经完全取代了手工操作。

具体印制电路板的基本知识介绍见第2章。

4.2 印制电路板制造工艺

电子工业的发展，特别是微电子技术的飞速发展，对印制电路板的制造工艺和质量精度也不断提出新的要求。印制板的品种从单面板、双面板发展到多层板和柔性板；印制线条越来越细、间距也越来越小。目前，不少厂家都可以制造线宽和间距在 0.2 mm 以下的高密度印制板。但是现阶段应用最为广泛的还是单、双面印制板。

印制电路板的制造工艺发展很快，不同类型和不同要求的印制板要采用不同的工艺流程进行生产。下面主要介绍最常用的单、双面印制板的工艺流程。

4.2.1 单面印制板的生产工艺流程

单面印制板的生产工艺流程如图 4.1 所示。

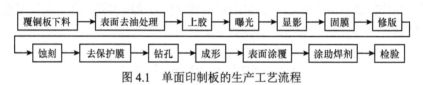

图 4.1 单面印制板的生产工艺流程

单面板工艺简单，质量易于保证。但在进行焊接前还应该再度进行检验，检验内容如下所述。

1）导线焊盘、字与符号是否清晰、无毛刺，是否有桥接或断路。

2）镀层是否牢固、光亮，是否喷涂助焊剂，阻焊层有无缺损。

3）焊盘孔是否按尺寸加工，有无漏打或打偏。

4）板面及板上各加工尺寸是否准确，特别是印制板插头部分。

5）板厚是否合乎要求，板面是否平直无翘曲等。

4.2.2 双面印制板的生产工艺流程

双面板与单面板的主要区别，在于增加了孔金属化工艺，即实现两面印制电路的电气连接。由于孔金属化的工艺方法较多，相应双面板的制作工艺也有多种方法。概括地分，有先电镀后腐蚀和先腐蚀后电镀两大类。先电镀的方法有板面电镀法、图形电镀法、反镀漆膜法；先腐蚀的方法有堵孔法和漆膜法。下面介绍常用的堵孔法和图形电镀法工艺。

1. 堵孔法

这是较为老式的生产工艺，制作普通双面印制板可采用此法。其工艺流程如图 4.2 所示。

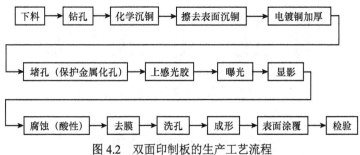

图 4.2 双面印制板的生产工艺流程

可以用松香酒精混合物堵孔。各道工序的示意图如图 4.3 所示。

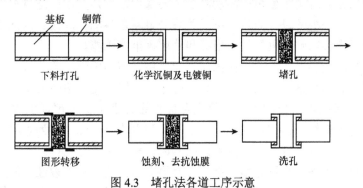

图 4.3 堵孔法各道工序示意

2. 图形电镀法

这是较为先进的制作工艺，特别是在生产高精度和高密度的双面板中更能显示其优越性。它与堵孔法的主要区别在于采用光敏干膜代替感光液、表面镀铅锡合金代替浸银、腐蚀液采用碱性氯化铜溶液取代酸性三氯化铁。采用这种工艺可制作线宽和间距在 0.2mm 以下的高密度印制板。目前大量使用集成电路的印制板大都采用这种生产工艺。图形电镀法的工艺流程如图 4.4 所示，各道工序的示意图见图 4.5。

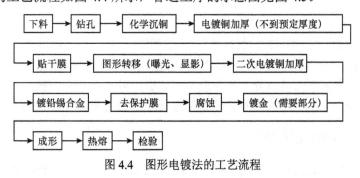

图 4.4 图形电镀法的工艺流程

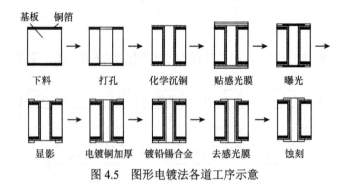

图 4.5　图形电镀法各道工序示意

4.3　印制电路板的设计

印制电路板是实现电子整机产品功能的主要部件之一，其设计是整机工艺设计中重要的一环。印制电路板的设计质量，不仅关系到电路在装配、焊接、调试过程中的操作是否方便，而且直接影响整机的技术指标和使用、维修性能。

印制电路板的成功之作，不仅应该保证元器件之间准确无误的连接，工作中无自身干扰，还要尽量做到元器件布局合理、装焊可靠、维修方便、整齐美观。

一般来说，印制电路板的设计不像电路原理设计那样需要严谨的理论和精确的计算，布局排板并没有统一的固定模式。对于同一张电路原理图，因为思路不同、习惯不一、技巧各异，每个设计者都可以按照自己的风格和个性进行工作。所以，有多少人去设计排板，就可能出现多少种方案，结果具有很大的灵活性和离散性。但是，这并不能说印制电路板的设计可以随心所欲、草率从事。因为，经过比较发现，尽管众多的方案可以达到同样的电气指标，然而总能够从中选出更美观、更可靠、更容易装配的最佳设计。例如，评价印制电路板的设计质量，通常考虑下列因素。

1）线路的设计是否给整机带来干扰？

2）电路的装配与维修是否方便？

3）制板材料的性价比是否最佳？

4）电路板的对外引线是否可靠？

5）元器件的排列是否均匀、整齐？

6）板面布局是否合理、美观？

显然，不同的设计方案可能给整机带来不同的技术效果。这说明，即使没有固定的方案模式，也存在着一定的规范和原则。通过本章的介绍，学习并掌握这些基本规范和设计原则。

印制板的种类大体上可以分为单面板、双面板、多层板和柔性板。目前单面板和双面板的应用最为广泛，这两种板的设计和制造是学习的主要内容。

4.3.1　印制电路板的排板布局

印制电路板设计的主要内容是排板：把电子元器件在一定的制板面积上合理地布局

排列，这是设计印制板的第一步。

排板设计，不单纯是按照电路原理把元器件通过印制线条简单地连接起来。为使整机能够稳定可靠地工作，要对元器件及其连接在印制板上进行合理的排板布局。如果排板布局不合理，就有可能出现各种干扰，以至合理的原理方案不能实现或使整机技术指标下降。有些排板设计虽然能够达到原理设计的技术参数，但元器件的排列疏密不匀、杂乱无章，不仅影响美观，也会给装配和维修带来不便。这样的设计当然也不能算是合理的。

1. 元器件的安置布局

在印制板的排板设计中，元器件的布设是至关重要的，它决定了板面的整齐美观程度和印制导线的长短与数量，对整机的可靠性也有一定的影响。布设元器件应该遵循的几条原则如下所述。

1）元器件在整个板面上分布均匀、疏密一致。

2）元器件不要占满板面，注意板边四周要留有一定空间。所留空间的大小要根据印制板的面积和固定方式来确定，位于印制电路板边上的元器件，距离印制板的边缘至少应该大于 2 mm。电子仪器内的印制板四周，一般每边都留有 5～10 mm 空间。

3）一般，元器件应该排布在印制板的一面，并且每个元器件的引出脚要单独占用一个焊盘。

4）元器件的排布不能上下交叉（如图 4.6 所示）。相邻的两个元器件之间要保持一定间距，间距不得过小，避免相互碰接。如果相邻元器件的电位差较高，则应当保持安全距离。一般环境中的间隙安全电压是 200 V/mm。

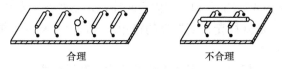

图 4.6 元器件的布局

5）元器件的安装高度要尽量降低，一般元件体和引线离开板面的高度不要超过5 mm，过高则承受震动和冲击的稳定性变差，容易倒伏或与相邻元器件碰接。

6）根据印制板在整机中的安装位置及状态，确定元器件的轴线方向。规则排列的元器件，应该使体积较大的元器件的轴线方向在整机中处于竖直状态，可以提高元器件在板上固定的稳定性，如图 4.7 所示。

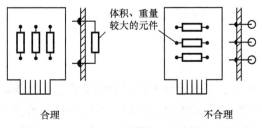

图 4.7 元器件排布的方向

7）元器件两端焊盘的跨距应该稍大于元器件本体的轴向尺寸，如图 4.8 所示。引线不能齐根弯折，弯脚时应该留出一定距离（至少 2 mm），以免损坏元器件。

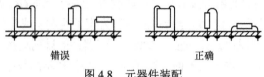

错误　　　　　　　　　　正确

图 4.8　元器件装配

2. 元器件的安装固定方式

在 THT 电路的印制板上，元器件有立式与卧式两种安装固定的方式。卧式是指元器件的轴线方向与印制板面平行，立式的则是垂直的。这两种方式各有特点，在设计印制板时应该灵活掌握，可以根据实际情况采用其中一种方式，也可以同时使用两种方式。但要确保电路的抗震性能好，安装维修方便，元器件排列疏密均匀，有利于印制导线的布设。

1）立式安装：如图 4.9（a）所示，立式固定的元器件占用面积小，单位面积上容纳元器件的数量多。这种安装方式适合于元器件排列密集紧凑的产品，例如半导体收音机、助听器等，许多小型的便携式仪表中的元器件也常采用立式安装法。立式固定的元器件要求体积小、重量轻，过大、过重的元器件不宜采用立式安装。否则，整机的机械强度变差，抗震能力减弱，元器件容易倒伏造成相互碰接，降低了电路的可靠性。

2）卧式安装：见图 4.9（b），和立式固定相比，元器件卧式安装具有机械稳定性好、板面排列整齐等优点。卧式固定使元器件的跨距加大，容易从两个焊点之间走线，这对于布设印制导线十分有利。

在 SMT 电路的印制板上，元器件采用贴片式安装固定方式，并且，元器件的焊点和元器件在印制板的同一面上。贴片式元器件体积小、重心低、连线短、安装的密度高、抗震性能更好。

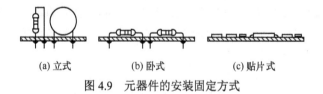

（a）立式　　　　　（b）卧式　　　　　（c）贴片式

图 4.9　元器件的安装固定方式

3. 元器件的排列格式

元器件应当均匀、整齐、紧凑地排列在印制电路板上，尽量减少和缩短各个单元电路之间和每个元器件之间的引线和连接。元器件在印制板上的排列格式，有不规则与规则的两种方式。这两种方式在印制板上可以单独采用，也可以同时出现。

1）不规则排列：如图 4.10 所示，元器件的轴线方向彼此不一致，在板上的排列顺序也没有一定规则。用这种方式排列元器件，看起来显得杂乱无章，但由于元器件不受位置与方向的限制，使印制导线布设方便，并且可以缩短、减少元器件的连线，大大降低了电路板上印制导线的总长度。这对于减少电路板的分布参数、抑制干扰很有利，特别对于高频电路极为有利。这种排列方式一般还在立式安装固定元器件时被采用。

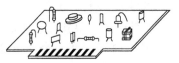

图 4.10　元器件不规则排列

2）规则排列：元器件的轴线方向排列一致，并与板的四边垂直或平行，如图 4.11 所示。除了高频电路之外，一般电子产品中的元器件都应当尽可能平行或垂直地排列，卧式安装固定元器件的时候，更要以规则排列为主。这不仅是为了板面美观整齐，还可以方便装配、焊接、调试，易于生产和维护。规则排列的方式特别适用于板面相对宽松、元器件种类相对较少而数量较多的低频电路。电子仪器中的元器件常采用这种排列方式。但由于元器件的规则排列要受到方向或位置的一定限制，所以印制板上导线的布设可能复杂一些，导线的总长度也会相应增加。

图 4.11　元器件规则排列

4. 元器件焊盘的定位

元器件的每个引出线都要在印制板上占据一个焊盘，焊盘的位置随元器件的尺寸及其固定方式而改变。对于分立元器件立式固定和不规则排列的板面，焊盘的位置可以不受元器件尺寸与引脚间距的限制；对于规则排列的板面，要求每个焊盘的位置及彼此间的距离应该遵守一定标准。无论采用哪种固定方式或排列规则，焊盘的中心（即引线孔的中心）距离印制板的边缘不能太近，一般应当距离 2.5 mm 以上，至少应该大于基板的厚度。

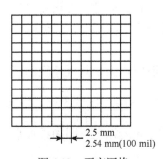

2.5 mm
2.54 mm(100 mil)

图 4.12　正交网格

在设计印制板的板面时，焊盘的位置一般要求落在正交网格的交点上，如图 4.12 所示。在国际 IEC 标准中，正交网格的标准基本格距为 2.54 mm；国内的标准是 2.5 mm。这一格距标准只在计算机自动设计、自动化打孔及元器件自动化装焊中才有实际意义。对于一般人工钻孔和手工装配，除了直插式（DIP、SIP）集成电路的管脚以外，其他分立元件焊盘的位置可以不受此格距的严格约束。但在板面设计中，确定焊盘位置应该尽量使元器件排列整齐一致，尺寸相近的元件，其焊盘间距应该力求统一（焊盘中心距不得小于板的厚度）。这样，不仅整齐、美观，而且便于元器件装配及引线弯脚。

当然，所谓整齐一致也是相对而言的，特殊情况要因地制宜。

图 4.13 所示为一个三极管两级放大电路的布局实例。其中图（a）是电路原理图，图（b）是一种正确的布局；而图（c）是不好的布局，它的形状使得很难增加其他元器件，不利于与前后级电路的连接，并且板面形状复杂，在制板时难免会有较大浪费。

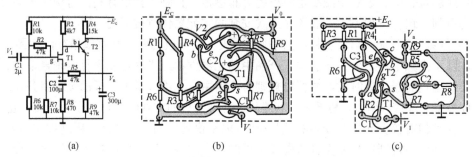

(a)　　　　　　　(b)　　　　　　　(c)

图 4.13　三极管两级放大电路的布局实例

4.3.2　印制电路板上的焊盘及导线

THT 元器件在印制板上的固定，主要是靠电极引线焊接在焊盘上实现的（体积较大的元器件有时还需要辅以机械加固；SMT 技术还增加了用粘合剂粘贴元器件的固定方法）。元器件之间的电气连接，依靠印制导线。

1. 焊盘

THT 元器件通过板上的引线孔，用焊料焊接固定在印制板上，印制导线把焊盘连接起来，实现元器件在电路中的电气连接。引线孔及其周围的铜箔称为焊盘。与此类似，SMT 电路板上的焊盘是指形成焊点的铜箔。

（1）引线孔的直径

在 THT 电路板上，元器件的引线孔钻在焊盘的中心，孔径应该比所焊接的引线直径略大一些，才能方便地插装元器件；但孔径也不能太大，否则在焊接时不仅用锡量多，而且容易因为元器件的晃动而造成虚焊，使焊点的机械强度变差。元器件引线孔的直径应该比引线的直径大 0.2~0.3 mm，优先采用 0.6 mm、0.8 mm、1.0 mm 和 1.2 mm 等尺寸。在同一块电路板上，孔径的尺寸规格应当少一些。要尽可能避免异形孔，以便降低加工成本。

为了保证双面板或多层板上金属化孔的生产质量，孔径一般应该大于基板厚度的三分之一。否则，将会造成孔金属化工艺的困难而增加成本。

（2）焊盘的外径

1）在单面板上，焊盘的外径一般应当比引线孔的直径大 1.3 mm 以上，即如果焊盘的外径为 D，引线孔的孔径为 d，应有

$$D \geqslant d + 1.3$$

在高密度的单面电路板上，焊盘的最小直径可以是

$$D_{\min}=d+1$$

如果外径太小，焊盘就容易在焊接时粘断或剥落；但也不能太大，否则生产时需要延长焊接时间、用锡量太多，并且也会影响印制板的布线密度。

2）在双面电路板上，由于焊锡在金属化孔内也形成浸润，提高了焊接的可靠性，所以焊盘的外径可以比单面板的略小一些。当 $d\leqslant1\,\text{mm}$ 时，应有

$$D_{\min}\geqslant2d$$

（3）焊盘的形状

1）岛形焊盘：如图 4.14 所示，焊盘与焊盘之间的连线合为一体，犹如水上小岛，故称为岛形焊盘。岛形焊盘常用于元件的不规则排列，特别是当元器件采用立式不规则固定时更为普遍。电视机、收录机等低档民用电器产品中大多采用这种焊盘形式。岛形焊盘适合于元器件密集固定，并可大量减少印制导线的长度与数量，能在一定程度上抑制分布参数对电路造成的影响。此外，焊盘与印制导线合为一体以后，铜箔的面积加大，使焊盘和印制导线的抗剥离强度增加，因而能降低所用的覆铜板的档次，降低产品成本。

2）圆形焊盘：由图 4.15 中可见，焊盘与引线孔是同心圆。焊盘的外径一般是孔径的 2~3 倍。设计时，如果板面的密度允许，特别是在单面板上，焊盘不宜过小，因为太小的焊盘在焊接时容易受热脱落。在同一块板上，除个别大元件需要大孔以外，一般焊盘的外径应取为一致，这样显得美观一些。圆形焊盘多在元件规则排列的方式中使用，双面印制板也大多采用圆形焊盘。

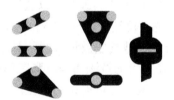

图 4.14　岛形焊盘

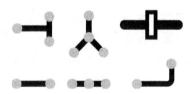

图 4.15　圆形焊盘

3）方形焊盘：如图 4.16 所示，当印制板上元器件体积大、数量少且线路简单时，可以采用方形焊盘。这种形式的焊盘设计制作简单，精度要求低，容易实现；在一些手工制作的简易印制板中，常用这种方式，因为只需用刀切断并撕掉一部分铜箔即可。在一些大电流的印制板上也多用这种形式，它可以获得大的载流量。在 SMT 电路板上的焊盘也采用方形焊盘的形式。

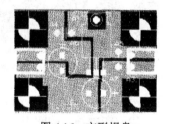

图 4.16　方形焊盘

4）灵活设计的焊盘：在印制电路的设计中，不必拘泥于一种形式的焊盘，可以根据实际情况灵活变换。在图 4.17 中，由于线条过于密集，焊盘与邻近导线有短路的危险，因此可以改变焊盘的形状，以确保安全。又如，典型封装的 DIP、SIP 集成电路两引脚之间的距离只有 2.54 mm，如此小的间距里还

要走线，只好将圆形焊盘拉长，改成椭圆形的长焊盘。这种焊盘已经成为一种标准形式，其尺寸如图 4.18 所示。在布线密度很高的印制板上，椭圆形焊盘之间往往通过 1 条甚至 2 条信号线。

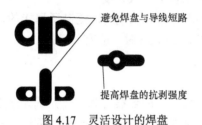

避免焊盘与导线短路

提高焊盘的抗剥强度

图 4.17　灵活设计的焊盘

a: 国外标准2.54mm
　国外标准2.50mm

图 4.18　椭圆焊盘

2. 印制导线

（1）印制导线的宽度

电路板上连接焊盘的印制导线的宽度，主要由铜箔与绝缘基板之间的粘附强度和流过导线的电流强度来决定，而且应该宽窄适度，与整个板面及焊盘的大小相符合。一般，导线的宽度可选在 0.3～2.5 mm 之间。现在国内专业制板厂家的技术水平，已经有能力保证线宽和间距在 0.2 mm 以下的高密度印制板的制作工艺质量。实验证明，若印制导线的铜箔厚度为 0.05 mm、宽度为 1～1.5 mm，当它通过 2 A 电流时，温度升高小于 3℃。印制导线的载流量可以按 20 A/mm^2（电流/导线截面积）计算，即当铜箔厚度为 0.05 mm 时，1 mm 宽的印制导线允许通过 1A 电流。因此可以认为，导线宽度的毫米数即等于载荷电流的安培数。所以，导线的宽度选在 1～1.5 mm 左右，完全可以满足一般电路的要求。对于集成电路的小信号线、数据线及地址线，导线宽度可以选在 1 mm 以下甚至 0.25 mm。但是为了保证导线在板上的抗剥离强度和工作可靠性，线条也不宜太细。只要板上的面积及线条密度允许，应当尽可能采用较宽的导线；特别是电源线、地线及大电流的信号线，更要适当加大宽度。

另外，对于特别宽的印制导线和为了减少干扰而采用的大面积覆盖接地上，对焊盘的形状要进行如图 4.19 所示的特殊处理。这是出于保证焊接质量的考虑。因为大面积铜箔的热容量大而需要长时间加热、热量散发快而容易造成虚焊，在焊接时受热量过多会引起铜箔鼓胀或翘起。

图 4.19　大面积导线上的焊盘

（2）印制导线的间距

导线之间距离的确定，应当考虑导线之间的绝缘电阻和击穿电压在最坏的工作条件下的要求。印制导线越短，间距越大，则绝缘电阻按比例增加。实验证明，导线之间的距离在 1.5 mm 时，其绝缘电阻超过 10 M·Ω，允许的工作电压可达到 300 V 以上；间距为 1 mm 时，允许电压为 200 V。印制导线的间距通常采用 1～1.5 mm。另外，如果两条导线间距很小，信号传输时的串扰就会增加。所以，为了保证产品的可靠性，应该尽量争取导线间距不要小于 1 mm。如果板面线条较密而布线困难，只要绝缘电阻及工作电压允许，导线间距也可以进一步减小，甚至小于 0.2 mm，但这在业余条件下自制电路板就不可能做到了。

（3）避免导线的交叉

在设计板图时，应该尽量避免导线的交叉。这一点，对于双面电路板比较容易实现，对单面板就要困难很多。由于单面板的制造成本最低，所以简单电路应该尽量选择单面印制板的方案。在设计单面板时，有时可能会遇到导线绕不过去而不得不交叉的情况，可以用金属导线制成"跳线"跨接交叉点，不过这种跨接线应该尽量少。注意："跳线"也是一个独立的元件，在批量生产时，对"跳线"也要安排备料、整形、插装的工序和工时；在设计电路板时，必须为"跳线"安排板面上的位置、标注和焊盘，"跳线"的长度一般不要超过 25 mm。

（4）印制导线的走向与形状

关于印制导线的走向与形状（如表 4.1 所示），在设计时应该注意以下几点。

表 4.1　印制导线的走向与形状

性　能	导线拐弯	焊盘与导线连接	导线穿过焊盘	其他形状
合理				
不合理				

1）印制导线的走向不能有急剧的拐弯和尖角，拐角不得小于 90°。这是因为很小的内角在制板时难于腐蚀；而在过尖的外角处，铜箔容易剥离或翘起。最佳的拐弯形式是平缓的过渡，即拐角的内角和外角最好都是圆弧。

2）导线通过两个焊盘之间而不与它们连通的时候，应该与它们保持最大且相等的间距；同样，导线与导线之间的距离也应当均匀地相等并且保持最大。

3）导线与焊盘的连接处的过渡也要圆滑，避免出现小尖角。

4）焊盘之间导线的连接：当焊盘之间的中心距小于一个焊盘的外径 D 时，导线的宽度可以和焊盘的直径相同；如果焊盘之间的中心距比 D 大时，则应减小导线的宽度；如果一条导线上有三个以上的焊盘，它们之间的距离应该大于 $2D$。

（5）导线的布局顺序

在印制导线布局的时候，应该先考虑信号线，后考虑电源线和地线。因为信号线一般比较集中，布置的密度也比较高；而电源线和地线比信号线宽很多，对长度的限制要小一些。接地在模拟电路板上普遍应用，有些元器件使用大面积的铜箔地线作为静电屏蔽层或散热器（不过散热量很小）。

4.4 印制电路板的手工制作方法

在电子产品样机尚未设计定型的试验阶段，或当电子技术爱好者进行业余制作的时候，经常只需要制作一两块供分析测试使用的印制电路板。按照正规的工艺步骤，要在绘制出 PCB 板图以后，再送到专业制板厂去加工。这样制出的板当然是高质量的，但往往因为加工周期太长而耽误时间，并且从经济费用方面考虑也许不太合算。

对于简单的或是不太复杂的电路，可以不使用印制电路板设计软件而采用手工设计，这是电子技术人员的一种基本技能。有了手工设计和制作的基本功，用计算机进行复杂印制电路板的设计就有了基础。因此，学会几种在非专业条件下手工制作印制电路板的简单方法是必要的。下面主要介绍几种制作方法，如刀刻法、漆涂法、绘图液绘制法、不干胶剪贴法和标准预贴符号法。

这里采用几个实训项目使大家掌握相关的手工制作印制电路板的方法。

实训项目 1 使用刀刻法制作印制电路板

1. 实训目的要求

通过对刀刻法制作印制电路板方法的学习，掌握该制作方法的基本技能和技巧；能够对简单电路进行合理分析并设计电路板图，使用刀刻法来制作。

2. 实训操作基础

对于一些电路比较简单、线条较少的印制板，可以用刀刻法来制作。但在进行板面布局设计时，要求导线形状尽量简单，一般把焊盘与导线合为一体，形成多块矩形。由于平行的矩形图形具有较大的分布电容，所以刀刻法制板不适合高频电路。

制作时，按照拓好的图形，用刻刀沿钢尺刻划铜箔，使刀刻深度把铜箔划透。然后，把不要保留的铜箔的边角用刀尖挑起，再用钳子夹住把它们撕下来。

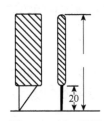

（1）工具的准备

刻制电路板时，要准备刻刀一把，平口钳或尖嘴钳一把，直尺一把。刻刀可以用废的锋钢锯条按图 4.20 所示的形状自己磨制，要求刀尖既硬且韧。再将刀把上缠上塑料条或布带即可使用了。

（2）刻印制电路板的方法

刻制电路板时，通常可按以下方法和顺序进行。

图 4.20 刻刀形状

1）找一张描图纸或薄一点的纸蒙在选好的印制电路图纸上，用一支粗一点的颜色笔把需要去掉的地方描出即可得到版图。但应注意：描出的线条宽度要在 1.5～2 mm 之间，并且尽量均匀一致，如图 4.21（a）所示。焊接元器件的孔位也应同时描出。

2）准备好覆铜板，将描好的版图用复写纸印到敷铜板上，如图 4.21（b）所示。

(a)　　　　　　　　　　　　　(b)

图 4.21　刻印制电路板

3）用直径 1～1.5 mm 的小钻头将绝缘板上的元器件安装孔均钻好，安装孔的具体直径应根据实际情况选择。

4）用上述准备好的小刻刀沿线条两边刻上痕迹，最好将铜皮刻断，再用刀尖将痕迹中间的铜皮挑起一个头，然后用尖嘴钳（平口钳也可）夹住轻轻一撕，铜皮即可被撕下，如图 4.22 所示。

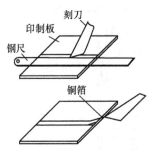

图 4.22　刻断铜皮

（3）刀刻法应注意的问题。用刀刻法制作印制电路版应注意以下问题。

1）刻制铜箔的痕迹时，所使用的刻刀的刀尖要锋利，以防止打滑。

2）为了顺手，刻痕过程中可来回转动敷铜板，使要刻的线条始终保持纵向位置。

3）在用刀刻法制作印制电路板时，刀刻和撕下铜皮两道工序可交叉进行，一边刻一边撕。

4）电路板刻制好以后，仔细地将刻制时铜皮上的毛刺小心地修去，再将铜箔走线及焊盘表面上的氧化层除去，涂上一层薄薄的助焊剂就可使用了。

实训项目 2　使用漆图法制作印制电路板

1．实训目的要求

通过使用漆图法制作印制电路板，学会制作的工艺过程和工艺要求，能够按照印制电路板布局设计的要求，对电路原理图进行合理地分析并使用漆图法来制作相应的印制电路板。

2．实训操作基础

使用漆图法制作印制电路板的主要步骤如图 4.23 所示。

下料 → 拓图 → 打孔 → 调漆 → 描漆图 → 腐蚀 → 去漆膜 → 清洗 → 涂助焊剂

图 4.23 漆图法制作印刷电路板的步骤

漆图法制作印制电路板的主要步骤简单说明如下。

1）下料：按板面的实际设计尺寸剪裁覆铜板（可用小钢锯条沿边线锯开），去掉四周板边上的毛刺。使用 0 号细砂纸或用文具橡皮擦去除铜箔面上所有氧化物和脏物，铜箔厚度很薄，不宜多磨，表面擦亮露出未氧化的铜箔即可。

2）拓图：用复写纸将已经设计好的印制板布线草图覆盖在擦亮的覆铜板箔面上，采用圆珠笔或铅笔以 1∶1 比例拓印在覆铜板的铜箔面上如图 4.24 所示。印制导线和焊盘可以用单线或双线描绘表示，如图 4.25 所示。拓制双面板时，为保证两面定位准确，板与草图均应有 3 个以上孔距尽量大的定位孔。

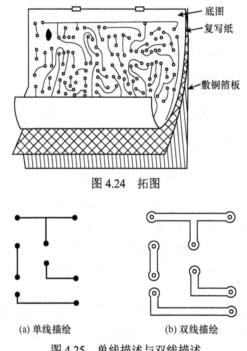

底图
复写纸
敷铜箔板

图 4.24 拓图

(a) 单线描绘   (b) 双线描绘

图 4.25 单线描述与双线描述

3）打孔：拓图后，对照草图检查覆铜板上画的焊盘与导线是否有遗漏。然后在板上打出样冲眼，按样冲眼的定位，在小型台式钻床上打出焊盘的通孔。打孔过程中，注意钻床应取高转速，钻头要刃磨锋利，进钻不宜太快，以免将铜箔挤出毛刺；并注意保持导线图形清晰，避免被弄模糊。清除孔的毛刺时不要用砂纸。

4）调漆：在描图之前应该先把所用的漆调配好。通常可以用香蕉水或汽油等稀料调配调和漆，也可以用无水酒精泡虫胶漆片，并配入一些甲基紫使描图颜色清晰。要注意漆的稀稠适宜，以免描不上或是流淌，画焊盘的漆应比画线条用的稍微稠一些。

5）描漆图：按照拓好的图形，用漆描好焊盘及导线。应该先描焊盘，可以用比焊盘外径稍细的硬导线或细木棍蘸漆点画，注意与钻好的孔同心，大小尽量均匀。然后用鸭嘴笔与直尺描绘导线，注意直尺不要把还未干燥的图形蹭坏，可将直尺两端垫高架起，如图 4.26 所示。对双面板应把两面图形描好。

6）腐蚀：腐蚀前应该检查图形质量，修整线条、焊盘。腐蚀液一般使用三氯化铁水溶液，可以从化工商店购买三氯化铁粉剂自己配制，浓度在 28%～42%之间。将覆铜板全部浸入腐蚀液，把没有被漆膜覆盖的铜箔腐蚀掉。

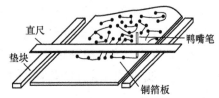

图 4.26 描漆图

为了加快腐蚀的反应速度，可以用软毛排笔轻轻刷扫板面，但不要用力过猛，避免把漆膜刮掉。在冬季，也可以对腐蚀溶液适当加温，但温度也不宜过高，以防将漆膜泡掉。待完全腐蚀以后，将板取出用水清洗。

7）去漆膜：用热水浸泡后，可将板面上的漆膜剥掉，未擦净处可用稀料清洗。

8）清洗：漆膜去除干净以后，用碎布蘸着去污粉在板面上反复擦拭，去掉铜箔的氧化膜，使线条及焊盘露出铜的光亮本色。注意应按某一固定方向擦拭，这样可使铜箔反光方向一致，看起来更加美观。擦拭后用清水冲洗、晾干。

9）涂助焊剂：把已经配好的松香酒精溶液立即涂在洗净晾干的印制电路板上，作为助焊剂。助焊剂可使板面受到保护，提高可焊性。

实训项目 3 使用绘图液绘制法制作印制电路板

1. 实训目的要求

通过使用绘图液绘制法制作印制电路板，学会制作的工艺过程和工艺要求，能够按照印制电路板布局设计的要求，对电路原理图进行合理地分析并使用绘图液绘制法来制作相应的印制电路板。

2. 实训操作基础

用电路板绘图液绘制印制电路板较简便，效果也不错。

（1）电路板绘图液的配方

电路板绘图液又称虫胶绘图液，其配制方法如下：虫胶片 25%，无水酒精（即含量95%以上）75%（重量比），甲基紫适量。

配制时，可先将虫胶片放在无水酒精中浸泡，每隔几小时用木棍搅动几下，约 3～4天以后，虫胶即可全部溶解。最后注入适量的甲基紫即可投入使用。

（2）电路板绘图液的特点

电路板绘图液质地纯洁薄润，黏度低，色泽鲜艳醒目，可以用来绘制各种复杂和要求较高的印制电路。由于其干燥速度较快，在铜箔上的附着力较强，成膜后质硬耐磨且仅溶于无水酒精，而不溶于水、油、香蕉水等多种溶剂，在三氯化铁溶液中加温腐蚀时不会脱落，故是一种印制电路较理想的绘制液体。

（3）电路板绘图液绘制电路板的方法

1）画点：在使用电路板绘图液绘制印制电路板时，如要画点，可以按照点的直径，选择一个与该直径基本相同的铁钉，将其头部用锉刀锉平后，用锉刀的头部蘸取适量的绘图液在敷铜板上点出圆润的焊点。

2）画直线：当需要画直线时，可采用描图用的鸭嘴笔，在笔口上蘸上适量的绘图液，根据直线的粗细适当对鸭嘴笔的唇口闭合程度进行调整，就可以画出不同粗细的直线了。

对于某些较粗的直线或大面积的多边形，可选用鸭嘴笔将其轮廓画出，并采用蘸水笔蘸绘图液将轮廓中间的部位绘满。

3）画圆弧：画印制电路板的圆弧时，可采用带鸭嘴笔的圆规来进行绘制，绘制方法与上相同。

4）写文字、符号：印制电路板上所需的文字符号，可用蘸水笔书写。

采用上述方法可以画出宽度为 0.2 mm 的直线、圆弧，书写清晰的文字。

（4）使用电路板绘图液应注意的问题

每次蘸取新液之前，都要将绘制工具上的残液擦干净。如果因不慎出现了画错现象，可稍待一段时间使绘图液干固后，用锋利的刀片将画错的地方刮去即可，然后再用小棒裹上细砂纸将画错之处打光亮以后，就可进行重画了。

（5）电路板绘图液的存放

电路板绘图液是一种挥发性液体，且有一定的保存时限。不使用时应密封保存，但贮存时间不应超过六个月。一旦超过保存期后，绘图液中的虫胶会与无水酒精进行进一步的化学反应后形成难以干燥的脂素类物质，由此就会使绘图液失效。

（6）其他需要说明的问题

在配制电路板绘图液时，如果一时买不到虫胶片，也可以用市售的成品虫胶液或钳工划线用的紫胶液加甲基紫宋代替，但这也要注意绘图液的配制日期，以防过期失效。采用电路板绘图液绘制双面印制电路板时，应先绘制好一面待其干后，再绘制另一面的电路，绘制方法也是先绘焊盘后绘直线等。

实训项目 4　使用不干胶纸剪贴法制作印制电路板

1. 实训目的要求

通过使用不干胶剪贴法制作印制电路板方法的学习，掌握此种印制电路板的设计与制作方法；能够对电路图进行合理地分析并设计成 PCB 图，采用不干胶纸剪贴的方法来制作相应的印制电路板。

2. 实训操作基础

采用不干胶纸剪贴法比漆图法简单、快捷。以下介绍具体步骤。

（1）画版图

在计算机中，可以使用比较方便的 Windows 自带的画笔工具，也可以使用 PCB 设计软件来绘制印制电路板布线图。

1）绘制印制电路板图时，要注意线条的粗细以及焊盘的位置，对电路的连接线要进行合理的设计与布局。

2）对于已经有现成的印制电路板布线图时，可以采用扫描仪将布线图进行扫描输入，然后用计算机的画笔工具对其进行修改。也就是将所有布的线条全部画成空心，各个需要钻孔的位置要标注清楚。

3）将不干胶纸剪成与打印纸一样尺寸后装在打印机上，通过打印机（针式、喷墨或激光打印机皆可）将计算机内修改好（或画好）的电路版图按 1：1 的比例，打印在不干胶纸上，再将不干胶纸剪成合适的尺寸，贴在表面处理好的敷铜板上。

必须说明的是：由于铜箔板存放一段时间后，其铜表面会被氧化，如不去除这层氧化物，势必会影响铜箔板有用部分覆盖物的附着力，在腐蚀过程中使之起皮甚至脱落，从而影响电路板的质量。防污的方法较简单，可用双氧水、香蕉水等反复擦拭铜箔板铜皮，直至光亮如新为止。

（2）刻绘

由于计算机打印的电路布线图可以清楚地显示在不干胶纸上，因此可用锋利的美工刀将敷铜板上需腐蚀掉的部位不干胶纸刻去，留下保留部位的不干胶纸。但操作时要仔细，不要刻错。此时刀上功夫的好坏将直接影响印制电路板的美观甚至性能。

实训项目 5　使用标准预贴符号法制作印制电路板

1. 实训目的要求

通过使用标准预贴符号法制作印制电路板的学习，掌握此种印制电路板的设计与制作方法；能够对电路图进行合理地分析并设计成 PCB 图，采用标准预贴符号的方法来制作相应的印制电路板。

2. 实训操作基础

标准预贴符号法制作印制电路板的操作步骤和注意事项如下所述：

1）制印板图。把图中的焊盘用点表示，连线走单线即可，但位置、尺寸需准确。

2）根据印板图的尺寸大小裁制好印板，做好铜箔面的清洁。

3）用复写纸把图复制到印板上，如果线路较简单，且制作者有一定的制板经验，此步可省略。

4）根据元件实物的具体情况，粘贴不同内外径的标准预切符号（焊盘）；然后视电流大小，粘贴不同宽度的胶带线条。对于标准预切符号及胶带，电子商店有售。预切符号常用规格有 D373（OD-2.79，ID-0.79），D266（OD-2.00，ID-0.80），D237（OD-3.50，ID-1.50）等几种，最好购买纸基材料做的（黑色），塑基（红色）材料尽量不用。胶带常用规格有 0.3、0.9、1.8、2.3、3.7 等几种。单位均为 mm。

5）用软一点的小锤，如光滑的橡胶、塑料等敲打图贴，使之与铜箔充分粘连。重点敲击线条转弯处、搭接处。天冷时，最好用取暖器使表面加温以加强粘连效果。

6）放入三氯化铁中腐蚀，但需注意，液温不高于 40℃。腐蚀完后应及时取出冲洗干净，特别是有细线的情况。

7）打眼，用细砂纸打亮铜箔，涂上松香酒精溶液，凉干则制作完毕了。这种印制板的质量很接近正规的印制板。0.3 mm 胶带可在 IC 两脚之间穿越，可大大减少板正面的短跳线以省事、省时间。

4.5　印制电路板后期处理

4.5.1　腐蚀液

印制电路基板的制版结束后，就可对其进行腐蚀了。所谓腐蚀，就是将印制电路板铜箔上被油漆等保护的导线、焊盘等保存下来，而腐蚀掉没有被抹上保护层的铜箔。但在腐蚀之前，要仔细检查应保护图形的质量，修整线条和焊盘等。用作印制电路板的腐蚀液类型较多，以下几种方法配制的溶液均可用来作为腐蚀液。

1．三氯化铁

三氯化铁是印制电路板常用的腐蚀剂，通常与水的比例按 1：5 或 1：10 进行配制。三氯化铁的浓度应为 28％～42％。

2．重铬酸钾

用 100 g 蒸馏水和 20 g 碳酸氨与 1 g 重铬酸钾（也可用铬酸钠）配制的溶液，也是较好的印制电路板腐蚀剂。

3．氯酸钾＋盐酸

以氯酸钾 1 g，浓度 15％的盐酸 40 mL 的比例配制成的腐蚀液，抹在电路板上需腐蚀的地方，就可以将不需要的铜箔板腐蚀掉。

4．过氧化氢＋浓盐酸

浓度为 31％的工业用过氧化氢与浓度为 37％的工业用盐酸和蒸馏水按照 1：3：4 的比例配制成腐蚀液。操作时，先在在腐蚀盒中倒入 4 份水，然后缓慢倒入浓盐酸，用玻璃帮搅拌，最后加入一份过氧化氢作催化剂，搅匀后即可放入电路板进行腐蚀。

5．业余制取三氧化铁

三氧化铁是一种深褐色的铁盐，业余制作三氧化铁的方法如下所述。

1）将浓度约为 30％的稀盐酸倒入容器中，在搅拌状态下缓慢地加入铁屑（不能用不锈钢、马口铁、镀有别种金属的铁片或含油污较多的铁花），此时盐酸与铁屑会产生剧烈化学反应，反应完毕时便可停止搅拌。

2）将得到的溶液进行过滤，再将过滤后的液体注入器皿中加热使之浓缩，最后加入适当的盐酸。注意观察浓缩液的反应情况，如已引起反应，则可看到它的颜色由黑变红。这时，便制成了三氧化铁溶液。腐蚀液配置好了以后，将涂（或贴）有防腐蚀膜的敷铜板放入装有腐蚀剂的容器中进行腐蚀，腐蚀液应将覆铜板全部浸入，没有被涂（或贴）盖的铜箔就会被腐蚀掉了。腐蚀的速度与浓度和温度有关，同时不断搅动，以加快对铜的腐蚀。在成批生产的情况下，腐蚀剂宜用双氧水和盐酸（但应注意：必须先放双氧水，后放盐酸，由于腐蚀性很强，应注意安全）。

在冬季，为了加快铜箔的腐蚀，可以对溶液进行适当的加温，但为防止将涂（或贴）的膜被泡掉，温度不宜过高（不要超过 40℃）；在印制电路板腐蚀过程中，可用小刷轻轻刷扫，但不要用力过猛，以免将涂（或贴）的膜刮掉。待完全腐蚀后，取出腐蚀好的印制电路板用水清洗。

4.5.2　打孔机

焊盘和过孔以及元器件安装固定孔等都需要打孔机进行打孔操作。

在一般的印制电路板上，需要打孔的孔径范围在 0.8～4 mm 之间，因此根据需要安装的元器件的功率和引脚的粗细就要选择不同的直径的钻头来配套使用。

常用的打孔机主要有小功率微型手电钻、中功率高速小台钻和大功率台钻等几种。

4.5.3　阻焊剂

涂抹阻焊剂的作用是防短路、防锈、防潮等。涂抹阻焊剂这一工序，既可在印制电路板涂抹助焊剂以后进行，也可在印制电路板上的元器件组装、调试结束以后进行，可根据实际情况来确定。

用作印制电路板的阻焊剂类型较多，以下几种方法配制的溶液均可用来作为阻焊剂。

（1）第一种方法

1）准备无水酒精、松胶以及碱性绿若干，这几种材料在化工商店均可买到。松胶可用干桃胶代替，碱性绿可用绿染料代替。

2）将上述准备好的材料，按 7.5：2.3：0.2（无水酒精、松胶、碱性绿）的重量比进行混合。混合的顺序是：先将酒精、松胶在带盖玻璃瓶中（防止酒精挥发）放置 1～2天，待松胶完全溶化后加少量碱性绿，待碱性绿充分溶解后即可使用。

必须注意的是：碱性绿不应放置过多，以免使保护漆的颜色过深，影响美观。

3）使用时，先将印制电路板擦洗干净后晾干。将保护漆搅拌均匀，用排笔或单支毛笔蘸适量的保护漆涂在印制电路板的表面，待其干后再涂第二次，通常只要涂抹 2～3次即可。

4）涂好阻焊剂的印制电路板，放置数小时后待漆膜干透，用小刀刮去焊盘上的漆膜。配制好的阻焊剂在使用中若觉得漆液太稠，还可以加适量的无水酒精进行稀释，然后再投入使用。

（2）第二种方法

用 582 氨基树脂 1 份，344-1 醇酸树脂 2 份，10％酞菁绿氨基浆 1 份，200 号汽油适量混合后得到。

上述混合后的阻焊剂，涂覆在印制电路板上后（涂覆方法与上相同），应在 100℃温度下烘烤约 1 h。

（3）第三种方法

用 106 绿色基料 28％～33％，3582 树脂 20％～25％，3124 树脂 40％～47％，松油醇适量混合后得到。

上述混合后的阻焊剂，涂覆在印制电路板上以后（涂覆方法与上相同）应在 130℃温度下烘烤约 1 h。

上述三种方法配制的阻焊剂各有特点，可根据实际情况配制使用。

思考题与习题

1. 说明印制电路板上元器件布局的一般方法。
2. 简要说明印制电路板的手工制作过程。

第5章 装配与焊接工艺

电子产品的电气连接，是通过对元器件、零部件的装配与焊接来实现的。安装与连接，是按照设计要求制造电子产品的主要生产环节。应该说，在传统的电子产品制造过程中，安装与连接技术并不复杂，往往不受重视，但以 SMT 为代表的新一代安装技术，主要特征表现在装配焊接环节，由它引发的材料、设备、方法改变，使电子产品的制造工艺发生了根本性革命。

产品的装配过程是否合理，焊接质量是否可靠，对整机性能指标的影响是很大的。经常听说，一些精密复杂的仪器因为一个焊点的虚焊、一个螺钉的松动而不能正常工作，甚至由于搬运、振动使某个部件脱落造成整机报废。所以，掌握正确的安装工艺与连接技术，对于电子产品的设计和研制、使用和维修都具有重要的意义。实际上，对于一个电子产品来说，通常只要打开机箱，看一看它的结构装配和电路焊接质量，就可以立即判定它的性能优劣，也能够判断出生产企业的技术力量和工艺水平。装配焊接操作，是考核电子装配技术工人的主要项目之一；对于电子工程技术人员来说，观察他能否正确地进行装配、焊接操作，也可以作为评价他的工作经验及其基本动手能力的依据。

5.1　电　气　安　装

制造电子产品，可靠与安全是两个重要因素，而零件的安装对于保证产品的安全可靠是至关紧要的。任何疏忽都可能造成整机工作失常，甚至导致更为严重的后果。

5.1.1　安装的基本要求

1. 保证导通与绝缘的电气性能

电气连接的通与断，是安装的核心。这里所说的通与断，不仅是在安装以后简单地使用万用表测试的结果，而且要考虑在振动、长期工作、温度、湿度等自然条件变化的环境中，都能保证通者恒通、断者恒断。这样，就必须在安装过程中充分考虑各方面的因素，采取相应措施。图 5.1 是两个安装示例。

图 5.1（a）表示一台仪器机壳为接地保护螺钉设置的焊片组件。安装中，靠紧固螺钉并通过弹簧垫圈的止退作用保证电气连接。如果安装时忘记装上弹簧垫圈，虽然在一段时间内仪器能够正常工作，但使用中的振动会使螺母逐渐松动，导致连接发生问题。这样，通过这个组件设置的接地保护作用就可能失效。图 5.1（b）表示用压片将电缆固定在机壳上。安装时应该注意，一要检查压片表面有无尖棱毛刺，

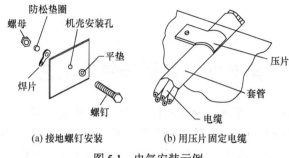

(a) 接地螺钉安装　　　　(b) 用压片固定电缆

图 5.1　电气安装示例

二要给电缆套上绝缘套管。因为此处要求严格保证电缆线同机壳之间的绝缘。金属压片上的毛刺或尖角，可能刺穿电缆线的绝缘层，导致机壳与电缆线相通。这种情况往往会造成严重的安全事故。

实际的电子产品千差万别，有经验的工艺工程师应该根据不同情况采取相应的措施，保证可靠的电气连接与绝缘。

2. 保证机械强度

在第 4 章关于印制电路板排版布局的有关内容里，已经考虑了对于那些大而重的元器件的装配问题，这里还要对此做出进一步的说明。

电子产品在使用的过程中，不可避免地需要运输和搬动，会发生各种有意或无意的振动、冲击，如果机械安装不够牢固，电气连接不够可靠，都有可能因为加速运动的瞬间受力使安装受到损害。

如图 5.2 所示，把变压器等较重的零部件安装在塑料机壳上，图 5.2（a）的办法是用自攻螺钉固定。由于塑料机壳的强度有限，容易在振动的作用下，使塑料孔的内螺纹被拉坏而造成外壳的损伤。所以，这种固定方法常常用在受力不大的场合。显然，图 5.2（b）的方法将大大提高机械强度，但安装效率比前一种稍低，且成本也要略高一些。

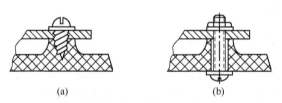

(a)　　　　　　　　　　(b)

图 5.2　安装的机械强度

如图 5.3 所示，对于大容量的电解电容器来说，早期产品的体积很大，一般不能安装在印制电路板上，必须加装卡子见图 5.3（a），或把电容器用螺钉安装在机箱底板上图 5.3（b）、图 5.3（c）。近年来，电解电容器的制造技术不断进步，使比率电容（即电容量与其单位体积之比）迅速增大，小型化的大容量电容器已经普遍直接安装到印制板上。但是，与同步缩小体积的其他元器件相比较，大容量的电解电容器仍然是印制板上体积最大的元器件。考虑到机械强度，图 5.3（d）所示的状态是不可靠的。无论是电容器引线的焊接点,还是印制板上铜箔与基板的粘接,都有可能在受到振动、冲击的时候因为加速运动的瞬间受力而被破坏。为解决这种问题,可以采取多种办法:在电容器与印制板之间垫入橡胶垫图 5.3 (e) 或聚氯乙烯塑料垫图 5.3 (f) 减缓冲击;使用热熔性粘合剂把电容器粘结在印制板上图 5.3 (g),使两者在振动时保持同频、同步的运动;或者用一根固定导线穿过印制板,绕过电容器把它压倒绑住,固定导线可以焊接在板上,也可以绞接固定图 5.3 (h),这在小批量产品的生产中是一种可取的简单办法。从近几年国内外电子新产品的工艺来看,采用热熔性粘合剂固定电容器的比较多见。而固定导线多用于固定晶体振荡器,这根导线是裸线,往往还要焊接在晶体的金属外壳上,同时起到电磁屏蔽的作用图 5.3 (i);对晶体振荡器来说,更简单的屏蔽兼固定的方法,是把金属外壳直接焊接在印制板上,如图 5.3 (j) 所示。

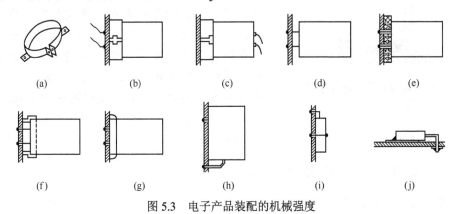

图 5.3 电子产品装配的机械强度

3. 保证传热的要求

在安装中,必须考虑某些零部件在传热、电磁方面的要求。因此,需要采取相应的措施。

第 3 章里介绍了常用的散热器标准件,不论采用哪一种款式,其目的都是为了使元器件在工作中产生的热量能够更好地传送出去。大功率晶体管在机壳上安装时,利用金属机壳作为散热器的方法如图 5.4 (a) 所示。安装时,既要保证绝缘的要求,又不能影响散热的效果,即希望导热而不导电。如果工作温度较高,应该使用云母垫片;低于 100℃时,可以采用没有破损的聚酯薄膜作为垫片。并且,在器件和散热器之间涂抹导热硅脂,能够降低热阻、改善传热的效果。穿过散热器和机壳的螺钉也要套上绝缘管。紧固螺钉时,不要将一个拧紧以后再去拧另一个,这样容易造成管壳同散热器之间贴合不严 [见图 5.4 (b)],影响散热性能。正确的方法是把两个(或多个)螺钉轮流逐渐拧紧,可使安装贴合严密并减小内应力。

4. 接地与屏蔽要充分利用

接地与屏蔽的目的:一是消除外界对产品的电磁干扰;二是消除产品对外界的电磁

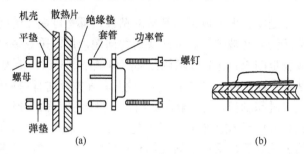

图 5.4　功率器件散热器在金属机壳上的安装

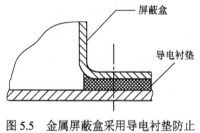

图 5.5　金属屏蔽盒采用导电衬垫防止
电磁泄漏

干扰；三是减少产品内部的相互电磁干扰。接地与屏蔽在设计中要认真考虑，在实际安装中更要高度重视。一台电子设备可能在实验室工作很正常，但到工业现场工作时，各种干扰可能就会出现，有时甚至不能正常工作，这绝大多数是由于接地、屏蔽设计安装不合理所致。例如，如图 5.5 所示的金属屏蔽盒，为避免接缝造成的电磁泄漏，安装时在中间垫上导电衬垫，则可以提高屏蔽效果。衬垫通常采用金属编织网或导电橡胶制成。

5.1.2　THT 元器件在印制电路板上的安装

传统元器件在印制板上的固定，可以分为卧式安装与立式安装两种方式。关于这两种方式的特点，已经在第 4 章里进行了介绍，这里仅补充与装配、焊接操作有关的内容。

在电子产品开始装配、焊接以前，除了要事先做好对于全部元器件的测试筛选以外，还要进行两项准备工作：一是要检查元器件引线的可焊性，若可焊性不好，就必须进行镀锡处理；二是要根据元器件在印制板上的安装形式，对元器件的引线进行整形，使之符合在印制板上的安装孔位。如果没有完成这两项准备工作就匆忙开始装焊，很可能造成虚焊或安装错误，带来得不偿失的麻烦。

1.　元器件引线的弯曲成形

为使元器件在印制板上的装配排列整齐并便于焊接，在安装前通常采用手工或专用机械把元器件引线弯曲成一定的形状——整形，如图 5.6（a）～（c）所示。

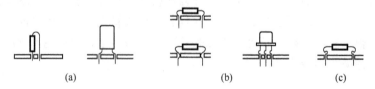

图 5.6　元器件引线弯曲成形

在这几种元器件引线的弯曲形状中，图 5.6（a）比较简单，适合于手工装配；图 5.6（b）

适合于机械整形和自动装焊,特别是可以避免元器件在机械焊接过程中从印制板上脱落;图 5.6 (c) 虽然对某些怕热的元器件在焊接时散热有利,但因为加工比较麻烦,现在已经很少采用。

在 THT 电路板上插装、焊接有引脚的元器件,大批量生产的企业中通常有两种工艺过程:一是"长脚插焊",二是"短脚插焊"。

所谓"长脚插焊",如图 5.7 (a) 所示,是指元器件引脚在整形时并不剪短,把元器件插装到电路板上后,可以采用手工焊接,然后手工剪短多余的引脚;或者采用浸焊、高波峰焊设备进行焊接,焊接后用"剪腿机"剪短元器件的引脚。"长脚插焊"的特点是,元器件采用手工流水线插装,由于引脚长,在插装过程中传递、插装以后焊接的过程中,元器件不容易从板上脱落。这种生产工艺的优点是设备的投入小,适合于生产那些安装密度不高的电子产品。

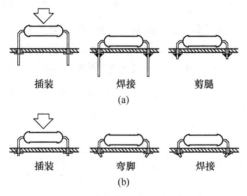

图 5.7　"长脚插焊"与"短脚插焊"

"短脚插焊",如图 5.7 (b) 所示,是指在对元器件整形的同时剪短多余的引脚,把元器件插装到电路板上后进行弯脚,这样可以避免电路板在以后的工序传递中脱落元器件。在整个工艺过程中,从元器件整形、插装到焊接,全部采用自动生产设备。这种生产工艺的优点是生产效率高,但设备的投入大。

无论采用哪种方法对元器件引脚进行整形,都应该按照元器件在印制板上孔位的尺寸要求,使其弯曲成形的引线能够方便地插入孔内。为了避免损坏元器件,整形必须注意以下两点。

1) 引线弯曲的最小半径不得小于引线直径的 2 倍,不能"打死弯"。

2) 引线弯曲处距离元器件本体至少在 2 mm 以上,绝对不能从引线的根部开始弯折。对于那些容易崩裂的玻璃封装的元器件,引线整形时尤其要注意这一点。

2. 元器件的插装

元器件插装到印制电路板上,无论是卧式安装还是立式安装,这两种方式都应该使元器件的引线尽可能短一些。在单面印制板上卧式装配时,小功率元器件总是平行地紧贴板面;在双面板上,元器件则可以离开板面约 1～2 mm,避免因元器件发热而减弱铜箔对基板的附着力，并防止元器件的裸露部分同印制导线短路。

插装元器件还要注意以下原则。

1）要根据产品的特点和企业的设备条件安排装配的顺序。如果是手工插装、焊接，应该先安装那些需要机械固定的元器件，如功率器件的散热器、支架、卡子等，然后再安装靠焊接固定的元器件。否则，就会在机械紧固时，使印制板受力变形而损坏其他已经安装的元器件。如果是自动机械设备插装、焊接，就应该先安装那些高度较低的元器件，例如电路的"跳线"、电阻一类元件，后安装那些高度较高的元器件，例如轴向（立式）插装的电容器、晶体管等元器件，对于贵重的关键元器件，例如大规模集成电路和大功率器件，应该放到最后插装，安装散热器、支架、卡子等，要靠近焊接工序，这样不仅可以避免先装的元器件妨碍插装后装的元器件，还有利于避免因为传送系统振动丢失贵重元器件。

2）各种元器件的安装，应该尽量使它们的标记（用色码或字符标注的数值、精度等）朝上或朝着易于辨认的方向，并注意标记的读数方向一致（从左到右或从上到下），这样有利于检验人员直观检查；卧式安装的元器件，尽量使两端引线的长度相等对称，把元器件放在两孔中央，排列要整齐；立式安装的色环电阻应该高度一致，最好让起始色环向上以便检查安装是否有误，上端的引线不要留得太长以免与其他元器件短路，如图 5.8 所示。有极性的元器件，插装时要保证方向正确。

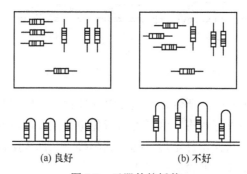

(a) 良好　　　　　　　　(b) 不好

图 5.8　元器件的插装

3）当元器件在印制电路板上立式装配时，单位面积上容纳元器件的数量较多，适合于机壳内空间较小、元器件紧凑密集的产品。但立式装配的机械性能较差，抗震能力弱，如果元器件倾斜，就有可能接触临近的元器件而造成短路。为使引线相互隔离，往往采用加套绝缘塑料管的方法。在同一个电子产品中，元器件各条引线所加套管的颜色应该一致，便于区别不同的电极。因为这种装配方式需要手工操作，除了那些成本非常低廉的民用小产品之外，在档次较高的电子产品中不会采用。

4）在非专业化条件下批量制作电子产品的时候，通常是手工安装元器件与焊接操作同步进行。应该先装配需要机械固定元器件，先焊接那些比较耐热的元器件，如接插件、小型变压器、电阻、电容等；然后再装配焊接比较怕热的元器件，如各种半导体器件及塑料封装的元件。

5.2 手工焊接技术

焊接是制造电子产品的重要环节之一，如果没有相应的工艺质量保证，任何一个设计精良的电子产品都难以达到设计要求。在科研开发、设计试制、技术革新的过程中制作一、两块电路板，不可能也没有必要采用自动设备，经常需要进行手工装焊。在大量生产中，从元器件的筛选测试，到电路板的装配焊接，都是由自动化机械来完成的，例如自动测试机、元件清洗机、搪锡机、整形机、插装机、波峰焊机、剪腿机、印制板清洗机等。这些由计算机控制的生产设备，在现代化的大规模电子产品生产中发挥了重要的作用，有利于保证工艺条件和装焊操作的一致性，提高产品质量。

5.2.1 焊接分类与锡焊的条件

1. 焊接的分类

焊接技术在电子工业中的应用非常广泛，在电子产品制造过程中，几乎各种焊接方法都要用到，但使用最普遍、最有代表性的是锡焊方法。锡焊是焊接的一种，它是将焊件和熔点比焊件低的焊料共同加热到锡焊温度，在焊件不熔化的情况下，焊料熔化并浸润焊接面，依靠二者原子的扩散形成焊件的连接。其主要特征有以下三点。

1）焊料熔点低于焊件。

2）焊接时将焊料与焊件共同加热到锡焊温度，焊料熔化而焊件不熔化。

3）焊接的形成依靠熔化状态的焊料浸润焊接面，由毛细作用使焊料进入焊件的间隙，形成一个合金层，从而实现焊件的结合。

除了含有大量铬、铝等元素的一些合金材料不宜采用锡焊焊接外，其他金属材料大都可以采用锡焊焊接。锡焊方法简便，只需要使用简单的工具（如电烙铁）即可完成焊接、焊点整修、元器件拆换、重新焊接等工艺过程。此外，锡焊还具有成本低、易实现自动化等优点，在电子工程技术里，它是使用最早、最广、占比重最大的焊接方法。

2. 锡焊必须具备的条件

焊接的物理基础是"浸润"，浸润也叫"润湿"。要解释浸润，先从荷叶上的水珠说起：荷叶表面有一层不透水的腊质物质，水的表面张力使它保持珠状，在荷叶上滚动而不能摊开，这种状态叫做不能浸润；反之，假如液体在与固体的接触面上摊开，充分铺展接触，就叫做浸润。锡焊的过程，就是通过加热，让铅锡焊料在焊接面上熔化、流动、浸润，使铅锡原子渗透到铜母材（导线、焊盘）的表面内，并在两者的接触面上形成 $Cu_6\text{-}Sn_5$ 的脆性合金层。

在焊接过程中，焊料和母材接触所形成的夹角叫做浸润角，如图 5.9 中的 θ。图 5.9（a）中，当 $\theta<90°$时，焊料与母材没有浸润，不能形成良好的焊点；图 5.9（b）中，当 $\theta>90°$时，焊料与母材浸润，能够形成良好的焊点。仔细观察焊点的浸润角，就能判断焊点的质量。

图 5.9　浸润与浸润角

显然，如果焊接面上有阻隔浸润的污垢或氧化层，不能生成两种金属材料的合金层，或者温度不够高使焊料没有充分熔化，都不能使焊料浸润。进行锡焊，必须具备的条件有以下几点。

（1）焊件必须具有良好的可焊性

所谓可焊性是指在适当温度下，被焊金属材料与焊锡能形成良好结合的合金的性能。不是所有的金属都具有好的可焊性，有些金属如铬、钼、钨等的可焊性就非常差；有些金属的可焊性又比较好，如紫铜、黄铜等。在焊接时，由于高温使金属表面产生氧化膜，影响材料的可焊性。为了提高可焊性，可以采用表面镀锡、镀银等措施来防止材料表面的氧化。

（2）焊件表面必须保持清洁

为了使焊锡和焊件达到良好的结合，焊接表面一定要保持清洁。即使是可焊性良好的焊件，由于储存或被污染，都可能在焊件表面产生对浸润有害的氧化膜和油污。在焊接前务必把污膜清除干净，否则无法保证焊接质量。金属表面轻度的氧化层可以通过焊剂作用来清除，氧化程度严重的金属表面，则应采用机械或化学方法清除，如进行刮除或酸洗等。

（3）要使用合适的助焊剂

助焊剂的作用是清除焊件表面的氧化膜。不同的焊接工艺，应该选择不同的助焊剂，如镍铬合金、不锈钢、铝等材料，没有专用的特殊焊剂是很难实施锡焊的。在焊接印制电路板等精密电子产品时，为使焊接可靠稳定，通常采用以松香为主的助焊剂。一般是用酒精将松香溶解成松香水使用。

（4）焊件要加热到适当的温度

焊接时，热能的作用是熔化焊锡和加热焊接对象，使锡、铅原子获得足够的能量渗透到被焊金属表面的晶格中而形成合金。焊接温度过低，对焊料原子渗透不利，无法形成合金，极易形成虚焊；焊接温度过高，会使焊料处于非共晶状态，加速焊剂分解和挥发速度，使焊料品质下降，严重时还会导致印制电路板上的焊盘脱落。

需要强调的是，不但焊锡要加热到熔化，而且应该同时将焊件加热到能够熔化焊锡的温度。

（5）合适的焊接时间

焊接时间是指在焊接全过程中，进行物理和化学变化所需要的时间。它包括被焊金属达到焊接温度的时间、焊锡的熔化时间、助焊剂发挥作用及生成金属合金的时间几个部分。当焊接温度确定后，就应根据被焊件的形状、性质、特点等来确定合适的焊接时间。焊接时间过长，易损坏元器件或焊接部位；过短，则达不到焊接要求。一般，每个焊点焊接一次的时间最长不超过 5 s。

5.2.2　焊接前的准备——镀锡

为了提高焊接的质量和速度，避免虚焊等缺陷，应该在装配以前对焊接表面进行可焊性处理——镀锡。没有经过清洗并涂覆助焊剂的印制电路板，要按照第 5 章里介绍过的方法进行处理。在电子元器件的待焊面（引线或其他需要焊接的地方）镀上焊锡，是焊接之前一道十分重要的工序，尤其是对于一些可焊性差的元器件，镀锡更是至关紧要的。专业电子生产厂家都备有专门的设备进行可焊性处理。

镀锡也叫"搪锡"，实际就是液态焊锡对被焊金属表面浸润，形成一层既不同于被焊金属又不同于焊锡的结合层。由这个结合层将焊锡与待焊金属这两种性能、成分都不相同的材料牢固连接起来。

5.2.3　手工烙铁焊接的基本技能

使用电烙铁进行手工焊接，掌握起来并不困难，但是又有一定的技术要领。长期从事电子产品生产的人们是从四个方面提高焊接的质量：材料、工具、方法、操作者。

其中最主要的当然还是人的技能。没有经过相当时间的焊接实践和用心体验、领会，就不能掌握焊接的技术要领；即使是从事焊接工作较长时间的技术工人，也不能保证每个焊点的质量完全一致。只有充分了解焊接原理再加上用心实践，才有可能在较短的时间内学会焊接的基本技能。下面介绍的一些具体方法和注意要点，都是实践经验的总结，是初学者迅速掌握焊接技能的捷径。

初学者应该勤于练习，不断提高操作技艺，不能把焊接质量问题留到整机电路调试的时候再去解决。

1. 焊接操作的正确姿势

掌握正确的操作姿势，可以保证操作者的身心健康，减轻劳动伤害。为减少焊剂加热时挥发出的化学物质对人的危害，减少有害气体的吸入量，一般情况下，烙铁到鼻子的距离应该不少于 20 cm，通常以 30 cm 为宜。

电烙铁有三种握法，如图 5.10 所示。

反握法的动作稳定，长时间操作不易疲劳，适于大功率烙铁的操作；正握法适于中功率烙铁或带弯头电烙铁的操作；一般在操作台上焊接印制板等焊件时，多采用握笔法。

焊锡丝一般有两种拿法，如图 5.11 所示。由于焊锡丝中含有一定比例的铅，而铅是对人体有害的一种重金属，因此操作时应该戴手套或在操作后洗手，避免食入铅尘。

电烙铁使用以后，一定要稳妥地插放在烙铁架上，并注意导线等其他杂物不要碰到烙铁头，以免烫伤导线，造成漏电等事故。

2. 手工焊接操作的基本步骤

掌握好电烙铁的温度和焊接时间，选择恰当的烙铁头和焊点的接触位置，才可能得到良好的焊点。正确的手工焊接操作过程可以分成五个步骤，如图 5.12 所示。

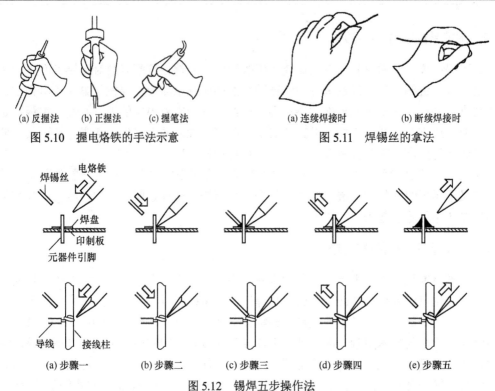

(a) 反握法　　(b) 正握法　　(c) 握笔法　　　　　　　(a) 连续焊接时　　　(b) 断续焊接时

图 5.10　握电烙铁的手法示意　　　　　　　图 5.11　焊锡丝的拿法

(a) 步骤一　　(b) 步骤二　　(c) 步骤三　　(d) 步骤四　　(e) 步骤五

图 5.12　锡焊五步操作法

（1）步骤一：准备施焊

左手拿焊丝，右手握烙铁，进入备焊状态。要求烙铁头保持干净，无焊渣等氧化物，并在表面镀有一层焊锡如图 5.12（a）所示。

（2）步骤二：加热焊件

烙铁头靠在两焊件的连接处，加热整个焊件全体，时间大约为 1～2 秒钟。对于在印制板上焊接元器件来说，要注意使烙铁头同时接触两个被焊接物。例如，图 5.12（b）中的导线与接线柱、元器件引线与焊盘要同时均匀受热。

（3）步骤三：送入焊丝

焊件的焊接面被加热到一定温度时，焊锡丝从烙铁对面接触焊件，如图 5.12（c）所示。注意：不要把焊锡丝送到烙铁头上。

（4）步骤四：移开焊丝

当焊丝熔化一定量后，立即向左上 45°方向移开焊丝，如图 5.12（d）所示。

（5）步骤五：移开烙铁

焊锡浸润焊盘和焊件的施焊部位以后，向右上 45°方向移开烙铁，结束焊接，如图 5.12（e）所示。从第三步开始到第五步结束，时间大约也是 1～2 s。

对于热容量小的焊件，例如印制板上较细导线的连接，可以简化为三步操作：

1）准备：同以上步骤一。

2）加热与送丝：烙铁头放在焊件上后即放入焊丝。

3）去丝移烙铁：焊锡在焊接面上浸润扩散达到预期范围后，立即拿开焊丝并移开烙铁，并注意移去焊丝的时间不得滞后于移开烙铁的时间。

对于吸收低热量的焊件而言，上述整个过程的时间不过 2～4 s，各步骤的节奏控制，顺序的准确掌握，动作的熟练协调，都是要通过大量实践并用心体会才能解决的问题。有人总结出了在五步骤操作法中用数秒的办法控制时间：烙铁接触焊点后数一、二（约 2s），送入焊丝后数三、四，移开烙铁，焊丝熔化量要靠观察决定。此办法可以参考，但由于烙铁功率、焊点热容量的差别等因素，实际掌握焊接火候并无定章可循，必须具体条件具体对待。试想，对于一个热容量较大的焊点，若使用功率较小的烙铁焊接时，在上述时间内，可能加热温度还不能使焊锡熔化，焊接就无从谈起。

3. 焊接温度与加热时间

在介绍锡焊的机理和条件时，已经不止一次讲到，适当的温度对形成良好的焊点是必不可少的。这个温度究竟如何掌握呢？当然，根据有关数据，可以很清楚地查出不同的焊件材料所需要的最佳温度，得到有关曲线。但是，在一般的焊接过程中，不可能使用温度计之类的仪表来随时检测，而是希望用更直观明确的方法来了解焊件温度。

经过试验得出，烙铁头在焊件上停留的时间与焊件温度的升高是正比关系。同样的烙铁，加热不同热容量的焊件时，想达到同样的焊接温度，可以通过控制加热时间来实现。但在实践中又不能仅仅依此关系决定加热时间。例如，用小功率烙铁加热较大的焊件时，无论烙铁停留的时间多长，焊件的温度也升不上去，原因是烙铁的供热容量小于焊件和烙铁在空气中散失的热量。此外，为防止内部过热损坏，有些元器件也不允许长期加热。

加热时间对焊件和焊点的影响及其外部特征是什么呢？如果加热时间不足，会使焊料不能充分浸润焊件，形成松香夹渣而虚焊。反之，过量的加热，除有可能造成元器件损坏以外，还有如下危害和外部特征：

1）焊点的外观变差。如果焊锡已经浸润焊件以后还继续进行过量的加热，将使助焊剂全部挥发，造成熔态焊锡过热，降低浸润性能；当烙铁离开时容易拉出锡尖，同时焊点表面发白，出现粗糙颗粒，失去光泽。

2）高温造成所加松香助焊剂的分解炭化。松香一般在 210℃开始分解，不仅失去助焊剂的作用，而且在焊点内形成炭渣而成为夹渣缺陷。如果在焊接过程中发现松香发黑，肯定是加热时间过长所致。

3）过量的受热会破坏印制板上铜箔的粘合层，导致铜箔焊盘的剥落。因此，在适当的加热时间里，准确掌握加热火候是优质焊接的关键。

4. 手工焊接操作的具体手法

在保证得到优质焊点的目标下，具体的焊接操作手法可以有所不同，但下面这些前人总结的方法，对初学者的指导作用是不可忽略的。

（1）保持烙铁头的清洁

焊接时，烙铁头长期处于高温状态，又接触助焊剂等弱酸性物质，其表面很容易氧化腐蚀并沾上一层黑色杂质。这些杂质形成隔热层，妨碍了烙铁头与焊件之间的热传导。因此，要注意用一块湿布或湿的木质纤维海绵随时擦拭烙铁头。对于普通烙铁头，在腐蚀污染严重时可以使用锉刀修去表面氧化层。对于长寿命烙铁头，就绝对不能使用这种方法了。

（2）靠增加接触面积来加快传热

加热时，应该让焊件上需要焊锡浸润的各部分均匀受热，而不是仅仅加热焊件的一部分，更不要采用烙铁对焊件增加压力的办法，以免造成损坏或不易觉察的隐患。有些初学者用烙铁头对焊接面施加压力，企图加快焊接，这是不对的。正确的方法是，要根据焊件的形状选用不同的烙铁头，或者自己修整烙铁头，让烙铁头与焊件形成面的接触而不是点或线的接触。这样，就能大大提高传热效率。

（3）加热要靠焊锡桥

在非流水线作业中，焊接的焊点形状是多种多样的，不大可能不断更换烙铁头。要提高加热的效率，需要有进行热量传递的焊锡桥。所谓焊锡桥，就是靠烙铁头上保留少量焊锡，作为加热时烙铁头与焊件之间传热的桥梁。由于金属熔液的导热效率远远高于空气，使焊件很快就被加热到焊接温度。应该注意，作为焊锡桥的锡量不可保留过多，不仅因为长时间存留在烙铁头上的焊料处于过热状态，实际已经降低了质量，还可能造成焊点之间误连短路。

（4）烙铁撤离有讲究

烙铁的撤离要及时，而且撤离时的角度和方向与焊点的形成有关。图 5.13 所示为烙铁不同的撤离方向对焊点锡量的影响。

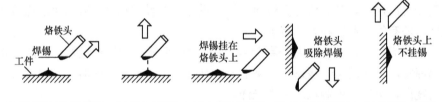

(a) 沿烙铁轴向45°撤离　(b) 向上方撤离　(c) 水平方向撤离　(d) 垂直向下撤离　(e) 垂直向上撤离

图 5.13　烙铁撤离方向和焊点锡量的关系

（5）在焊锡凝固之前不能动

切勿使焊件移动或受到振动，特别是用镊子夹住焊件时，一定要等焊锡凝固后再移走镊子，否则极易造成焊点结构疏松或虚焊。

（6）焊锡用量要适中

手工焊接常使用的管状焊锡丝，内部已经装有由松香和活化剂制成的助焊剂。焊锡丝的直径有 0.5 mm、0.8 mm、1.0 mm、…、5.0 mm 等多种规格，要根据焊点的大小选用。一般，应使焊锡丝的直径略小于焊盘的直径。见图 5.14，过量的焊锡不但无必要地消耗了焊锡，而且还增加焊接时间，降低工作速度。更为严重的是，过量的焊锡很容易造成不易觉察的短路故障。焊锡过少也不能形成牢固的结合，同样是不利的。特别是焊接印制板引出导线时，焊锡用量不足，极容易造成导线脱落。

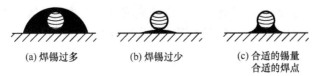

(a) 焊锡过多　　　　(b) 焊锡过少　　　　(c) 合适的锡量
　　　　　　　　　　　　　　　　　　　　合适的焊点

图 5.14　焊点锡量的掌握

（7）焊剂用量要适中

适量的助焊剂对焊接非常有利。过量使用松香焊剂，焊接以后势必需要擦除多余的焊剂，并且延长了加热时间，降低了工作效率。当加热时间不足时，又容易形成"夹渣"的缺陷。焊接开关、接插件的时候，过量的焊剂容易流到触点上，会造成接触不良。合适的焊剂量，应该是松香水仅能浸湿将要形成焊点的部位，不会透过印制板上的通孔流走。对使用松香芯焊丝的焊接来说，基本上不需要再涂助焊剂。目前，印制板生产厂在电路板出厂前大多进行过松香水喷涂处理，无需再加助焊剂。

（8）不要使用烙铁头作为运送焊锡的工具

有人习惯到焊接面上进行焊接，结果造成焊料的氧化。因为烙铁尖的温度一般都在 300℃ 以上，焊锡丝中的助焊剂在高温时容易分解失效，焊锡也处于过热的低质量状态。

5.2.4　焊点质量及检查

对焊点的质量要求，应该包括电气接触良好、机械结合牢固和美观三个方面。保证焊点质量最重要的一点，就是必须避免虚焊。

1. 虚焊产生的原因及其危害

虚焊主要是由待焊金属表面的氧化物和污垢造成的，它使焊点成为有接触电阻的连接状态，导致电路工作不正常，出现连接时好时坏的不稳定现象，噪声增加而没有规律性，给电路的调试、使用和维护带来重大隐患。此外，也有一部分虚焊点在电路开始工作的一段较长时间内，保持接触尚好，因此不容易发现。但在温度、湿度和振动等环境条件的作用下，接触表面逐步被氧化，接触慢慢地变得不完全起来。虚焊点的接触电阻会引起局部发热，局部温度升高又促使不完全接触的焊点情况进一步恶化，最终甚至使焊点脱落，电路完全不能正常工作。这一过程有时可长达一、二年，其原理可以用"原电池"的概念来解释：当焊点受潮使水汽渗入间隙后，水分子溶解金属氧化物和污垢形成电解液，虚焊点两侧的铜和铅锡焊料相当于原电池的两个电极，铅锡焊料失去电子被氧化，铜材获得电子被还原。在这样的原电池结构中，虚焊点内发生金属损耗性腐蚀，局部温度升高加剧了化学反应，机械振动让其中的间隙不断扩大，直到恶性循环使虚焊点最终形成断路。

据统计数字表明，在电子整机产品的故障中，有将近一半是由于焊接不良引起的。然而，要从一台有成千上万个焊点的电子设备里，找出引起故障的虚焊点来，实在不是容易的事。所以，虚焊是电路可靠性的重大隐患，必须严格避免。进行手工焊接操作的时候，尤其要加以注意。

一般来说，造成虚焊的主要原因是：焊锡质量差；助焊剂的还原性不良或用量不够；被焊接处表面未预先清洁好，镀锡不牢；烙铁头的温度过高或过低，表面有氧化层；焊接时间掌握不好，太长或太短；焊接中焊锡尚未凝固时，焊接元件松动。

2. 对焊点的要求

（1）可靠的电气连接

焊接是电子线路从物理上实现电气连接的主要手段。锡焊连接不是靠压力，而是靠焊接过程形成的牢固连接的合金层达到电气连接的目的。如果焊锡仅仅是堆在焊件的表面或只有少部分形成合金层，也许在最初的测试和工作中不会发现焊点存在问题，但随着条件的改变和时间的推移，接触层氧化，脱离出现了，电路产生时通时断或者干脆不工作，而这时观察焊点外表，依然连接如初。这是电子产品工作中最头疼的问题，也是产品制造中必须十分重视的问题。

（2）足够的机械强度

焊接不仅起到电气连接的作用，同时也是固定元器件，保证机械连接的手段。这就有机械强度的问题。作为锡焊材料的铅锡合金，本身强度是比较低的，常用铅锡焊料抗拉强度约为 3～4.7 kgf/cm，只有普通钢材的 10%。要想增加强度，就要有足够的连接面积。如果是虚焊点，焊料仅仅堆在焊盘上，自然就谈不到强度了。另外，在元器件插装后把引线弯折，实行钩接、绞合、网绕后再焊，也是增加机械强度的有效措施。

造成强度较低的常见缺陷是因为焊锡未流满焊点或焊锡量过少，还可能因为焊接时焊料尚未凝固就发生件振动而引起的焊点结晶粗大（像豆腐渣状）或有裂纹。

（3）光洁整齐的外观

良好的焊点要求焊料用量恰到好处，表面圆润，有金属光泽。外表是焊接质量的反映，注意：焊点表面有金属光泽是焊接温度合适、生成合金层的标志，这不仅仅是美观的要求。

焊点的外观检查，除用目测（或借助放大镜，显微镜观测）焊点是否合乎上述标准以外，还包括从以下几个方面对整块印制电路板进行焊接质量的检查：①没有漏焊；②没有焊料拉尖；③没有焊料引起导线间短路（即所谓"桥接"）；④不损伤导线及元器件的绝缘层；⑤没有焊料飞溅。

检查时，除目测外还要用指触、镊子拨动、拉线等办法检查有无导线断线、焊盘剥离等缺陷。

3. 典型焊点的形成及其外观

在单面和双面（多层）印制电路板上，焊点的形成是有区别的：见图 5.15（a），在单面板上，焊点仅形成在焊接面的焊盘上方；但在双面板或多层板上，熔融的焊料不仅浸润焊盘上方，还由于毛细作用，渗透到金属化孔内，焊点形成的区域包括焊接面的焊盘上方、金属化孔内和元件面上的部分焊盘，如图 5.15（b）所示。

无论采用设备焊接还是手工焊接双面印制电路板，焊料都可能通过金属化孔流向元件面：在手工焊接的时候，双面板的焊接面朝上，熔融的焊料浸润焊盘后，焊料会由于重力的作用沿着金属化孔流向元件面；采用波峰焊的时候，双面板的焊接面朝下，喷涌的波峰压力和插线孔的毛细作用也会使焊料流向元件面。焊料凝固后，孔内和元件面焊盘上的焊料有助于提高电气连接性能和机械强度。所以，设计双面印制板的焊盘，直径可以小一些，从而提高了双面板的布线密度和装配密度。不过，流到元件面的焊锡不能太多，以免在元件面上造成短路。

参见图 5.16，从外表直观看典型焊点，对它的要求包括以下几个方面。

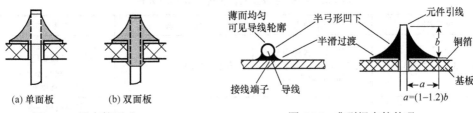

(a) 单面板   (b) 双面板

图 5.15　焊点的形成   图 5.16　典型焊点的外观

1）形状为近似圆锥而表面稍微凹陷，呈漫坡状，以焊接导线为中心，对称成裙形展开。虚焊点的表面往往向外凸出，可以鉴别出来。

2）焊点上，焊料的连接面呈凹形自然过渡，焊锡和焊件的交界处平滑，接触角尽可能小。

3）表面平滑，有金属光泽。

4）无裂纹、针孔、夹渣。

4. 通电检查

在外观检查结束以后认为连线无误，才可进行通电检查，这是检验电路性能的关键。如果不经过严格的外观检查，通电检查不仅困难较多，而且可能损坏设备仪器，造成安全事故。例如，电源连接线虚焊，那么通电时就会发现设备加不上电，当然无法检查。

通电检查可以发现许多微小的缺陷，如用目测观察不到的电路桥接，但对于内部虚焊的隐患就不容易觉察。所以根本的问题还是要提高焊接操作的技艺水平，不能把焊接问题留给检验工序去完成。通电检查焊接质量的结果及原因分析如表 5.1 所示。

表 5.1　通电检查焊接质量的结果及原因分析

通电检查结果		原因分析
元器件损坏	失效	过热损坏、烙铁漏电
	性能降低	烙铁漏电
导通不良	短路	桥接、焊料飞溅
	断路	焊锡开裂、松香夹渣、虚焊、插座接触不良等
	时通时断	导线断丝、焊盘剥落等

5. 常见焊点缺陷及其分析

造成焊接缺陷的原因很多，在材料（焊料与焊剂）和工具（烙铁、工装、夹具）一定的情况下，采用什么样的操作方法、操作者是否有责任心，就是决定性的因素了。表 5.2 列出了印制电路板上各种焊点缺陷的外观、特点及危害，并分析了产生的原因；在接线端子上焊接导线时常见的缺陷如图 5.17 所示，供检查焊点时参考。

表 5.2　印制电路板上各种焊点缺陷及分析

焊点缺陷	外观特点	危　害	原因分析
表 5.3 插图"虚焊"	焊锡与元器件引线和铜箔之间有明显黑色界限，焊锡向界限凹陷	不能正常工作	1. 元器件引线未清洁好、未镀好锡或锡氧化 2. 印制板未清洁好，喷涂的助焊剂质量不好
表 5.3 插图"焊料堆积"	焊点呈白色、无光泽，结构松散	机械强度不足，可能虚焊	1. 焊料质量不好 2. 焊接温度不够 3. 焊接未凝固前元器件引线松动
表 5.3 插图"焊料过多"	焊点表面向外凸出	浪费焊料，可能包藏缺陷	焊丝撤离过迟
表 5.3 插图"焊料过少"	焊点面积小于焊盘的 80%，焊料未形成平滑的过渡面	机械强度不足	1. 焊锡流动性差或焊锡撤离过早 2. 助焊剂不足 3. 焊接时间太短
表 5.3 插图"松香焊"	焊缝中夹有松香渣	强度不足，导通不良，可能时通时断	1. 助焊剂过多或已失效 2. 焊接时间不够，加热不足 3. 焊件表面氧化膜
表 5.3 插图"过热"	焊点发白，表面较粗糙，无金属光泽	焊盘强度降低，容易剥落	烙铁功率过大，加热时间过长
表 5.3 插图"冷焊"	表面呈豆腐渣状颗粒，可能有裂纹	强度低，导电性能不好	焊料未凝固前焊件抖动
表 5.3 插图"浸润不良"	焊料与焊件交界面接触过大，不平滑	强度低，不通或时通时断	1. 焊件未清理干净 2. 助焊剂不足或质量差 3. 焊件未充分加热
表 5.3 插图"不对称"	焊锡未流满焊盘	强度不足	1. 焊料流动性差 2. 助焊剂不足或质量差 3. 加热不足
表 5.3 插图"松动"	导线或元器件引线移动	不导通或导通不良	1. 焊锡未凝固前引线移动造成间隙 2. 引线未处理好（不浸润或浸润差）
表 5.3 插图"拉尖"	焊点出现尖端	外观不佳，容易造成桥接短路	1. 助焊剂过少而加热时间过长 2. 烙铁撤离角度不当
表 5.3 插图"桥接"	相邻导线连接	电气短路	1. 焊锡过多 2. 烙铁撤离角度不当

续表

焊点缺陷	外观特点	危　害	原因分析
表 5.3 插图 "针孔"	目测或低倍放大镜可见焊点有孔	强度不足，焊点容易腐蚀	引线与焊盘孔的间隙过大
表 5.3 插图 "气泡"	引线根部有喷火式焊料隆起，内部藏有空洞	暂时导通，但长时间容易引起导通不良	1. 引线与焊盘孔间隙大 2. 引线浸润性不良 3. 双面板堵通孔焊接时间长，孔内空气膨胀
表 5.3 插图 "铜箔翘起"	铜箔从印制板上剥离	印制板已被损坏	焊接时间太长，温度过高
表 5.3 插图 "剥离"	焊点从铜箔上剥落（不是铜箔与印制板剥离）	断路	焊盘上金属镀层不良

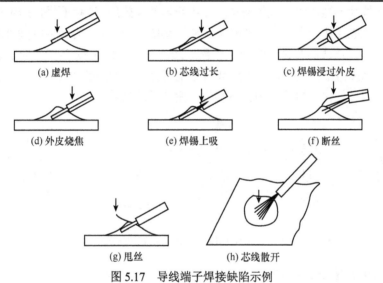

(a) 虚焊　　(b) 芯线过长　　(c) 焊锡浸过外皮

(d) 外皮烧焦　　(e) 焊锡上吸　　(f) 断丝

(g) 甩丝　　(h) 芯线散开

图 5.17　导线端子焊接缺陷示例

6. SMT 印制板上的焊点

焊接 SMT 元器件，无论采用手工焊接，还是采用波峰焊或再流焊设备进行焊接，都希望得到可靠、美观的焊点。图 5.18 画出了 SMT 焊点的理想形状。其中，图 5.18（a）是无引线 SMD 元件的焊点，焊点主要产生在电极焊端外侧的焊盘上；图 5.18（b）是翼形电极引脚器件 SO/SOL/QFP 的焊点，焊点主要产生在电极引脚内侧的焊盘上；图 5.18（c）是 J 形电极引脚器件 PLCC 的焊点，焊点主要产生在电极引脚外侧的焊盘上。良好的焊点非常光亮，其轮廓应该是微凹的漫坡形。

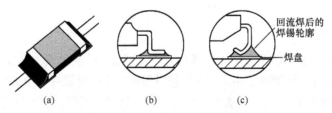

(a)　　　　(b)　　　　(c)

回流焊后的焊锡轮廓
焊盘

图 5.18　SMT 焊点的理想形状

5.2.5 手工焊接技巧

1. 有机注塑元件的焊接

现在,大量的各种有机材料广泛地应用在电子元器件、零部件的制造中。这些材料包括有机玻璃、聚氯乙烯、聚乙烯、酚醛树脂等。通过注塑工艺,它们可以被制成各种形状复杂、结构精密的开关和插接件等,成本低、精度高、使用方便,但最大弱点是不能承受高温。在对这类元件的电气接点施焊时,如果不注意控制加热时间,极容易造成有机材料的热塑性变形,导致零件失效或降低性能,造成故障隐患。图 5.19 是钮子开关结构示意图以及由于焊接技术不当造成失效的例子,图中所示的失效原因为:①图 5.19(a)为施焊时侧向加力,造成接线片变形,导致开关不通;②图 5.19(b)为焊接时垂直施力,使接线片 1 垂直位移,造成闭合时接线片 2 不能导通;③图 5.19(c)为焊接时加焊剂过多,沿接线片浸润到接点上,造成接点绝缘或接触电阻过大;④图 5.19(d)为镀锡时间过长,造成开关下部塑壳软化,接线片因自重移位,簧片无法接通。

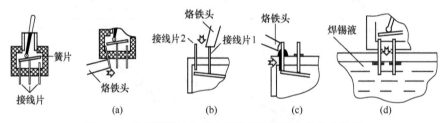

图 5.19 钮子开关结构以及焊接不当导致失效的示意图

正确的焊接方法如下所述。

1)在元件预处理时尽量清理好接点,一次镀锡成功,特别是将元件放在锡锅中浸镀时,更要掌握好浸入深度及时间。

2)焊接时,烙铁头要修整得尖一些,以便在焊接时不碰到相邻接点。

3)非必要时,尽量不使用助焊剂;必需添加时,要尽可能少用助焊剂,以防止浸入机电元件的接触点。

4)烙铁头在任何方向上均不要对接线片施加压力,避免接线片变形。

5)在保证润湿的情况下,焊接时间越短越好。实际操作中,在焊件可焊性良好的时候,只需要用挂上锡的烙铁头轻轻一点即可。焊接后,不要在塑壳冷却前对焊点进行牢固性试验。

2. 焊接簧片类元件的接点

这类元件如继电器、波段开关等,其特点是在制造时给接触簧片施加了预应力,使之产生适当弹力,保证电接触的性能。安装焊接过程中,不能对簧片施加过大的外力和热量,以免破坏接触点的弹力,造成元件失效。所以,簧片类元件的焊接要领是:①可焊性预处理;②加热时间要短;③不可对焊点任何方向加力;④焊锡用量宜少而不宜多。

3. MOSFET 及集成电路的焊接

MOSFET，特别是绝缘栅型场效应器件，由于输入阻抗很高，如果不按规定程序操作，很可能使内部电路击穿而失效。

双极型集成电路不像 MOS 集成电路那样容易损坏，但由于内部集成度高，通常管子的隔离层都很薄，一旦受到过量的热也容易损坏。所以，无论哪种电路都不能承受高于 200℃ 的温度，焊接时必须非常小心。

焊接这类器件时应该注意以下几点。

1）引线如果采用镀金处理或已经镀锡的，可以直接焊接。不要用刀刮引线，最多只需要用酒精擦洗或用绘图橡皮擦干净就可以了。

2）对于 CMOS 电路，如果事先已将各引线短路，焊前不要拿掉短路线，对使用的电烙铁，最好采用防静电措施。

3）在保证浸润的前提下，尽可能缩短焊接时间，一般不要超过 2 s。

4）注意保证电烙铁良好接地。必要时，还要采取人体接地的措施（佩戴防静电腕带、穿防静电工作鞋）。

5）使用低熔点的焊料，熔点一般不要高于 180℃。

6）工作台上如果铺有橡胶、塑料等易于积累静电的材料，则器件及印制板等不宜放在台面上，以免静电损伤。工作台最好铺上防静电胶垫。

7）使用电烙铁，内热式的功率不超过 20 W，外热式的功率不超过 30 W，且烙铁头应该尖一些，防止焊接一个端点时碰到相邻端点。

8）集成电路若不使用插座直接焊到印制板上，安全焊接的顺序是：地端→输出端→电源端→输入端。不过，现代的元器件在设计、生产的过程中，都认真地考虑了静电及其他损坏因素，只要按照规定操作，一般不会损坏。在使用时也不必如临大敌、过分担心。

4. 导线连接方式

导线同接线端子、导线同导线之间的连接有三种基本形式。

（1）绕焊

导线和接线端子的绕焊，是把经过镀锡的导线端头在接线端子上绕一圈，然后用钳子拉紧缠牢后进行焊接，如图 5.20 所示。在缠绕时，导线一定要紧贴端子表面，绝缘层不要接触端子。一般取 $L = 1 \sim 3$ mm 为宜。

图 5.20　导线和端子的绕焊

导线与导线的连接以绕焊为主，如图 5.21 所示。其操作步骤如下所述。

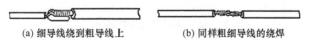

(a) 细导线绕到粗导线上　　　　(b) 同样粗细导线的绕焊

图 5.21　导线与导线的绕焊

1）去掉导线端部一定长度的绝缘皮。

2）导线端头镀锡，并穿上合适的热缩套管。

3）两条导线绞合，焊接。

4）趁热把套管推倒接头焊点上，用热风或用电烙铁烘烤热缩套管，套管冷却后应该固定并紧裹在接头上。

这种连接的可靠性最好，在要求可靠性高的地方常常采用。

（2）钩焊

将导线弯成钩形钩在接线端子上，用钳子夹紧后再焊接，如图5.22所示。其端头的处理方法与绕焊相同。这种方法的强度低于绕焊，但操作简便。

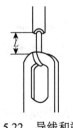

图5.22 导线和端子的钩焊

（3）搭焊

如图 5.23 所示为搭焊，这种连接最方便，但强度及可靠性最差。图 5.23（a）是把经过镀锡的导线搭到接线端子上进行焊接，仅用在临时连接或不便于缠、钩的地方以及某些接插件上。对调试或维修中导线的临时连接，也可以采用如图 5.23（b）所示的搭接办法。这种搭焊连接不能用在正规产品中。

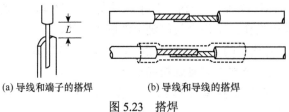

(a) 导线和端子的搭焊　　　(b) 导线和导线的搭焊

图5.23 搭焊

5. 杯形焊件焊接法

这类接点多见于接线柱和接插件，一般尺寸较大，如果焊接时间不足，容易造成"冷焊"。这种焊件一般是和多股软线连接，焊前要对导线进行处理，先绞紧各股软线，然后镀锡，对杯形件也要进行处理。操作方法见图5.24（a）～（d）。

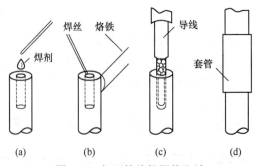

(a)　　(b)　　(c)　　(d)

图5.24 杯形接线柱焊接方法

1）往杯形孔内滴助焊剂。若孔较大，用脱脂棉蘸助焊剂在孔内均匀擦一层。

2）用烙铁加热并将锡熔化，靠浸润作用流满内孔。

3）将导线垂直插入到孔的底部，移开烙铁并保持到凝固。在凝固前，导线切不可移动，以保证焊点质量。

4）完全凝固后立即套上套管。

由于这类焊点一般外形较大，散热较快，所以在焊接时应选用功率较大的电烙铁。

6．平板件和导线的焊接

如图 5.25 所示，在金属板上焊接的关键是往板上镀锡。一般金属板的表面积大，吸热多而散热快，要用功率较大的烙铁。根据板的厚度和面积的不同，选用 50～300 W 的烙铁为宜。若板的厚度在 0.3 mm 以下时，也可以用 20 W 烙铁，只是要适当增加焊接时间。

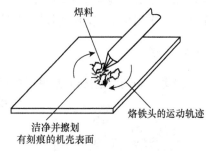

图 5.25 金属板表面的焊接

对于紫铜、黄铜、镀锌板等材料，只要表面清洁干净，使用少量的焊剂，就可以镀上锡。如果要使焊点更可靠，可以先在焊区用力划出一些刀痕再镀锡。

因为铝板表面在焊接时很容易生成氧化层，且不能被焊锡浸润，采用一般方法很难镀上焊锡。但事实上，铝及其合金本身却是很容易"吃锡"的，镀锡的关键是破坏铝的氧化层。可先用刀刮干净待焊面并立即加上少量焊剂，然后用烙铁头适当用力在板上作圆周运动，同时将一部分焊锡熔化在待焊区。这样，靠烙铁头破坏氧化层并不断地将锡镀到铝板上去。铝板镀上锡后，焊接就比较容易了。当然，也可以使用酸性助焊剂（如焊油），只是焊接后要及时清洗干净。

5.3　电子工业中的焊接技术

在工业化大批量生产电子产品的企业里，THT 工艺常用的自动焊接设备有浸焊机、波峰焊机以及清洗设备、助焊剂自动涂敷设备等其他辅助装置，SMT 工艺采用的典型焊接设备是再流焊设备以及锡膏印刷机、贴片机等组成的焊接流水线。自动焊接的工艺流程如图 5.26 所示。

图 5.26　自动焊接工艺流程

在自动生产线上的整个生产过程，都是通过传送装置连续进行的。在自动化生产流程中，除了有预热的工序以外，基本上同手工焊接过程类似。

预热，是在电路板进入焊锡槽前的加热工序，可以使助焊剂达到活化点。可以是热风加热，也可以用红外线加热；涂助焊剂一般采用喷涂法或发泡法，即用气泵将助焊剂溶液雾化或泡沫化后均匀地喷涂或蘸敷在印制板上；冷却一般采用风扇强迫降温。

清洗设备，有机械式及超声波式的两类。超声波清洗机由超声波发生器、换能器及清洗槽三部分组成，主要适合于使用一般方法难于清洗干净或形状复杂、清洗不便的元器件清除油类等污物。其主要效应是利用了超声波复变压力的峰值大于大气压力时产生的空化现象，这是超声波用于清洗的工作原理。由于压力的迅速变化，在液体中产生了许多充满气体或蒸汽的空穴，空穴最终崩溃，能产生出强烈的冲击波，作用于被清洗的零件。渗透在污垢膜与零件基体表面之间的这一强烈冲击，足以削弱污垢或油类与基体金属的附着力，从零件表面上清除掉油类或其他污物，达到清洗的目的。但近年来清洗设备和清洗工艺有淡出电子制造企业的趋势，这不仅是因为排放清洗剂废液涉及环保问题，还由于成本竞争要求减少清洗环节的能源消耗和加工时间。在大多数电子产品制造企业中，采用免清洗助焊剂进行焊接已经成为主流工艺。

5.3.1 浸焊

浸焊（dip soldering）是最早应用在电子产品批量生产中的焊接方法，浸焊设备的焊锡槽如图 5.27 所示。

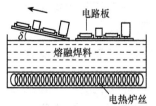

图 5.27 浸焊设备的焊锡槽示意图

（1）浸焊机工作原理

浸焊设备的工作原理是让插好元器件的印制电路板水平接触熔融的铅锡焊料，使整块电路板上的全部元器件同时完成焊接。印制板上的导线被阻焊层阻隔，不需要焊接的焊点和部位，要用特制的阻焊膜（或胶布）贴住，防止焊锡不必要的堆积。浸焊设备价格低廉，现在还在一些小型企业中使用，有经验的操作者同样可以保证焊接的质量。

（2）操作浸焊机

操作浸焊机应该注意以下几点。

1）焊料温度控制。一开始要选择快速加热，当焊料熔化后，改用保温档进行小功率加热，既防止由于温度过高加速焊料氧化，保证浸焊质量，也节省了电力消耗。

2）焊接前，让电路板浸蘸助焊剂，应该保证助焊剂均匀涂敷到焊接面的各处。有条件的，最好使用发泡装置，有利于助焊剂涂敷。

3）在焊接时，要特别注意电路板面与锡液完全接触，保证板上各部分同时完成焊接，焊接的时间应该控制在 3 s 左右。电路板浸入锡液的时候，应该使板面水平地接触锡液平面，让板上的全部焊点同时进行焊接；离开锡液的时候，最好让板面与锡液平面保持向上倾斜的夹角，在图 5.46 中，$\delta \approx 10 \sim 20°$，这样不仅有利于焊点内的助焊剂挥发，避免形成夹气焊点，还能让多余的焊锡流下来。

4）在浸锡过程中，为保证焊接质量，要随时清理刮除漂浮在熔融锡液表面的氧化物、杂质和焊料废渣，避免废渣进入焊点造成夹渣焊。

5）根据焊料使用消耗的情况，及时补充焊料。

（3）浸焊机种类

常用的浸焊机有两种，一种是普通浸焊机，另一种是超声波浸焊机。

1）普通浸焊机是在锡锅的基础上增加滚动装置和温度调节装置构成的。先将待焊工件浸蘸助焊剂，再浸入浸焊机的锡槽，由于槽内焊料在持续加热的作用下不停滚动，改善了焊接效果。

2）超声波浸焊机是通过向锡锅内辐射超声波来增强浸锡效果的，适于一般浸锡较困难的元器件焊接。超声波浸焊机一般由超声波发生器、换能器、水箱、焊料槽、加温设备等几部分组成。有些浸焊机还配有带振动头的夹持印制板的专用装置，振动装置使电路板在浸锡时振动，让焊料能与焊接面更好地接触浸润。超声波浸焊机和带振动头的浸焊机在焊接双面印制电路板时，能使焊料浸润到焊点的金属化孔里，使焊点更加牢固，还能振动掉粘在板上的多余焊料。

5.3.2　波峰焊

1. 波峰焊机结构及其工作原理

波峰焊机是在浸焊机的基础上发展起来的自动焊接设备，两者最主要的区别在于设备的焊锡槽。波峰焊（Wave Soldering）是利用焊锡槽内的机械式或电磁式离心泵，将熔融焊料压向喷嘴，形成一股向上平稳喷涌的焊料波峰，并源源不断地从喷嘴中溢出。装有元器件的印制电路板以直线平面运动的方式通过焊料波峰，在焊接面上形成浸润焊点而完成焊接。图 5.28 是波峰焊机的焊锡槽示意图。

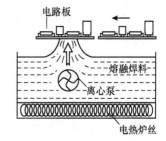

图 5.28　波峰焊机焊锡槽示意图

现在，波峰焊设备已经国产化，波峰焊成为应用最普遍的一种焊接印制电路板的工艺方法。这种方法适宜成批、大量地焊接一面装有分立元件和集成电路的印制线路板。凡与焊接质量有关的重要因素，如焊料与焊剂的化学成分、焊接温度、速度、时间等，在波峰焊机上均能得到比较完善的控制。图 5.29 是一般波峰焊机的内部结构示意图。

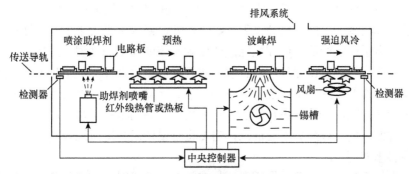

图 5.29　波峰焊机的内部结构示意图

将已完成插件工序的印制板放在匀速运动的导轨上，导轨下面有装有机械泵和喷口的熔锡槽。机械泵根据焊接要求，连续不断地泵出平稳的液态锡波，焊锡熔液通过喷口，以波峰形式溢出至焊接板面进行焊接。为了获得良好的焊接质量，焊接前应做好充分的准备工作，如预镀焊锡、涂敷助焊剂、预热等；焊接后的冷却、清洗这些操作也都要做好。

波峰焊机的焊料液在锡槽内始终处于流动状态，使工作区域内的焊料表面无氧化层。由于印制板和波峰之间处于相对运动状态，所以助焊剂容易挥发，焊点内不会出现气泡。

2. 波峰焊工艺材料的调整

在波峰焊机工作的过程中，焊料和助焊剂被不断消耗，需要经常对这些焊接材料进行监测与调整。

（1）焊料

波峰焊一般采用 Sn63/Pb37 的共晶焊料，熔点为 183℃。Sn 的含量应该保持在 61.5% 以上，并且 Sn/Pb 两者的含量比例误差不得超过±1%，主要金属杂质的最大含量范围见表 5.3。

表 5.3　波峰焊焊料中主要金属杂质的最大含量范围　　　　　　（单位：‰）

金属杂质	铜 Cu	铝 Al	铁 Fe	铋 Bi	锌 Zn	锑 Sb	砷 As
最大含量范围	0.8	0.05	0.2	1	0.02	0.2	0.5

应该根据设备的使用情况，每隔三个月到半年定期检测焊料的 Sn/Pb 比例和主要金属杂质含量。如果不符合要求，可以更换焊料或采取其他措施。例如当 Sn 的含量低于标准时，可以添加纯 Sn 以保证含量比例。

（2）助焊剂

波峰焊使用的助焊剂，要求表面张力小，扩展率大于 85%；粘度小于熔融焊料，容易被置换；一般助焊剂的比重在 0.82～0.84 g/ml，可以用相应的溶剂来稀释调整，焊接后容易清洗。

假如采用免清洗助焊剂，要求比重小于 0.8 g/ml，固体含量小于 2.0wt%，不含卤化物，焊接后残留物少，不产生腐蚀作用，绝缘性好，绝缘电阻大于 $1 \times 10^{11} \Omega$。

应该根据电子产品对清洁度和电性能的要求选择助焊剂的类型：卫星、飞机仪表、潜艇通信、微弱信号测试仪器等军用、航空航天产品或生命保障类医疗装置，必须采用免清洗助焊剂；通信设施、工业装置、办公设备、计算机等，可以采用免清洗助焊剂，或者用清洗型助焊剂，焊接后进行清洗；一般要求不高的消费类电子产品，可以采用中等活性的松香助焊剂，焊接后不必清洗，当然也可以使用免清洗助焊剂。

（3）焊料添加剂

在波峰焊的焊料中，还要根据需要添加或补充一些辅料：防氧化剂可以减少高温焊接时焊料的氧化，不仅可以节约焊料，还能提高焊接质量。防氧化剂由油类与还原剂组成。要求还原能力强，在焊接温度下不会碳化。锡渣减除剂能让熔融的铅锡焊料与锡渣分离，起到防止锡渣混入焊点、节省焊料的作用。

3．几种波峰焊机

以前，旧式波峰焊机在焊接时容易造成焊料堆积、焊点短路等现象，修补焊点的工作量较大。并且，在采用一般的波峰焊机焊接 SMT 电路板时，有两个技术难点。

1）气泡遮蔽效应。在焊接过程中，助焊剂或 SMT 元器件的粘贴剂受热分解所产生的气泡不易排出，遮蔽在焊点上，可能造成焊料无法接触焊接面而形成漏焊；

2）阴影效应。印制板在焊料熔液的波峰上通过时，较高的 SMT 元器件对它后面或相邻的较矮的 SMT 元器件周围的死角产生阻挡，形成阴影区，使焊料无法在焊接面上漫流而导致漏焊或焊接不良。

为克服这些 SMT 焊接缺陷，除了采用再流焊等焊接方法以外，已经研制出许多新型或改进型的波峰焊设备，有效地排除了原有的缺陷，创造出空心波、组合空心波、紊乱波、旋转波等新的波峰形式。新型的波峰焊机按波峰形式分类，可以分为单峰、双峰、三峰和复合峰四种波峰焊机。

（1）斜坡式波峰焊机

这种波峰焊机和一般波峰焊机的区别，在于传送导轨以一定角度的斜坡方式安装，如图 5.30（a）所示。这样的好处是，增加了电路板焊接面与焊锡波峰接触的长度。假如电路板以同样速度通过波峰，等效增加了焊点浸润的时间，从而可以提高传送导轨的运行速度和焊接效率；不仅有利于焊点内的助焊剂挥发，避免形成夹气焊点，还能让多余的焊锡流下来。

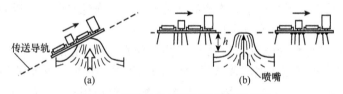

传送导轨

(a)　　　　　　　　(b)　喷嘴

图 5.30　斜坡式波峰焊机和高波峰焊机

（2）高波峰焊机

高波峰焊机适用于 THT 元器件"长脚插焊"工艺，它的焊锡槽及其锡波喷嘴如图 5.30（b）所示。其特点是，焊料离心泵的功率比较大，从喷嘴中喷出的锡波高度比较高，并且其高度 h 可以调节，保证元器件的引脚从锡波里顺利通过。一般，在高波峰焊机的后面配置剪腿机，用来剪短元器件的引脚。

（3）双波峰焊机

双波峰焊机是 SMT 时代发展起来的改进型波峰焊设备，特别适合焊接那些 THT＋SMT 混合元器件的电路板。双波峰焊机的焊料波型如图 5.31 所示，使用这种设备焊接印制电路板时，THT 元器件要采用"短脚插焊"工艺。电路板的焊接面要经过两个熔融的铅锡焊料形成的波峰：这两个焊料波峰的形式不同，最常见的波形组合是"紊乱波"＋"宽平波"，"空心波"＋"宽平波"的波形组合也比较常见；焊料熔液的温度、波峰的高度和形状、电路板通过波峰的时间和速度这些工艺参数，都可以通过计算机伺服控制系统进行调整。

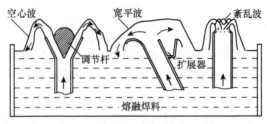

图 5.31　双波峰焊机的焊料波型

1）空心波：顾名思义，空心波的特点是在熔融铅锡焊料的喷嘴出口设置了指针形调节杆，让焊料熔液从喷嘴两边对称的窄缝中均匀地喷流出来，使两个波峰的中部形成一个空心的区域，并且两边焊料熔液喷流的方向相反。由于空心波的伯努利效应（Bernoulli Effect，一种流体动力学效应），它的波峰不会将元器件推离基板，相反使元器件贴向基板。空心波的波型结构，可以从不同方向消除元器件的阴影效应，有极强的填充死角、消除桥接的效果。它能够焊接 SMT 元器件和引线元器件混合装配的印制电路板，特别适合焊接极小的元器件，即使是在焊盘间距为 0.2 mm 的高密度 PCB 上，也不会产生桥接。空心波焊料熔液喷流形成的波柱薄、截面积小，使 PCB 基板与焊料熔液的接触面减小，不仅有利于助焊剂热分解气体的排放，克服了气体遮蔽效应，还减少了印制板吸收的热量，降低了元器件损坏的概率。

2）紊乱波：在双波峰焊接机中，用一块多孔的平板去替换空心波喷口的指针形调节杆，就可以获得由若干个小子波构成的紊乱波。看起来像平面涌泉似的紊乱波，也能很好地克服一般波峰焊的遮蔽效应和阴影效应。

3）宽平波：在焊料的喷嘴出口处安装了扩展器，熔融的铅锡熔液从倾斜的喷嘴喷流出来，形成偏向宽平波（也叫片波）。逆着印制板前进方向的宽平波的流速较大，对电路板有很好的擦洗作用；在设置扩展器的一侧，熔液的波面宽而平，流速较小，使焊接对象可以获得较好的后热效应，起到修整焊接面、消除桥接和拉尖、丰满焊点轮廓的效果。

（4）选择性波峰焊设备：近年来，SMT 元器件的使用率不断上升，在某些混合装配的电子产品里甚至已经占到 95% 左右，按照以往的思路，对电路板 A 面进行再流焊、B 面进行波峰焊的方案已经面临挑战。在以集成电路为主的产品中，很难保证在 B 面上只贴装耐受温度的 SMC 元件、不贴装 SMD——集成电路承受高温的能力较差，可能因波峰焊导致损坏；假如用手工焊接的办法对少量 THT 元件实施焊接，又感觉一致性难以保证。为此，国外厂商推出了选择性波峰焊设备。这种设备的工作原理是：在由电路板设计文件转换的程序控制下，小型波峰焊锡槽和喷嘴移动到电路板需要补焊的位置，顺序、定量喷涂助焊剂并喷涌焊料波峰，进行局部焊接。

4．波峰焊的温度曲线及工艺参数控制

理想的双波峰焊的焊接温度曲线如图 5.32 所示。从图中可以看出，整个焊接过程被分为三个温度区域：预热、焊接、冷却。实际的焊接温度曲线可以通过对设备的控制系统编程进行调整。

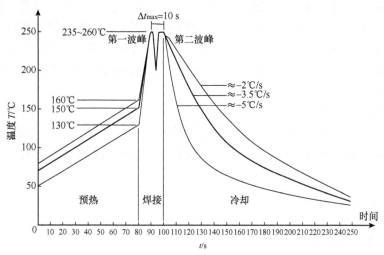

图 5.32　理想的双波峰焊的焊接温度曲线

在预热区内,电路板上喷涂的助焊剂中的溶剂被挥发,可以减少焊接时产生气体。同时,松香和活化剂开始分解活化,去除焊接面上的氧化层和其他污染物,并且防止金属表面在高温下再次氧化。印制电路板和元器件被充分预热,可以有效地避免焊接时急剧升温产生的热应力损坏。电路板的预热温度及时间,要根据印制板的大小、厚度、元器件的尺寸和数量,以及贴装元器件的多少而确定。在 PCB 表面测量的预热温度应该在 90~130℃之间,多层板或贴片元器件较多时,预热温度取上限。预热时间由传送带的速度来控制。如果预热温度偏低或预热时间过短,助焊剂中的溶剂挥发不充分,焊接时就会产生气体引起气孔、锡珠等焊接缺陷;如预热温度偏高或预热时间过长,焊剂被提前分解,使焊剂失去活性,同样会引起毛刺、桥接等焊接缺陷。为恰当控制预热温度和时间,达到最佳的预热温度,可以参考表 5.4 内的数据,也可以从波峰焊前涂覆在 PCB 底面的助焊剂是否有粘性来进行判断。

表 5.4　不同印制电路板在波峰焊时的预热温度

PCB 类型	元器件种类	预热温度/℃
单面板	THC＋SMD	90~100
双面板	THC	90~110
双面板	THC＋SMD	100~110
多层板	THC	110~125
多层板	THC＋SMD	110~130

焊接过程是焊接金属表面、熔融焊料和空气等之间相互作用的复杂过程,同样必须控制好焊接温度和时间。如焊接温度偏低,液体焊料的粘性大,不能很好地在金属表面浸润和扩散,就容易产生拉尖和桥接、焊点表面粗糙等缺陷;如焊接温度过高,容易损

坏元器件，还会由于焊剂被碳化失去活性、焊点氧化速度加快，产生焊点发乌、不饱满等问题。测量波峰表面温度，一般应该在 250±5℃的范围之内。因为热量、温度是时间的函数，在一定温度下，焊点和元件的受热量随时间而增加。波峰焊的焊接时间可以通过调整传送系统的速度来控制，传送带的速度，要根据不同波峰焊机的长度、预热温度、焊接温度等因素统筹考虑，进行调整。以每个焊点接触波峰的时间来表示焊接时间，一般焊接时间约为 3～4 s。

综合调整控制工艺参数，对提高波峰焊质量非常重要。焊接温度和时间，是形成良好焊点的首要条件。焊接温度和时间，与预热温度、焊料波峰的温度、导轨的倾斜角度、传输速度都有关系。双波峰焊的第一波峰一般调整为 235～240℃/1 s 左右，第二波峰一般设置在 240～260℃/3 s 左右。

5.3.3 再流焊

1. 再流焊工艺概述

再流焊（re-flow soldering），也叫做回流焊，是伴随微型化电子产品的出现而发展起来的锡焊技术，主要应用于各类表面安装元器件的焊接。这种焊接技术的焊料是焊锡膏。预先在印制电路板的焊接部位施放适量和适当形式的焊锡膏，然后贴放表面组装元器件，焊锡膏将元器件粘在 PCB 板上，利用外部热源加热，使焊料熔化而再次流动浸润，将元器件焊接到印制板上。

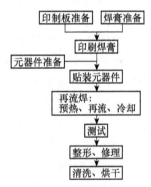

图 5.33　再流焊技术的一般
工艺流程

再流焊操作方法简单，效率高、质量好、一致性好，节省焊料（仅在元器件的引脚下有很薄的一层焊料），是一种适合自动化生产的电子产品装配技术。再流焊工艺目前已经成为 SMT 电路板安装技术的主流。再流焊技术的一般工艺流程如图 5.33 所示。

2. 再流焊工艺的特点与要求

与波峰焊技术相比，再流焊工艺具有以下技术特点。

1）元件不直接浸渍在熔融的焊料中，所以元件受到的热冲击小（由于加热方式不同，有些情况下施加给元器件的热应力也会比较大）。

2）能在前导工序里控制焊料的施加量，减少了虚焊、桥接等焊接缺陷，所以焊接质量好，可靠性高。

3）假如前导工序在 PCB 上施放焊料的位置正确而贴放元器件的位置有一定偏离，在再流焊过程中，当元器件的全部焊端、引脚及其相应的焊盘同时浸润时，由于熔融焊料表面张力的作用，产生自定位效应（self-alignment），能够自动校正偏差，把元器件拉回到近似准确的位置。

4）再流焊的焊料是能够保证正确组分的焊锡膏，一般不会混入杂质。

5）可以采用局部加热的热源，因此能在同一基板上采用不同的焊接方法进行焊接。

6）工艺简单，返修的工作量很小。

在再流焊工艺过程中，首先要将由铅锡焊料、粘合剂、抗氧化剂组成的糊状焊膏涂敷到印制板上，可以使用自动或半自动丝网印刷机，如同油墨印刷一样将焊膏漏印到印制板上，也可以用手工涂敷。然后，同样也能用自动机械装置或手工，把元器件贴装到印制板的焊盘上。将焊膏加热到再流温度，可以在再流焊炉中进行，少量电路板也可以用手工热风设备加热焊接。当然，加热的温度必须根据焊膏的熔化温度准确控制（有些合金焊膏的熔点为 223℃，则必须加热到这个温度）。加热过程可以分成预热区、焊接区（再流区）和冷却区三个最基本的温度区域，主要有两种实现方法：一种是沿着传送系统的运行方向，让电路板顺序通过隧道式炉内的三个温度区域；另一种是把电路板停放在某一固定位置上，在控制系统的作用下，按照三个温度区域的梯度规律调节、控制温度的变化。理想的再流焊的焊接温度曲线如图 5.34 所示。

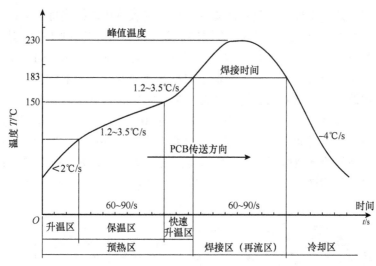

图 5.34　理想的再流焊的焊接温度曲线

再流焊的工艺要求包括以下几个方面。

1）要设置合理的温度曲线。再流焊是 SMT 生产中的关键工序，假如温度曲线设置不当，会引起焊接不完全、虚焊、元件翘立（"竖碑"现象）、锡珠飞溅等焊接缺陷，影响产品质量。

2）SMT 电路板在设计时就要确定焊接方向，应当按照设计方向进行焊接。

3）在焊接过程中，要严格防止传送带震动。

4）必须对第一块印制电路板的焊接效果进行判断，适当调整焊接温度曲线。检查焊接是否完全、有无焊膏熔化不充分或虚焊和桥接的痕迹、焊点表面是否光亮、焊点形状是否向内凹陷、是否有锡珠飞溅和残留物等现象，还要检查 PCB 的表面颜色是否改变。在批量生产过程中，要定时检查焊接质量，及时对温度曲线进行修正。

3. 再流焊炉的结构和主要加热方法

再流焊炉主要由炉体、上下加热源、PCB 传送装置、空气循环装置、冷却装置、排风装置、温度控制装置以及计算机控制系统组成。

再流焊的核心环节是将预敷的焊料熔融、再流、浸润。再流焊对焊料加热有不同的方法，就热量的传导来说，主要有辐射和对流两种方式；按照加热区域，可以分为对 PCB 整体加热和局部加热两大类：整体加热的方法主要有红外线加热法、气相加热法、热风加热法、热板加热法；局部加热的方法主要有激光加热法、红外线聚焦加热法、热气流加热法、光束加热法。

（1）红外线再流焊（infrared ray re-flow）

加热炉使用远红外线辐射作为热源的，叫做红外线再流焊炉。现在国内企业已经能够制造这种焊接设备，所以红外线再流焊是目前使用最为广泛的 SMT 焊接方法。这种方法的主要工作原理是：在设备的隧道式炉膛内，通电的陶瓷发热板（或石英发热管）辐射出远红外线，热风机使热空气对流均匀，让电路板随传动机构直线匀速进入炉膛，顺序通过预热、焊接和冷却三个温区。在预热区里，PCB 在 100～160℃的温度下均匀预热 2～3 min，焊膏中的低沸点溶剂和抗氧化剂挥发，化成烟气排出；同时，焊膏中的助焊剂浸润焊接对象，焊膏软化塌落，覆盖了焊盘和元器件的焊端或引脚，使它们与氧气隔离；并且，电路板和元器件得到充分预热，以免它们进入焊接区因温度突然升高而损坏。在焊接区，温度迅速上升，比焊料合金熔点高 20～50℃，漏印在印制板焊盘上的膏状焊料在热空气中再次熔融，浸润焊接面，时间大约 30～90 s。当焊接对象从炉膛内的冷却区通过，使焊料冷却凝固以后，全部焊点同时完成焊接。图 5.35 是红外线再流焊机的外观和工作原理示意图。

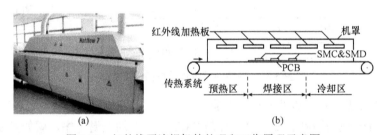

(a)　　　　　　　　　　　　　　(b)

图 5.35　红外线再流焊机的外观和工作原理示意图

红外线再流焊炉的优点是热效率高，温度变化梯度大，温度曲线容易控制，双面焊接电路板时，PCB 的上、下温度差别明显；缺点是同一电路板上的元器件受热不够均匀，特别是当元器件的颜色和体积不同时，受热温度就会不同，为使深颜色的和体积大的元器件同时完成焊接，必须提高焊接温度。

现在，随着温度控制技术的进步，高档的红外线再流焊设备的温度隧道更多地细分了不同的温度区域，例如把预热区细分为升温区、保温区和快速升温区等。在国内设备条件最好的企业里，已经能够见到 7～10 个温区的再流焊设备。

红外线再流焊设备适用于单面、双面、多层印制板上 SMT 元器件的焊接，以及在其他印制电路板、陶瓷基板、金属芯基板上的再流焊，也可以用于电子器件、组件、芯片的再流焊，还可以对印制板进行热风整平、烘干，对电子产品进行烘烤、加热或固化粘合剂。红外线再流焊设备既能够单机操作，也可以连入电子装配生产线配套使用。

红外线再流焊设备还可以用来焊接电路板的两面：先在电路板的 A 面漏印焊膏，粘贴 SMT 元器件后入炉完成焊接；然后在 B 面漏印焊膏，粘贴元器件后再次入炉焊接。这时，电路板的 B 面朝上，在正常的温度控制下完成焊接；A 面朝下，受热温度较低，已经焊好的元器件不会从板上脱落下来。这种工作状态如图 5.36 所示。

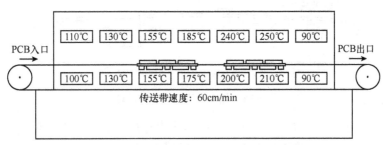

图 5.36　再流焊时电路板两面的温度不同

（2）气相再流焊（vapor phase re-flow）

这是美国西屋公司于 1974 年首创的焊接方法，在美国的 SMT 焊接中占有很高比例。其工作原理是：把介质的饱和蒸气转变成为相同温度（沸点温度）下的液体，释放出潜热，使膏状焊料熔融浸润，从而使电路板上的所有焊点同时完成焊接。这种焊接方法的介质液体要有较高的沸点（高于铅锡焊料的熔点），有良好的热稳定性，不自燃。美国 3M 公司配制的介质液体见表 5.5。

表 5.5　3M 公司配制的介质液体

介　　质	FC70（沸点 215℃）	FC71（沸点 253℃）
用　　途	Sn/Pb 焊料的再流焊	纯 Sn 焊料的再流焊
全　　称	$(C_5F_{11})_3N$ 全氟戊胺	

注：为了减少焊接时介质蒸汽的耗散，还要采用二次保护蒸汽 FC113 等。

气相再流焊的优点是焊接温度均匀、精度高、不会氧化。其缺点是介质液体及设备的价格高，工作时介质液体会产生少量有毒的全氟异丁烯（PFIB）气体。图 5.37 是气相再流焊设备的工作原理示意图。

（3）热板传导再流焊

利用热板传导来加热的焊接方法称为热板再流焊。热板再流焊的工作原理见图 5.38。

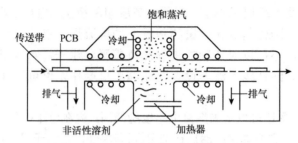

图 5.37　气相再流焊的工作原理示意图

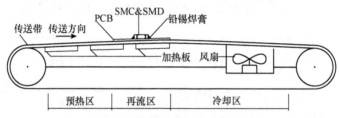

图 5.38　热板再流焊的工作原理

发热器件为板型，放置在传送带下，传送带由导热性能良好的材料制成。待焊电路板放在传送带上，热量先传送到电路板上，再传至铅锡焊膏与 SMC/SMD 元器件上，软钎料焊膏熔化以后，再通过风冷降温，完成 SMC/SMD 与电路板的焊接。这种设备的热板表面温度不能大于 300℃，适用于高纯度氧化铝基板、陶瓷基板等导热性好的电路板单面焊接，对普通覆铜箔电路板的焊接效果不好。

（4）热风对流再流焊与红外热风再流焊

热风对流再流焊是利用加热器与风扇，使炉膛内的空气或氮气不断加热并强制循环流动，工作原理见图 5.39。这种再流焊设备的加热温度均匀但不够稳定，容易产生氧化，PCB 上、下的温差以及沿炉长方向的温度梯度不容易控制，一般不单独使用。

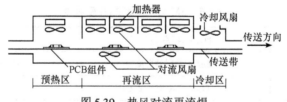

图 5.39　热风对流再流焊

改进型的红外热风再流焊是按一定热量比例和空间分布，同时混合红外线辐射和热风循环对流来加热的方式，也叫热风对流红外线辐射再流焊。这种方法的特点是各温区独立调节热量，减小热风对流，在电路板的下面采取制冷措施，从而保证加热温度均匀稳定，电路板表面和元器件之间的温差小，温度曲线容易控制。红外热风再流焊设备的生产能力高，操作成本低，是 SMT 大批量生产中的主要焊接设备之一。

图 5.40 是简易的红外热风再流焊设备的照片。它是内部只有一个温区的小加热炉，能够焊接的电路板最大面积为 400 mm×400 mm（小型设备的有效焊接面积会小一些）。

炉内的加热器和风扇受计算机控制,温度随时间变化,电路板在炉内处于静止状态,连续经历预热、再流和冷却的温度过程,完成焊接。这种简易设备的价格比隧道炉膛式红外热风再流焊设备低很多,适用于生产批量不大的小型企业。

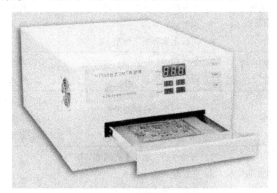

图 5.40 简易的红外热风再流焊设备

(5)激光加热再流焊

激光加热再流焊是利用激光束良好的方向性及功率密度高的特点,通过光学系统将激光束聚集在很小的区域内,在很短的时间内使被加热处形成一个局部的加热区,常用的激光有 CO_2 和 YAG 两种。图 5.41 是激光加热再流焊的工作原理示意图。

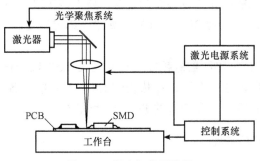

图 5.41 激光加热再流焊

激光加热再流焊的加热,具有高度局部化的特点,不产生热应力,热冲击小,热敏元器件不易损坏。但是设备投资大,维护成本高。

4. 各种再流焊工艺主要加热方法的优缺点

各种再流焊工艺主要加热方法的优缺点见表 5.6。

表 5.6 再流焊主要加热方法的优缺点

加热方式	原 理	优 点	缺 点
红外	吸收红外线辐射加热	1. 连续,同时成组焊接 2. 加热效果好,温度可调范围宽 3. 减少焊料飞溅、虚焊及桥接	1. 材料、颜色与体积不同,热吸收不同,温度控制不够均匀

加热方式	原　理	优　点	缺　点
气相	利用惰性溶剂的蒸气凝聚时放出的潜热加热	1. 加热均匀，热冲击小 2. 升温快，温度控制准确 3. 同时成组焊接 4. 可在无氧环境下焊接	1. 设备和介质费用高 2. 容易出现吊桥和芯吸现象
热风	高温加热的气体在炉内循环加热	1. 加热均匀 2. 温度控制容易	1. 容易产生氧化 2. 强风会使元器件产生位移
热板	利用热板的热传导加热	1. 减少对元器件的热冲击 2. 设备结构简单，价格低	1. 受基板热传导性能影响大 2. 不适用于大型基板、大型元器件 3. 温度分布不均匀
激光	利用激光的热能加热	1. 聚光性好，适用于高精度焊接 2. 非接触加热 3. 用光纤传送能量	1. 激光在焊接面上反射率大 2. 设备昂贵

5. 再流焊设备的主要技术指标

1）温度控制精度（指传感器灵敏度）：应该达到±0.1～0.2℃。

2）传输带横向温差：要求±5℃以下。

3）温度曲线调试功能：如果设备无此装置，要外购温度曲线采集器。

4）最高加热温度：一般为 300～350℃，如果考虑温度更高的无铅焊接或金属基板焊接，应该选择 350℃以上。

加热区数量和长度：加热区数量越多、长度越长，越容易调整和控制温度曲线。一般中小批量生产，选择 4～5 个温区，加热长度 1.8 m 左右的设备，即能满足要求。

5）传送带宽度：根据最大和最宽的 PCB 尺寸确定。

5.3.4　无铅焊接的现状和发展

1. 问题的提出

到目前为止电子产品中是含有金属铅元素的，而铅是一种有毒物质，一旦被人体吸收，将损坏健康。铅在电子产品中主要用于与锡组成铅锡合金作为焊料。传统的电子产品在焊接组装时，无一不是用铅锡合金做焊料的。但在其他环节也会用到铅，如贴片用锡膏、元器件在出厂前引线浸锡、PCB 板上的油墨、压电陶瓷材料等。因为以上原因，结合目前人类越来越重视环保和健康，无铅焊接组装电子产品的课题理所当然地被提出来了。

2003 年 2 月 13 日，欧盟 WEEE 和 ROHS 指令正式生效，规定自 2006 年 7 月 1 日起在欧洲市场上销售的电子产品必须是无铅产品。同时各成员国必须在 2004 年 8 月 13 日之前完成相应的立法工作。

日本是对无铅焊研究和生产较早的国家，松下公司 1999 年 10 月推出第一款无铅组装电子产品，并计划 2003 年 3 月 31 日前实现全制品无铅化。1999 年 10 月，NEC 公司推出无铅组装笔记本电脑。2000 年 3 月，索尼公司推出无铅组装摄像机。其他大的电子公司如日立、东芝、夏普等也制订了各自的无铅化计划，各大公司并已基本上在国内的无铅化制造。

1999 年 7 月 29 日，美国环境保护署修改有害化学物质排出的报告义务基准值，对于铅及其化合物类有害物质，基准值由原来的 10000 磅减少至 10 磅。2000 年 1 月，美国 NEMI 正式向工业界推荐标准化无铅焊料。2003 年 3 月，中国信息产业部经济运行司拟定《电子信息产品生产污染防治管理办法》，规定电子信息产品制造者应保证，自 2003 年 7 月 1 日起实行有毒有害物质的减量化生产措施；自 2006 年 7 月 1 日起投放市场的国家重点监管目录内的电子信息产品不能含有铅、镉、汞、六价铬、聚合溴化联苯或聚合溴化联苯乙醚等。无铅化组装已成为电子组装产业的不可逆转的趋势。

2. 无铅焊接的技术难点

从上述可看出，无铅化电子组装主要指无铅化焊接，包括波峰焊和回流焊。需要解决的技术问题是焊料和焊接两个基本问题。

（1）焊料

目前电子行业使用的焊料通常是 63% 的锡和 37% 的铅组成的，这种合金焊料共晶熔点低，只有 183℃；铅能降低焊料表面张力，便于润湿焊接面；成本低。

无铅焊料是由哪些成分组成的呢？目前，国际上并无无铅焊料的统一标准。通常是以锡为基体，添加少量的铜、银、铋、锌或铟等组成。例如，美国推荐的锡、4% 银、0.5% 铜的焊料，日本推荐的锡、3.2% 银、0.6% 铜的焊料。应该指出，这些焊料中并不是一点铅都没有，通常规定其含量小于 0.1%。

使用无铅焊料带来的问题：熔点高（260℃以上），润湿差，成本高。

（2）焊接

由于焊料的成分和性能发生了变化，焊接过程中也出现了新的问题。

1）由于成分不同而出现焊料的熔点及性能不同，焊接温度和设备的控制变得比铅锡焊料复杂。

2）熔点的提高对设备和被焊接的元器件的耐热要求随之提高，对波峰炉材料、回流焊温区设置提出了新的要求。对被焊接的元器件如 LED、塑料件、PCB 板提出了新的耐高温问题。

3）由于无铅焊润湿性差，要求采用新的助焊剂和新的焊接设备，才能达到焊接效果。要提高助焊剂的活性，延长预热区等措施。

由于新焊料的成本较高，须设法减少焊料损耗，采用充氮工艺等。

3. 国内无铅焊电子组装的发展状况

在国内外无铅焊电子组装呼声日益高涨、有铅产品的禁用日期日益逼近之际，国内各电子产品制造商也十分关注和行动起来。焊接设备制造商日东公司、劲拓公司、科隆威公司等几乎所有的大中型公司,均从 20 世纪 90 年代开始研制、仿造无铅波峰焊设备,目前已形成一定的规模和水平。但从考查情况分析,国内生产的无铅焊设备还是以出口和供应国内的外资企业为主,内资企业包括一些大型企业,有的处于观望状态,有的在进行试点,有的在少量生产出口产品。之所以推进缓慢,主要是迫于成本压力。例如,一台普通波峰焊机售价 7 万元左右,一台无铅波峰焊机售价 18~28 万元,63 度铅锡焊料售价每公斤 50 元,无铅焊料的售价将近翻倍。又由于无铅电子产品还需元器件、原材料等其他方面条件的配合,也就更增加了这一项目推进的难度。但是,困难虽有,方向却是一定的,电子制造厂商们必须克服困难,实现这一跨越。

5.3.5　其他焊接方法

除了上述几种焊接方法以外,在微电子器件组装中,超声波焊、热超声金丝球焊、机械热脉冲焊都有各自的特点。例如,新近发展起来的激光焊,能在几μs 的时间内将焊点加热到熔化而实现焊接,热应力影响小,可以同锡焊相比,是一种很有潜力的焊接方法。

随着计算机技术的发展,在电子焊接中使用微处理器控制的焊接设备已经普及。例如,微机控制电子束焊接已在我国研制成功。还有一种光焊技术,已经应用在 CMOS 集成电路的全自动生产线上,其特点是采用光敏导电胶代替焊剂,将电路芯片粘在印制板上用紫外线固化焊接。

随着电子工业的不断发展,传统的方法将不断改进和完善,新的高效率的焊接方法也将不断涌现。

思考题与习题

1. （1）集成电路有哪些封装形式?分别如何安装?
  （2）功率器件典型的安装方式有哪些?
2. （1）印制板通孔安装方式中,元器件引线的弯曲成形应当注意什么?具体说,引线的最小弯曲半径及弯曲部位有何要求?
  （2）元器件插装时,应该注意哪些原则（提示:至少总结出四条）?
3. （1）试总结焊接的分类及应用场合。
  （2）什么是锡焊?其主要特征是什么?
  （3）锡焊必须具备哪些条件?
4. （1）如何进行焊接前镀锡?有何工艺要点?
  （2）在对导线镀锡时,应掌握哪些要点?
5. （1）试叙述焊接操作的正确姿势。
  （2）焊接操作的五个基本步骤是什么?如何控制焊接时间?请通过焊接实践进行体验:焊接 1/8W 电阻;焊接 7805 三端稳压器;焊接万用表笔线的香蕉插头;

用$\phi1$铁丝焊接一个边长 1.5cm 的正立方体（先切成等长度的 12 段，平直后再施焊）；用$\phi4$镀锌铁丝焊一个金字塔，边长 5cm；发挥你的想像力和创造性，用铁丝焊接一个实物的立体造型（必要时，自己设计被焊构件的承载工装）。

（3）总结焊接温度与加热时间如何掌握。时间不足或过量加热会造成什么有害后果？

（4）总结焊接操作的具体手法（提示：共八条）。

6．（1）什么叫虚焊？产生虚焊的原因是什么？有何危害？

（2）对焊点质量有何要求？简述不良焊点常见的外观以及如何检查。

（3）什么时候才可以进行通电检查？为什么？

（4）熟记常见焊点缺陷及原因分析。在今后的焊接工作中，如何避免这些缺陷的发生（提示：参见表 5.3）？

7．（1）手工焊接技巧有哪几项？

（2）列举有机注塑元件的焊接失效现象及原因，并指出正确的焊接方法。

（3）说明簧片类元件的焊接技巧。

（4）列举 FET、MOSFET、集成电路的焊接注意事项。

（5）请总结导线连接的几种方式及焊接技巧。

（6）请总结杯形焊件的焊接方法，并焊一件香蕉插头表笔线。

（7）请总结平板件和导线的焊接要点，并将一片铝片与铜导线锡焊在一起。

8．（1）请叙述手工焊接贴片元器件与焊接 THT 元器件有哪些不同？

（2）请说明手工贴片元器件的操作方法。

9．（1）叙述什么叫浸焊，什么叫波峰焊？

（2）操作浸焊机时应注意哪些问题？

（3）浸焊机是如何分类的？各类的特点是什么？

（4）画出自动焊接工艺流程图。

（5）什么叫再流焊？主要用在什么元件的焊接上？

（6）请总结再流焊的工艺特点与要求。

（7）请列举其他的焊接方法。

（8）免清洗焊接技术有哪两种？请详细说明。

10．无铅焊接的特点及技术难点是什么？

实 训 部 分

实训项目 1　手工焊接练习

1．实训目的和任务

1）掌握电烙铁的使用与保养。

2）掌握手工焊接步骤与要领。

3）掌握焊点质量标准。

2. 与实训相关知识

（1）电烙铁的使用安全事项

鉴于可能导致灼伤或火患，为避免损坏烙铁台及保持作业环境及个人安全，应遵守以下事项。

1）切勿触及烙铁头附近的金属部分。

2）切勿在易燃物体附近使用烙铁。

3）更换部件或安装烙铁头时，应关闭电源，并待烙铁头温度到室温。

4）切勿使用烙铁进行焊接以外的工作。

5）切勿用烙铁敲击工作台以清除焊锡残余，此举可能震损烙铁发热芯。

6）切勿擅自改动烙铁，更换部件时用原厂配件。

7）切勿弄湿烙铁或手湿时使用烙铁。

8）使用烙铁时，不可作任何可能伤害身体或损坏物体的举动。

9）休息时或完工后应关闭电源。

10）使用完烙铁后要洗手，因为锡丝含铅有毒。

（2）电烙铁的使用保养事项

适当地使用烙铁头和经常注意烙铁头的清洁保养，不单大大增加烙铁头的寿命，保证烙铁头的润湿性，还可以把烙铁头传热性能完全发挥。焊接前要先润湿海绵，有利于烙铁头的清洁。焊接后不用烙铁时要先把烙铁温度调低到 250℃再加一层焊锡保护烙铁头防止氧化。检查烙铁头是否松动保持接地良好。不要对烙铁头施压太大，防止烙铁头收损变形。

（3）手工烙铁焊接作业顺序

手工烙铁焊接作业顺序如图 5.42 所示。

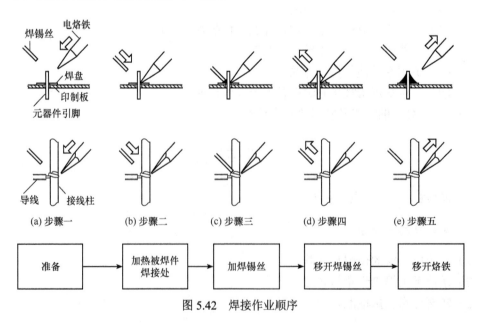

图 5.42　焊接作业顺序

1）清洗海绵，至海绵表面洁净，无明显焊锡、松香残渣。

2）检查选择烙铁嘴是否合适，较为通用的烙铁嘴是 B 型烙铁嘴。

3）将烙铁温度设置到所需温度（通常在 310～400℃，CHIP 元件设置温度可以在 260～300℃）。

4）加热指示灯开始闪烁或可充分熔化锡丝时，便可开始焊接作业。

5）将烙铁嘴接触焊接物件（PCB 焊盘与被焊元件脚）进行加热。

6）送锡丝致被焊接部位，使得焊锡丝开始熔化并经过 2～4 s 形成合金层。

7）拿走锡丝。

8）沿 45°角移开烙铁，待合金层冷却凝固方可触动焊接物件否则易导致虚焊。

9）用完烙铁时加锡丝保护烙铁嘴防止氧化，关闭烙铁电源。

（4）手工焊点要求

焊点大小与焊盘相当，焊点形状呈凹圆锥形。焊点润湿角度一般要求在 150°～300°，而且通过焊锡能看到引线的形状，焊锡表面均匀而有光泽。

3．实训器材

电烙铁 1 把、镊子、跳线、电阻、练习焊接专用线路板。

4．实训内容和步骤

1）按照手工焊接作业顺序，在焊接专用线路板上练习焊接跳线 20 根，教师逐个检查学生的焊接步骤，手势是否正确，焊点是否合乎要求。

2）教师点评焊接练习过程发生的问题和注意事项。

3）按照步骤 1）继续练习，巩固提高，每个人至少练习焊接 600 个焊点。

实训项目 2　波峰焊接

1．目的和任务

1）掌握波峰机的构造和工作原理

2）掌握波峰机的开机、关机操作和参数调试

3）基本掌握分析改进焊接质量的方法。

2．波峰机的操作调整

设备开机前要做好各方面的检查：检查交流电源系统输入的三相电压是否完好，接线是否可靠。压缩空气的气压是否符合要求，气压应在 0.3～0.5 kg/cm² 。各传动部分应运动自如，不被卡住。锡炉中的锡面应能覆盖住发热管，否则发热管易因过热而损坏。

3．焊接材料

焊料（锡条）对焊接质量至关重要，波峰机一般用 63Sn/37Pb 的共晶焊料。焊料中

的杂质要控制在一定范围，助焊剂对焊接质量影响也很大。通常使用的免清洗助焊剂要检查其活性程度、残留物是否导电、数量多少（一般控制在 2%～3%）、助焊剂的表面张力等。

波峰机的控制器是操作前必须仔细阅读和熟悉的。选定人工或自动开机控制模式，然后开机。注意在锡融化前不能开波峰。

4. 参数调整

1）预热温度设定为 120±15℃。
2）锡炉温度设定在 240±10℃范围内。
3）传送速度 1.0～1.3 m/min。
4）运输链宽度调至印制板宽度，运输链应高出波峰槽 5～8 mm，且与炉面成 4°～6°的仰角。
5）波峰高度应能浸到印制板厚度的三分之二，但锡不能流到板面。

参数调整好后，先试焊 1～2 块板，进板时调整喷雾装置的节流阀和气阀，使喷雾效果最好，调整横移微调装置，使移动气缸的移动速度适度。根据试焊的质量再做适当调整，以达到最佳焊接效果。

影响波峰焊机的焊接质量的因素除焊料和焊剂外，还有预热温度、锡炉温度、传送速度、波峰高度及仰角，也与要焊接的板材、板厚和板的面积大小有关。因此波峰机的最佳焊接质量是要反复调试才能达到的。调试好后，要记下各项参数的值，以便摸索出最快的调整方法。

5. 波峰机的维护保养

波峰机是机电一体化设备，在电子产品生产企业中又是最常用的设备，维护保养是非常重要的。波峰机的维护保养主要有以下几点。

1）每天对机器的运行参数进行记录，保证机器工作在最佳状态。
2）每天对喷嘴、机器表面、传动链爪、传感器进行清洁，用以保持工作正常。
3）每天清除炉渣至少一次，炉渣浮在锡炉表面，可能会引起焊接时粘到印制板上。但锡渣也可以盖住锡面起到减少焊锡的氧化作用。
4）每周对锡槽的过滤网进行一次清洗。
5）每月要给机器的传动部分加一次润滑油。
6）每半年应对锡炉的锡成分进行一次化验，如果锡的成分不符合要求，要及时进行处理。
7）因锡炉一般是由不锈钢焊成，长时间的高温会引起焊缝渗漏，因此波峰机用完后应及时关机。

第6章 SMT（贴片）装配焊接技术

6.1 SMT（贴片）元器件

6.1.1 SMT 元器件的特点

表面安装元器件也称作贴片式元器件或片状元器件，它有两个显著的特点。

1）在 SMT 元器件的电极上，有些焊端完全没有引线，有些只有非常短小的引线；相邻电极之间的距离比传统的双列直插式集成电路的引线间距（2.54 mm）小很多，目前引脚中心间距最小的已经达到 0.3 mm。在集成度相同的情况下，SMT 元器件的体积比传统的元器件小很多；或者说，与同样体积的传统电路芯片比较，SMT 元器件的集成度提高了很多倍。

2）SMT 元器件直接贴装在印制电路板的表面，将电极焊接在与元器件同一面的焊盘上。这样，印制板上的通孔只起到电路连通导线的作用，孔的直径仅由制作印制电路板时金属化孔的工艺水平决定，通孔的周围没有焊盘，使印制电路板的布线密度大大提高。

6.1.2 SMT 元器件的种类和规格

表面安装元器件基本上都是片状结构。这里所说的片状是个广义的概念，从结构形状说，包括薄片矩形、圆柱形、扁平异形等；表面安装元器件同传统元器件一样，也可以从功能上分类为无源元件（surface mounting component，SMC）、有源器件（surface mounting device，SMD）和机电元件三大类。

表面安装元器件的详细分类见表 6.1。

表 6.1 SMT 元器件的分类

类　别	封装形式	种　类
无源表面安装元件 SMC	矩形片式	厚膜和薄膜电阻器、热敏电阻、压敏电阻、单层或多层陶瓷电容器、钽电解电容器、片式电感器、磁珠等
	圆柱形	碳膜电阻器、金属膜电阻器、陶瓷电容器、热敏电容器、陶瓷晶体等
	异形	电位器、微调电位器、铝电解电容器、微调电容器、线绕电感器、晶体振荡器、变压器等
	复合片式	电阻网络、电容网络、滤波器等
有源表面安装器件 SMD	圆柱形	二极管
	陶瓷组件（扁平）	无引脚陶瓷芯片载体 LCCC、有引脚陶瓷芯片载体 CBGA
	塑料组件（扁平）	SOT、SOP、SOJ、PLCC、QFP、BGA、CSP 等
机电元件	异形	继电器、开关、连接器、延迟器、薄型微电机等

表面安装元器件按照使用环境分类，可分为非气密性封装器件和气密性封装器件。非气密性封装器件对工作温度的要求一般为 0～70℃。气密性封装器件的工作温度范围可达到−55～+125℃。气密性器件价格昂贵，一般使用在高可靠性产品中。

片状元器件最重要的特点是小型化和标准化。已经制定了统一标准，对片状元器件的外形尺寸、结构与电极形状等都做出了规定，这对于表面安装技术的发展无疑具有重要的意义。

6.1.3 无源元件 SMC

SMC 包括片状电阻器、电容器、电感器、滤波器和陶瓷振荡器等。应该说，随着 SMT 技术的发展，几乎全部传统电子元件的每个品种都已经被"SMT 化"了。

如图 6.1 所示，SMC 的典型形状是一个矩形六面体（长方体），也有一部分 SMC 采用圆柱体的形状，这对于利用传统元件的制造设备、减少固定资产投入很有利。还有一些元件由于矩形化比较困难，是异形 SMC。

(a) 长方体SMC   (b) 圆柱体SMC   (c) 异形SMC

图 6.1 SMC 的基本外形

从电子元件的功能特性来说，SMC 特性参数的数值系列与传统元件的差别不大，标准的标称数值在第 1 章里已经做过详细介绍。长方体 SMC 是根据其外形尺寸的大小划分成几个系列型号的，现有两种表示方法，欧美产品大多采用英制系列，日本产品大多采用公制系列，我国还没有统一标准，两种系列都可以使用。无论哪种系列，系列型号的前两位数字表示元件的长度，后两位数字表示元件的宽度。例如，公制系列 3216（英制 1206）的矩形贴片元件，长 $L=3.2$ mm（0.12 in），宽 $W=1.6$ mm（0.06 in）。并且，系列型号的发展变化也反映了 SMC 元件的小型化进程：5750（2220）→4532（1812）→3225（1210）→3216（1206）→2520（1008）→2012（0805）→1608（0603）→1005（0402）→0603（0201）。典型 SMC 系列的外形尺寸见表 6.2。

表 6.2 典型 SMC 系列的外形尺寸   单位：mm/in

公制/英制型号	L	W	a	b	T
3216/1206	3.2/0.12	1.6/0.06	0.5/0.02	0.5/0.02	0.6/0.024
2012/0805	2.0/0.08	1.25/0.05	0.4/0.016	0.4/0.016	0.6/0.016
1608/0603	1.6/0.06	0.8/0.03	0.3/0.012	0.3/0.012	0.45/0.018
1005/0402	1.0/0.04	0.5/0.02	0.2/0.008	0.25/0.01	0.35/0.014
0603/0201	0.6/0.02	0.3/0.01	0.2/0.005	0.2/0.006	0.25/0.01

SMC 的元件种类用型号加后缀的方法表示，例如，3216C 是 3216 系列的电容器，2012R 表示 2012 系列的电阻器。

1608、1005、0603 系列 SMC 元件的表面积太小，难以用手工装配焊接，所以元件表面不印刷它的标称数值（参数印在纸编带的盘上）；3216、2012 系列片状 SMC 的标称数值一般用印在元件表面上的三位数字表示：前两位数字是有效数字，第三位是倍率乘数（精密电阻的标称数值用四位数字表示，参阅第 1 章）。例如，电阻器上印有 114，表示阻值 110 kΩ；表面印有 5R6，表示阻值 5.6 Ω；表面印有 R39，表示阻值 0.39 Ω。电容器上的 103，表示容量为 10000 pF，即 0.01 μF（大多数小容量电容器的表面不印参数）。圆柱形电阻器用三位或四位色环表示阻值的大小。

虽然 SMC 的体积很小，但它的数值范围和精度并不差（见表 6.3）。以 SMC 电阻器为例，3216 系列的阻值范围是 0.39 Ω～10 MΩ，额定功率可达到 1/4 W，允许偏差有 ±1%、±2%、±5% 和 ±10% 等四个系列，额定工作温度上限是 70℃。

表 6.3 常用典型 SMC 电阻器的主要技术参数

系列型号	3216	2012	1608	1005
阻值范围/MΩ	0.39～10	2.2～10	1～10	10～10
允许偏差/%	±1，±2，±5	±1，±2，±5	±2，±5	±2，±5
额定功率/W	1/4，1/8	1/10	1/16	1/16
最大工作电压/V	200	150	50	50
工作温度范围/额定温度/℃	−55～+125/70	55～+125/70	−55～+125/70	−55～+125/70

片状元器件可以用三种包装形式提供给用户：散装、管状料斗和盘状纸编带。SMC 的阻容元件一般用盘状纸编带包装，便于采用自动化装配设备。

（1）表面安装电阻器

表面安装电阻器按封装外型，可分为片状和圆柱状两种。在图 6.2 中，图 6.2（a）是片状表面安装电阻器的外形尺寸示意图，图 6.2（b）是圆柱形表面安装电阻器的结构示意图。表面安装电阻器按制造工艺可分为厚膜型和薄膜型两大类。片状表面安装电阻器一般是用厚膜工艺制作的：在一个高纯度氧化铝（Al_2O_3，96%）基底平面上网印 RuO_2 电阻浆来制作电阻膜；改变电阻浆料成分或配比，就能得到不同的电阻值，也可以用激光在电

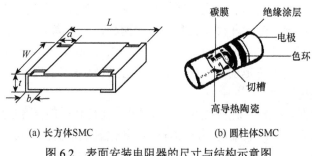

(a) 长方体SMC　　　(b) 圆柱体SMC

图 6.2 表面安装电阻器的尺寸与结构示意图

阻膜上刻槽微调电阻值；然后再印刷玻璃浆覆盖电阻膜并烧结成釉保护层，最后把基片两端做成焊端。圆柱形表面安装电阻器可以用薄膜工艺来制作：在高铝陶瓷基柱表面溅射镍铬合金膜或碳膜，在膜上刻槽调整电阻值，两端压上金属焊端，再涂覆耐热漆形成保护层并印上色环标志。

（2）表面安装电阻网络

表面安装电阻网络是电阻网络的表面安装形式。目前，最常用的表面安装电阻网络的外形标准有：0.150 英寸宽外壳形式（称为 SOP 封装）有 8、14 和 16 根引脚；0.220 英寸宽外壳形式（称为 SOMC 封装）有 14 和 16 根引脚；0.295 英寸宽外壳形式（称为 SOL 封装件）有 16 和 20 根引脚。

（3）表面安装电容器

1）表面安装多层陶瓷电容器：表面安装陶瓷电容器以陶瓷材料为电容介质，多层陶瓷电容器是在单层盘状电容器的基础上构成的，电极深入电容器内部，并与陶瓷介质相互交错。电极的两端露在外面，并与两端的焊端相连。多层陶瓷电容器的结构如图6.3所示。

(a) 外观   (b) 内部结构

图 6.3   多层陶瓷电容器的结构示意图

表面安装多层陶瓷电容器所用介质有三种：COG、X7R 和 Z5U。其电容量与尺寸、介质的关系见表 6.4。表面安装多层陶瓷电容器的可靠性很高，已经大量用于汽车工业、军事和航天产品。

表 6.4   不同介质材料的电容量范围

型　号	COG	X7R	Z5U
0805C	10～560 pF	120pF～0.012 μF	
1206C	680～1500 pF	0.016～0.033 μF	0.033～0.10 μF
1812C	1800～5600 pF	0.039～0.12 μF	0.12～0.47 μF

2）表面安装钽电容器：表面安装钽电容器以金属钽作为电容器介质。除具有可靠性很高的特点外，与陶瓷电容器相比，其体积效率高。表面安装钽电容器的外形都是矩形，按两头的焊端不同，分为非模压式和塑模式两种，目前尚无统一的标注标准。以非模压式钽电容器为例，其尺寸范围为：宽度 1.27～3.81 mm，长度 2.54～7.239 mm，高度 1.27～2.794 mm。电容量范围是 0.1～100 μF。直流电压范围为 4～25 V。

（4）表面安装电感器

表面安装电感器，矩形片状形式的电感量较小，其尺寸一般是 4532 或 3216（公制），电感量在 1 μH 以下，额定电流是 10～20 mA；其他封装形式的可以达到较大的电感量或更大的额定电流，图 6.4 是一种方形扁平封装的互感元件。

（5）SMC 的焊端结构

无引线片状元件 SMC 的电极焊端一般由三层金属构成，如图 6.5 所示。

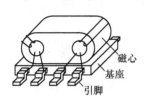

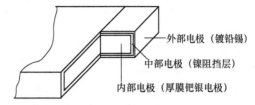

图 6.4　一种表面安装电感器　　　　图 6.5　SMC 的焊端构成

焊端的内部电极通常是采用厚膜技术制作的钯银（Pd-Ag）合金电极，中间电极是镀在内部电极上的镍（Ni）阻挡层，外部电极是铅锡（Sn-Pb）合金。中间电极的作用是，避免在高温焊接时焊料中的铅和银发生置换反应而导致厚膜电极"脱帽"，造成虚焊或脱焊。镍的耐热性和稳定性好，对钯银内部电极起到了阻挡层的作用；但镍的可焊接性较差，镀铅锡合金的外部电极可以提高可焊接性。

（6）SMC 元件的规格型号表示方法

目前，我国尚未对 SMT 元件的规格型号表示方法制定标准，各生产厂商的产品规格型号各不同。市场上销售的 SMT 元件，部分是国外进口，其余是用从国外厂商引进的生产线生产的，其规格型号的命名难免带有原厂商的烙印。下面各用一种贴片电阻举例说明。

例如，1/8W，470Ω，±5% 的陶瓷电阻器：

日本某公司生产：　　　　　　　国内某企业生产：

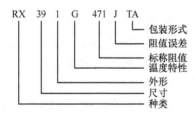

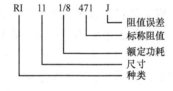

6.1.4　SMD 分立器件

SMD 分立器件包括各种分立半导体器件，有二极管、三极管、场效应管，也有由两、三只三极管、二极管组成的简单复合电路。

（1）SMD 分立器件的外形尺寸

典型 SMD 分立器件的外形尺寸如图 6.6 所示，电极引脚数为 2～6 个。

二极管类器件一般采用二端或三端 SMD 封装，小功率三极管类器件一般采用三端或四端 SMD 封装，四端～六端 SMD 器件内大多封装了两只三极管或场效应管。

（2）二极管

1）无引线柱形玻璃封装二极管：无引线柱形玻璃封装二极管是将管芯封装在细玻璃管内，两端以金属帽为电极。通常用于稳压、开关和通用二极管，功耗一般为 0.5～1 W。

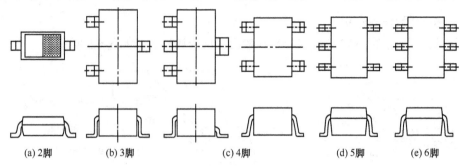

图 6.6　典型 SMD 分立器件的外形尺寸

2）塑封二极管：塑封二极管用塑料封装管芯，有两根翼形短引线，一般做成矩形片状，额定电流 150 mA～1 A，耐压 50～400 V。

3）三极管：三极管采用带有翼形短引线的塑料封装（SOT，Short Out-line Transistor），可分为 SOT23、SOT89、SOT143 几种尺寸结构。产品有小功率管、大功率管、场效应管和高频管几个系列。

1）小功率管额定功率为 100～300 mW，电流为 10～700 mA；

2）大功率管额定功率为 300 mW～2 W，两条连在一起的引脚是集电极。

各厂商产品的电极引出方式不同，在选用时必须查阅手册资料。

SMD 分立器件的包装方式要便于自动化安装设备拾取，电极引脚数目较少的 SMD 分立器件一般采用盘状纸编带包装。

6.1.5　SMD 集成电路

SMD 集成电路包括各种数字电路和模拟电路的 SSI～ULSI 集成器件。由于工艺技术的进步，SMD 集成电路的电气性能指标比 THT 集成电路更好一些。常见 SMD 集成电路封装的外形如图 6.7 所示。与传统的双列直插（DIP）、单列直插（SIP）式集成电路不同，商品 SMD 集成电路按照它们的封装方式，可以分成下列几类。

1）SO（short out-line）封装——引线比较少的小规模集成电路大多采用这种小型封装。SO 封装又分为几种，芯片宽度小于 0.15 in、电极引脚数目少于 18 脚的，叫做 SOP（short out-line package）封装，见图 6.7（a）；其中薄形封装的叫作 TSOP 封装；0.25 in 宽的、电极引脚数目在 20～44 以上的，叫做 SOL 封装，如图 6.7（b）所示。SO 封装的引脚采用翼形电极，引脚间距有 1.27 mm、1.0 mm、0.8 mm、0.65 mm和 0.5 mm。

2）QFP（quad flat package）封装——矩形四边都有电极引脚的 SMD 集成电路叫做 QFP 封装，其中 PQFP（plastic qFP）封装的芯片四角有突出（角耳），薄形 TQFP 封装的厚度已经降到 1.0 mm 或 0.5 mm。QFP 封装也采用翼形的电极引脚形状，见图 6.7（c）。QFP 封装的芯片一般都是大规模集成电路，在商品化的 QFP 芯片中，电极引脚数目最少的有 20 脚，最多可能达到 300 脚以上，引脚间距最小的是 0.4 mm（最小极限是 0.3 mm），最大的是 1.27 mm。

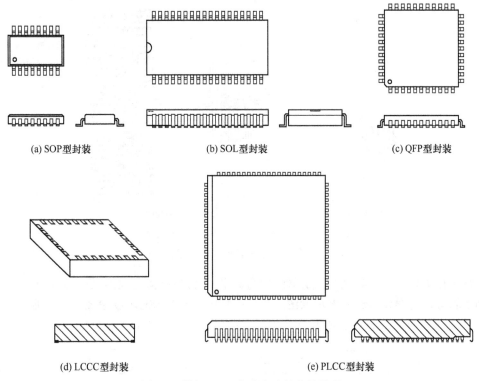

(a) SOP 型封装　　　　　　　　(b) SOL 型封装　　　　　　　　(c) QFP 型封装

(d) LCCC 型封装　　　　　　　　　　　(e) PLCC 型封装

图 6.7　常见 SMD 集成电路封装的外形

3）LCCC（leadless ceramic chip carrier）封装——这是 SMD 集成电路中没有引脚的一种封装，芯片被封装在陶瓷载体上，无引线的电极焊端排列在封装底面上的四边，电极数目为 18～156 个，间距 1.27mm，其外形如图 6.7（d）所示。

4）PLCC（plastic leaded chip carrier）封装——这也是一种集成电路的矩形封装，它的引脚向内钩回，叫做钩形（J 形）电极，电极引脚数目为 16～84 个，间距为 1.27 mm，其外形如图 6.7（e）所示。PLCC 封装的集成电路大多是可编程的存储器，芯片可以安装在专用的插座上，容易取下来对它改写其中的数据；为了减少插座的成本，PLCC 芯片也可以直接焊接在电路板上，但用手工焊接比较困难。

从图 6.8 可以看出 SMD 集成电路和传统的 DIP 集成电路在内部引线结构上的差别。显然，SMD 内部的引线结构比较均匀，引线总长度更短，这对于器件的小型化和提高集成度来说，是更加合理的方案。

引脚数目少的集成电路一般采用塑料管包装，引脚数目多的集成电路通常用防静电的塑料托盘包装。

6.1.6　SMD 的引脚形状

表面安装器件 SMD 的 I/O 电极有两种形式：无引脚和有引脚。无引脚形式有陶瓷芯片载体封装（LCCC），这种器件贴装后，芯片底面上的电极焊端与印制电路板上的焊盘直接连接，可靠性较高。有引脚器件贴装后的可靠性与引脚的形状有关。所以，引脚

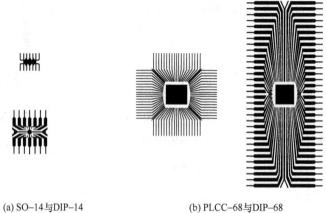

(a) SO–14与DIP–14　　　　　　　　(b) PLCC–68与DIP–68

引线结构比较　　　　　　　　　　　引线结构比较

图 6.8　SMD 与 DIP 器件的内部引线结构比较

的形状比较重要。占主导地位的引脚形状有翼形、钩形和球形三种。图 6.9（a）～（c）分别是翼形、钩形和球形引脚示意图。翼形引脚用于 SOT/SOP/QFP 封装，钩形引脚用于 SOJ/PLCC 封装，球形引脚用于下文介绍的 BGA/CSP/Flip Chip 封装。

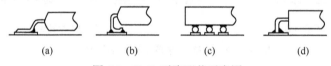

(a)　　　　　(b)　　　　　(c)　　　　　(d)

图 6.9　SMD 引脚形状示意图

　　翼形引脚的主要特点是：符合引脚薄而窄以及小间距的发展趋势，可采用包括热阻焊在内的各种焊接工艺来进行焊接，但在运输和装卸过程中容易损坏引脚。钩形引脚的主要特点是：空间利用率比翼形引脚高，它可以用除热阻焊外的大部分再流焊进行焊接，比翼形引脚坚固。在 SMD 的发展过程中，还有过一种引脚形状叫对接引脚，如图 6.9（d）所示。对接引脚是将普通的 DIP 封装引脚截短后得到，对接引脚的成本低，引脚间布线空间相对比较大。但对接引脚焊点的拉力和剪切力比翼形或 J 形引脚低 65％。

6.1.7　大规模集成电路的 BGA 封装

　　BGA（ball grid array）是大规模集成电路的一种极富生命力的封装方法。对于大规模集成电路的封装来说，20 世纪 90 年代前期主要采用 QFP（quad flat package）方式，而 20 世纪 90 年代后期，BGA 方式已经大量应用。应该说，导致这种封装方式改变的根本原因是，集成电路的集成度迅速提高，芯片的封装尺寸必须缩小。

　　QFP 的电极间距的极限是 0.3 mm。在装配焊接电路板时，对 QFP 芯片的贴装精度要求非常严格，电气连接可靠性要求贴装公差是 0.08 mm。间距狭窄的 QFP 电极引脚纤细而脆弱，容易扭曲或折断，这就必须保证引脚之间的平行度和平面度。相比之下，BGA 封装的最大优点是 I/O 电极引脚间距大，典型间距为 1.0、1.27 和 1.5 mm，贴装公差为 0.3 mm。用普通多功能贴装机和再流焊设备就能基本满足 BGA 的组装要求。BGA 的尺

寸比相同功能的 QFP 要小得多，有利于 PCB 组装密度的提高。采用 BGA 使产品的平均
线路长度缩短，改善了组件的电气性能和热性能；另外，焊料球的高度表面张力导致再
流焊时器件的自校准效应，这使贴装操作简单易行，降低了精度要求，贴装失误率大幅
度下降，显著提高了组装的可靠性。显然，BGA 封装方式是大规模集成电路提高 I/O 端
子数量、提高装配密度、改善电气性能的最佳选择。近年以来，1.5 mm 和 1.27 mm 引脚
间距的 BGA 正在取代 0.5 mm 和 0.4 mm 间距的 PLCC/QFP。

　　目前，使用较多的 BGA 的 I/O 端子数是 72～736，预计将可能达到 2000。

　　比较 QFP 和 BGA 封装的集成电路如图 6.10 所示。显然，图（a）所示的 QFP 封装
芯片，从器件本体四周"单线性"顺序引出翼形电极的方式，其电极引脚之间的距离不
可能非常小。随之而来的问题是：提高芯片的集成度，必然使电路的输入/输出电极增加，
但电极引脚间距的限制导致芯片的封装面积变大。

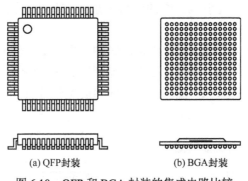

(a) QFP封装　　　　　　　　(b) BGA封装

图 6.10　QFP 和 BGA 封装的集成电路比较

　　BGA 方式封装的大规模集成电路如图 6.10（b）所示。BGA 封装是将原来器件
PLCC/QFP 封装的 J 形或翼形电极引脚，改变成球形引脚；把从器件本体四周"单线性"
顺列引出的电极，改变成本体底面之下"全平面"式的格栅阵排列。这样，既可以疏散
引脚间距，又能够增加引脚数目。

　　BGA 方式能够显著地缩小芯片的封装表面积：假设某个大规模集成电路有 400 个
I/O 电极引脚，同样取电极引脚的间距为 1.27 mm，则正方形 QFP 芯片每边 100 条引脚，
边长至少达到 127 mm，芯片的表面积要 160 cm^2 以上；而正方形 BGA 芯片的电极引脚
按 20×20 的行列均匀排布在芯片的下面，边长只须 25.4 mm，芯片的表面积还不到 7 cm^2。
相同功能的大规模集成电路，BGA 封装的尺寸比 QFP 的封装要小得多，有利于在 PCB
电路板上提高装配的密度。

　　正因为 BGA 封装有比较明显的优越性，所以大规模集成电路的 BGA 品种也在迅速
多样化。现在已经出现很多种形式，如陶瓷 BGA（CBGA）、塑料 BGA（PBGA）、载带
BGA（TBGA）、陶瓷柱 BGA（CCGA）、中空金属 BGA（MBGA）以及柔性 BGA
（Micro-BGA、µBGA 或 CSP）等，前三者的主要区分在于封装的基底材料，如 CBGA
采用陶瓷，PBGA 采用 BT 树脂，TBGA 采用两层金属复合等；而后者是指那些封装尺
寸与片芯尺寸比较接近的小型封装的集成电路。

从装配焊接的角度看，BGA 芯片的贴装公差为 0.3 mm，比 QFP 芯片的贴装精度要求 0.08 mm 低得多。这就使 BGA 芯片的贴装可靠性显著提高，工艺失误率大幅度下降，用普通多功能贴装机和再流焊设备就能基本满足组装要求。采用 BGA 芯片，使产品的平均线路长度缩短，改善了电路的频率响应和其他电气性能；另外，用再流焊设备焊接时，锡珠的高度表面张力导致芯片的自校准（自"对中"）效应，提高了装配焊接的质量。目前可以见到的一般 BGA 芯片，焊球间距有 1.5 mm、1.27 mm、1.0 mm 三种；而 μBGA 芯片的焊球间距有 0.8 mm、0.65 mm、0.5 mm、0.4 mm 和 0.3 mm 多种。

正是由于上述优点，目前 200 条以上 I/O 端子数的大规模集成电路大多采用 BGA 封装方式，这种集成电路已经被大量使用在现代电子整机产品中。例如，电脑中的 CPU、总线控制器、数据控制器、显示控制器芯片等都采用 BGA 封装，其封装形式大多是 PBGA；移动电话（手机）中的中央处理器芯片也采用 BGA 封装，其封装形式多为 μBGA。

图 6.11 所示是几种典型的 BGA 结构。其中，图（a）是 PBGA，图（b）是柔性微型 BGA（μBGA），图（c）是管芯上置的载带 TBGA，图（d）是管芯下置的载带 TBGA，图（e）是陶瓷 CBGA，图（f）是一种 BGA 的外观照片，可见其球状引脚数目是 15×15＝225。

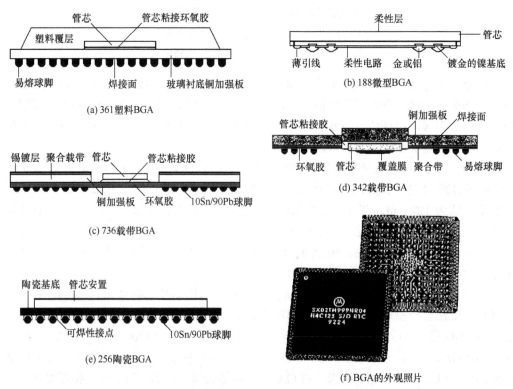

图 6.11　大规模集成电路的几种 BGA 封装结构

6.2　表面安装元器件的基本要求及使用注意事项

6.2.1　SMT 元器件的基本要求

表面安装元器件应该满足以下基本要求。

（1）装配适应性——要适应各种装配设备操作和工艺流程

1）SMT 元器件在焊接前要用贴装机贴放到电路板上，所以元器件的上表面应该适用于真空吸嘴的拾取。

2）表面组装元器件的下表面（不包括焊端）应保留使用胶粘剂的能力。

3）尺寸、形状应该标准化，并具有良好的尺寸精度和互换性。

4）包装形式适应贴装机的自动贴装。

5）具有一定的机械强度，能承受贴装应力和电路基板的弯曲应力。

（2）焊接适应性——要适应各种焊接设备及相关工艺流程

1）元器件的焊端或引脚的共面性好，适应焊接条件：再流焊 235±5℃，焊接时间 2±0.2 s；波峰焊 260±5℃，焊接时间 5±0.5 s。

2）可以承受焊接后采用有机溶剂进行清洗，封装材料及表面标识不得被溶解。

6.2.2　使用 SMT 元器件的注意事项

1）表面组装元器件存放的环境条件：①环境温度，库存温度＜40℃，生产现场温度＜30℃；②环境湿度＜RH60％；③环境气氛　库存及使用环境中不得有影响焊接性能的硫、氯、酸等有毒气体；④防静电措施　要满足 SMT 元器件对防静电的要求；⑤元器件的存放周期从元器件厂家的生产日期算起，库存时间不超过两年，整机厂用户购买后的库存时间一般不超过一年，假如是自然环境比较潮湿的整机厂，购入 SMT 元器件以后应在三个月内使用。

2）对有防潮要求的 SMD 器件，开封后 72 小时内必须使用完毕，最长也不要超过一周。如果不能用完，应存放在 RH20％的干燥箱内，已受潮的 SMD 器件要按规定进行去潮烘干处理。

3）在运输、分料、检验或手工贴装时，假如工作人员需要拿取 SMD 器件，应该佩带防静电腕带，尽量使用吸笔操作，并特别注意避免碰伤 SOP、QFP 等器件的引脚，预防引脚翘曲变形。

6.2.3　SMT 元器件的选择

选择表面安装元器件，应该根据系统和电路的要求，综合考虑市场供应商所能提供的规格、性能和价格等因素。主要从以下两方面选择。

（1）SMT 元器件类型选择

1）选择元器件时要注意贴片机的精度。

2）钽和铝电容器主要用于电容量大的场合。

3）PLCC 芯片的面积小，引脚不易变形，但维修不够方便。

4）LCCC 的可靠性高但价格高，主要用于军用产品中，并且必须考虑器件与电路板之间的热膨胀系数是否一致的问题。

5）机电元件最好选用有引脚的元件。

（2）SMT 元器件的包装选择

SMC/SMD 元器件厂商向用户提供的包装形式有散装、盘状编带、管装和托盘，后三种包装的形式如图 6.12 所示。

(a) 盘状纸/塑料编带包装　　(b) 塑料管包装　　(c) 托盘包装

图 6.12　SMT 元器件的包装形式

1）散装。无引线且无极性的 SMC 元件可以散装，例如，一般矩形、圆柱形电容器和电阻器。散装的元件成本低，但不利于自动化设备拾取和贴装。

2）盘状编带包装。编带包装适用于除大尺寸 QFP、PLCC、LCCC 芯片以外的其他元器件，如图 6.12（a）所示。SMT 元器件的包装编带有纸带和塑料带两种。

纸编带主要用于包装片状电阻、片状电容、圆柱状二极管、SOT 晶体管。纸带一般宽 8 mm，包装元器件以后盘绕在塑料架上。

塑料编带包装的元器件种类很多，各种无引线元件、复合元件、异形元件、SOT 晶体管、引线少的 SOP/QFP 集成电路等。

纸编带和塑料编带的一边有一排定位孔，用于贴片机在拾取元器件时引导纸带前进并定位。定位孔的孔距为 4 mm（元件小于 0402 系列的编带孔距为 2 mm）。在编带上的元件间距依元器件的长度而定，取 4 mm 的倍数。编带的尺寸标准见表 6.5。

表 6.5　SMT 元器件的包装编带的尺寸标准

编带宽度/mm	8	12	16	24	32	44	56
元器件间距/mm（4 的倍数）	2，4	4，8	4，8，12	12，16，20，24	16，20，24，28，32	24，28，32，36，40，44	40，44，48，52，56

3）管式包装。如图 6.12（b）所示，管式包装主要用于 SOP、SOJ、PLCC 集成电路、PLCC 插座和异形元件等，从整机产品的生产类型看，管式包装适合于品种多、批量小的产品。

4）托盘包装。如图 6.12（c）所示，托盘包装主要用于 QFP、窄间距 SOP、PLCC、BGA 集成电路等器件。

6.3　SMT 装配焊接技术

6.3.1　SMT 电路板安装方案

采用 SMT 的安装方法和工艺过程完全不同于通孔插装式元器件的安装方法和工艺过程。目前，在应用 SMT 技术的电子产品中，有一些是全部都采用了 SMT 元器件的电路，但还可见到所谓的"混装工艺"，即在同一块印制电路板上，既有插装的传统 THT 元器件，又有表面安装的 SMT 元器件。这样，电路的安装结构就有很多种。

1.　三种 SMT 安装结构及装配焊接工艺流程

（1）第一种装配结构：全部采用表面安装

印制板上没有通孔插装元器件，各种 SMD 和 SMC 被贴装在电路板的一面或两侧，如图 6.13（a）所示。

（2）第二种装配结构：双面混合安装

如图 6.13（b）所示，在印制电路板的 A 面（也称"元件面"）上，既有通孔插装元器件，又有各种 SMT 元器件；在印制板的 B 面（也称"焊接面"）上，只装配体积较小的 SMD 晶体管和 SMC 元件。

（3）第三种装配结构：两面分别安装

在印制板的 A 面上只安装通孔插装元器件，而小型的 SMT 元器件贴装在印制板的 B 面上，见图 6.13（c）。

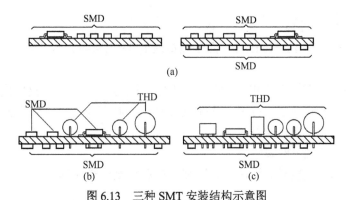

图 6.13　三种 SMT 安装结构示意图

可以认为，第一种装配结构能够充分体现出 SMT 的技术优势，这种印制电路板最终将会价格最便宜、体积最小。但许多专家仍然认为，后两种混合装配的印制板也具有很好的前景，因为它们不仅发挥了 SMT 贴装的优点，同时还可以解决某些元件至今不能采用表面装配形式的问题。

从印制电路板的装配焊接工艺来看，第三种装配结构除了要使用贴片胶把 SMT 元器件粘贴在印制板上以外，其余和传统的通孔插装方式的区别不大，特别是可以利用现在已经比较普及的波峰焊设备进行焊接，工艺技术上也比较成熟；而前两种装配结构一般都需要添加再流焊设备。

2. SMT 印制板波峰焊工艺流程

在上述第三种 SMT 装配结构下，印制板采用波峰焊的工艺流程如图 6.14 所示。

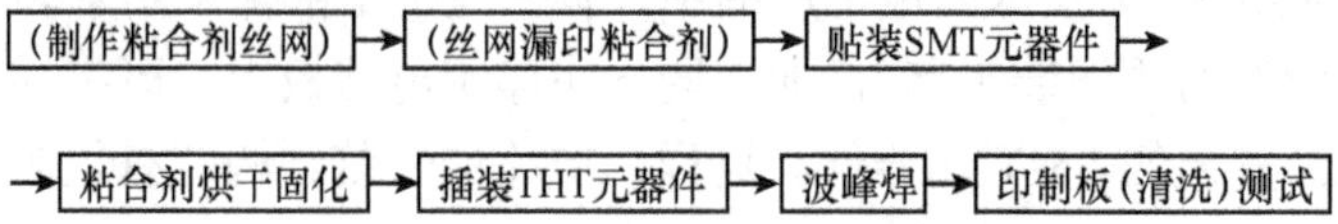

（制作粘合剂丝网）→（丝网漏印粘合剂）→贴装SMT元器件→

→粘合剂烘干固化→插装THT元器件→波峰焊→印制板(清洗)测试

图 6.14　SMT 印制板波峰焊工艺流程

（1）制作粘合剂丝网

按照 SMT 元器件在印制板上的位置，制作用于漏印粘合剂的丝网。

（2）丝网漏印粘合剂

把粘合剂丝网覆盖在印制电路板上，漏印粘合剂。要精确保证粘合剂漏印在元器件的中心，尤其要避免粘合剂污染元器件的焊盘。如果采用点胶机或手工点涂粘合剂，则这前两道工序要相应更改。

（3）贴装 SMT 元器件

把 SMT 元器件贴装到印制板上，使它们的电极准确定位于各自的焊盘。

（4）固化粘合剂

用加热或紫外线照射的方法，使粘合剂烘干、固化，把 SMT 元器件比较牢固地固定在印制板上。

（5）插装 THT 元器件

把印制电路板翻转 180°，在另一面插装传统的 THT 引线元器件。

（6）波峰焊

与普通印制板的焊接工艺相同，用波峰焊设备进行焊接。在印制板焊接过程中，SMT 元器件浸没在熔融的锡液中。可见，SMT 元器件应该具有良好的耐热性能。假如采用双波峰焊接设备，则焊接质量会好很多。

（7）印制板（清洗）测试

对经过焊接的印制板进行清洗，去除残留的助焊剂残渣（现在已经普遍采用免清洗助焊剂，除非是特殊产品，一般不必清洗）。最后进行电路检验测试。

3. SMT 印制板再流焊工艺流程

印制板装配焊接采用再流焊工艺，涂敷焊料的典型方法之一是用丝网印刷焊锡膏，其流程如图 6.15 所示。

制作焊锡膏丝网→丝网漏印焊锡膏→贴装SMT元器件→再流焊→印制板（清洗）测试

图 6.15　丝网印刷焊锡膏的再流焊工艺流程

（1）制作焊锡膏丝网

按照 SMT 元器件在印制板上的位置及焊盘的形状，制作用于漏印焊锡膏的丝网。

（2）丝网漏印焊锡膏

把焊锡膏丝网覆盖在印制电路板上，漏印焊锡膏，要精确保证焊锡膏均匀地漏印在元器件的电极焊盘上。请注意：这两道工序所涉及的"焊锡膏丝网"和"丝网漏印"概念，将在下文介绍印刷机时进一步说明。

（3）贴装 SMT 元器件

把 SMT 元器件贴装到印制板上，有条件的企业采用不同档次的贴装设备，在简陋的条件下也可以手工贴装。无论采用哪种方法，关键是使元器件的电极准确定位于各自的焊盘。

（4）再流焊

用再流焊设备进行焊接，有关概念已经在前文中做过介绍。

（5）印制板清洗及测试

根据产品要求和工艺材料的性质，选择印制板清洗工艺或免清洗工艺。最后对电路板进行检查测试。如果是第二种 SMT 装配结构（双面混合装配），即在印制板的 A 面（元件面）上同时还装有 SMT 元器件，则先要对 A 面经过贴装和再流焊工序；然后，对印制板的 B 面（焊接面）用粘合剂粘贴 SMT 元器件，翻转印制板并在 A 面插装引线元器件后，执行波峰焊工艺流程。

6.3.2　SMT 电路板装配焊接设备

SMT 电路板装配焊接的典型设备有锡膏印刷机、贴片机和再流焊炉。再流焊设备已经在前文中进行了介绍。

1．SMT 印刷机

（1）再流焊工艺焊料供给方法

在再流焊工艺中，将焊料施放在焊接部位的主要方法有焊膏法、预敷焊料法和预形成焊料法。

1）焊膏法：焊膏法将焊锡膏涂敷到 PCB 板焊盘图形上，是再流焊工艺中最常用的方法。焊膏涂敷方式有两种：注射滴涂法和印刷涂敷法。注射滴涂法主要应用在新产品的研制或小批量产品的生产中，可以手工操作，速度慢、精度低但灵活性高。印刷涂敷法又分直接印刷法（也叫模板漏印法或漏板印刷法）和非接触印刷法（也叫丝网印刷法）两种类型，直接印刷法是目前高档设备广泛应用的方法。

2）预敷焊料法：预敷焊料法也是再流焊工艺中经常使用的施放焊料的方法。在某些应用场合，可以采用电镀法和熔融法，把焊料预敷在元器件电极部位的细微引线上或是 PCB 板的焊盘上。在窄间距器件的组装中，采用电镀法预敷焊料是比较合适的，但电镀法的焊料镀层厚度不够稳定，需要在电镀焊料后再进行一次熔融。经过这样的处理，可以获得稳定的焊料层。

3）预形成焊料法：预形成焊料是将焊料制成各种形状，如片状、棒状、微小球状等预先成形的焊料，焊料中可含有助焊剂。这种形式的焊料主要用于半导体芯片的键合部分、扁平封装器件的焊接工艺中。

（2）SMT 印刷机及其结构

图 6.16 是 SMT 锡膏印刷机的照片，它是用来印刷焊锡膏或贴片胶的，其功能是将焊锡膏或贴片胶正确地漏印到印制板相应的位置上。

图 6.16　SMT 锡膏印刷机

SMT 印刷机大致分为三个档次：手动、半自动和全自动印刷机。半自动和全自动印刷机可以根据具体情况配置各种功能，以便提高印刷精度。例如：视觉识别功能、调整电路板传送速度功能、工作台或刮刀 45°角旋转动能（适用于窄间距元器件），以及二维、三维检测功能等。无论是哪一种印刷机，都由以下几部分组成。

1）夹持 PCB 基板的工作台。包括工作台面、真空或边夹持机构、工作台传输控制机构。

2）印刷头系统。包括刮刀、刮刀固定机构、印刷头的传输控制系统等。

3）丝网或模板及其固定机构。

4）为保证印刷精度而配置的其他选件。包括视觉对中系统、擦板系统和二维、三维测量系统等。

（3）印刷涂敷法的丝网及模板

在印刷涂敷法中，直接印刷法和非接触印刷法的共同之处是其原理与油墨印刷类似，主要区别在于印刷焊料的介质，即用不同的介质材料来加工印刷图形；无刮动间隙的印刷是直接（接触式）印刷，采用刚性材料加工的金属漏印模板；有刮动间隙的印刷是非接触式印刷，采用柔性材料丝网或金属掩膜。刮刀压力、刮动间隙和刮刀移动速度是保证印刷质量的重要参数。

高档 SMT 印刷机一般使用不锈钢薄板制作的漏印模板，这种模板的精度高，但加工困难，因此制作费用高，适合于大批量生产的高密度 SMT 电子产品；手动操作的简易 SMT 印刷机可以使用薄铜板制作的漏印模板，这种模板容易加工，制作费用低廉，适合于小批量生产的电子产品。非接触式丝网印刷法是传统的方法，制作丝网的费用低廉，印刷锡膏的图形精度不高，适用于大批量生产的一般 SMT 电路板。

（4）漏印模板印刷法的基本原理

漏印模板印刷法的基本原理见图 6.17。

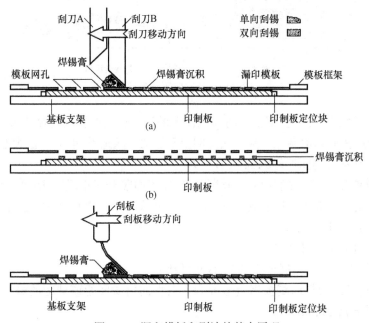

图 6.17　漏印模板印刷法的基本原理

如图 6.17（a）所示，将 PCB 板放在工作支架上，由真空泵或机械方式固定，已加工有印刷图形的漏印模板在金属框架上绷紧，模板与 PCB 表面接触，镂空图形网孔与 PCB 板上的焊盘对准，把焊锡膏放在漏印模板上，刮刀（亦称刮板）从模板的一端向另一端移动，同时压刮焊膏通过模板上的镂空图形网孔印制（沉淀）在 PCB 的焊盘上。假如刮刀单向刮锡，沉积在焊盘上的焊锡膏可能会不够饱满；而刮刀双向刮锡，锡膏图形就比较饱满。高档的 SMT 印刷机一般有 A、B 两个刮刀：当刮刀从右向左移动时，刮刀 A 上升，刮刀 B 下降，B 压刮焊膏；当刮刀从左向右移动时，刮刀 B 上升，刮刀 A 下降，A 压刮焊膏。两次刮锡后，PCB 与模板脱离（PCB 下降或模板上升），如图 6.17（b）所示，完成锡膏印刷过程。

图 6.17（c）描述了简易 SMT 印刷机的操作过程，漏印模板用薄铜板制作，将 PCB 准确定位以后，手持不锈钢刮板进行锡膏印刷。

焊锡膏是一种膏状流体，其印刷过程遵循流体动力学的原理。漏印模板印刷的特征是：①模板和 PCB 表面直接接触；②刮刀前方的焊膏颗粒沿刮刀前进方向作顺时针走向滚动；③漏印模板离开 PCB 表面的过程中，焊膏从网孔转移到 PCB 表面上。

（5）丝网印刷涂敷法的基本原理

用乳剂涂敷到丝网上，只留出印刷图形的开口网目，就制成了非接触式印刷涂敷法所用的丝网。丝网印刷涂敷法的基本原理如图6.18所示。

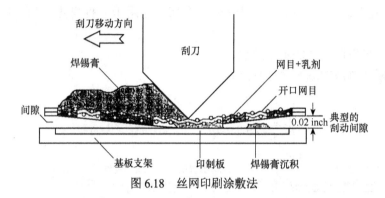

图6.18　丝网印刷涂敷法

将PCB板固定在工作支架上，将印刷图形的漏印丝网绷紧在框架上并与PCB板对准，将焊锡膏放在漏印丝网上，刮刀从丝网上刮过去，压迫丝网与PCB表面接触，同时压刮焊膏通过丝网上的图形印刷到PCB的焊盘上。

丝网印刷具有以下三个特征：①丝网和PCB表面隔开一小段距离；②刮刀前方的焊膏颗粒沿刮板前进方向作顺时针走向滚动；③丝网从接触到脱开PCB表面的过程中，焊膏从网孔转移到PCB表面上。

（6）印刷机的主要技术指标

1）最大印刷面积：根据最大的PCB尺寸确定。

2）印刷精度：根据印制板组装密度和元器件的引脚间距或球距的最小尺寸确定，一般要求达到±0.025 mm。

3）印刷速度：根据产量要求确定。

2. SMT元器件贴装机

用贴装机或人工的方式，将SMC/SMD准确地贴放到PCB板上印好焊锡膏或贴片胶的表面相应位置上的过程，叫做贴装（贴片）工序。在目前国内的电子产品制造企业里，主要采用自动贴片机进行自动贴片，也可以采用手工方式贴片。手工贴片现在一般用在维修或小批量的试制生产中。

要保证贴片质量，应该考虑三个要素：贴装元器件的正确性、贴装位置的准确性和贴装压力（贴片高度）的适度性。

（1）贴片工序对贴装元器件的要求

1）元器件的类型、型号、标称值和极性等特征标记，都应该符合产品装配图和明细表的要求。

2）贴装元器件的焊端或引脚上不小于1/2的厚度要浸入焊膏，一般元器件贴片时，焊膏挤出量应小于0.2 mm；窄间距元器件的焊膏挤出量应小于0.1 mm。

3）元器件的焊端或引脚均应该尽量和焊盘图形对齐、居中。因为再流焊时的自定位效应，元器件的贴装位置允许一定的偏差。

（2）元器件贴装偏差范围

1）矩形元器件允许的贴装偏差范围，如图 6.19 所示，图 6.19（a）的元器件贴装优良，元器件的焊端居中位于焊盘上。图 6.19（b）表示元件在贴装时发生横向移位（规定元器件的长度方向为"纵向"），合格的标准是：焊端宽度的 3/4 以上在焊盘上，即 $D_1 \geq$ 焊端宽度的 75%；否则为不合格。图 6.19（c）表示元器件在贴装时发生纵向移位，合格的标准是：焊端与焊盘必须交叠；如果 $D_2 \geq 0$，则为不合格。图 6.19（d）表示元器件在贴装时发生旋转偏移，合格的标准是：$D_3 \geq$ 焊端宽度的 75%；否则为不合格。图 6.19（e）表示元器件在贴装时与焊锡膏图形的关系，合格的标准是：元件焊端必须接触焊锡膏图形；否则为不合格。

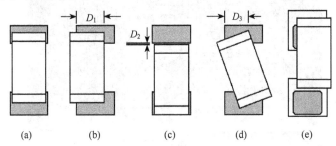

（a）　　　（b）　　　（c）　　　（d）　　　（e）

图 6.19　矩形元件贴装偏差

2）小外形晶体管（SOT）允许的贴装偏差范围：允许有旋转偏差，但引脚必须全部在焊盘上。

3）小外形集成电路（SOIC）允许的贴装偏差范围：允许有平移或旋转偏差，但必须保证引脚宽度的 3/4 在焊盘上，如图 6.20 所示。

4）四边扁平封装器件和超小型器件（QFP，包括 PLCC 器件）允许的贴装偏差范围：要保证引脚宽度的 3/4 在焊盘上，允许有旋转偏差，但必须保证引脚长度的 3/4 在焊盘上。

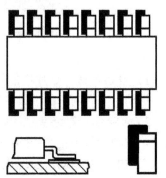

图 6.20　SOIC 集成电路贴装偏差

5）BGA 器件允许的贴装偏差范围：焊球中心与焊盘中心的最大偏移量小于焊球半径，如图 6.21 所示。

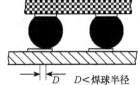

$D<$ 焊球半径

图 6.21　BGA 集成电路贴装偏差

（3）元器件贴装压力（贴片高度）

元器件贴装压力要合适，如果压力过小，元器件焊端或引脚就会浮放在焊锡膏表面，使焊锡膏不能粘住元器件，在传送和再流焊过程中可能会产生位置移动。

如果元器件贴装压力过大，焊膏挤出量过大，容易造成焊锡膏外溢粘连，使再流焊时产生桥接，同时也会造成器件的滑动偏移，严重时会损坏器件。

（4）自动贴片机的主要结构

片状元器件贴装机，又称贴片机。自动贴片机相当于机器人的机械手，能按照事先编制好的程序把元器件从包装中取出来，并贴放到印制板相应的位置上。由于 SMT 的迅速发展，国外生产贴片机的厂家很多，其型号和规格也有多种，但这些设备的基本结构都是相同的。贴装机的基本结构包括设备本体、片状元器件供给系统、印制板传送与定位装置、贴装头及其驱动定位装置、贴装工具（吸嘴）、计算机控制系统等。为适应高密度超大规模集成电路的贴装，比较先进的贴装机还具有光学检测与视觉对中系统，保证芯片能够高精度地准确定位。图 6.22 是多功能贴片机正在工作时的照片。

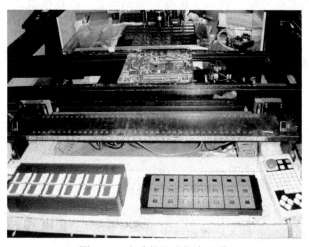

图 6.22　多功能贴片机在工作

1）设备本体：贴片机的设备本体是用来安装和支撑贴装机的底座，一般采用质量大、振动小、有利于保证设备精度的铸铁件制造。

2）贴装头：贴装头也叫吸-放头，是贴装机上最复杂、最关键的部分，它相当于机械手，它的动作由拾取-贴放和移动-定位两种模式组成。第一，贴装头通过程序控制，完成三维的往复运动，实现从供料系统取料后移动到电路基板的指定位置上。第二，贴装头的端部有一个用真空泵控制的贴装工具（吸嘴）。不同形状、不同大小的元器件要采用不同的吸嘴拾放：一般元器件采用真空吸嘴，异形元件（例如没有吸取平面的连接器等）用机械爪结构拾放。当换向阀门打开时，吸嘴的负压把 SMT 元器件从供料系统（散装料仓、管装料斗、盘状纸带或托盘包装）中吸上来；当换向阀门关闭时，吸盘把元器件释放到电路基板上。贴装头通过上述两种模式的组合，完成拾取—放置元器件的动作。贴装头还可以用来在电路板指定的位置上点胶，涂敷固定元器件的粘合剂。

贴装头的 X-Y 定位系统一般用直流伺服电机驱动、通过机械丝杠传输力矩，磁尺和光栅定位的精度高于丝杠定位，但后者容易维护修理。

3）供料系统：适合于表面组装元器件的供料装置有编带、管状、托盘和散装等几种形式。供料系统的工作状态，根据元器件的包装形式和贴片机的类型而确定。贴装前，将各种类型的供料装置分别安装到相应的供料器支架上。随着贴装进程，装载着多种不同元器件的散装料仓水平旋转，把即将贴装的那种元器件转到料仓门的下方，便于贴装头拾取；纸带包装元器件的盘装编带随编带架垂直旋转，管状和定位料斗在水平面上二维移动，为贴装头提供新的待取元件。

4）电路板定位系统：电路板定位系统可以简化为一个固定了电路板的 X-Y 二维平面移动的工作台。在计算机控制系统的操纵下，电路板随工作台沿传送轨道移动到工作区域内，并被精确定位，使贴装头能把元器件准确地释放到一定的位置上。精确定位的核心是"对中"，有机械对中、激光对中、激光加视觉混合对中以及全视觉对中方式。

5）计算机控制系统：计算机控制系统是指挥贴片机进行准确有序操作的核心，目前大多数贴片机的计算机控制系统采用 Windows 界面。可以通过高级语言软件或硬件开关，在线或离线编制计算机程序并自动进行优化，控制贴片机的自动工作步骤。每个片状元器件的精确位置，都要编程输入计算机。具有视觉检测系统的贴装机，也是通过计算机实现对电路板上贴片位置的图形识别。

（5）贴片机的主要指标

衡量贴片机的三个重要指标是精度、速度和适应性。

1）精度：精度是贴装机技术规格中的主要指标之一，不同的贴装机制造厂家，使用的精度体系有不同的定义。精度与贴片机的对中方式有关，其中以全视觉对中的精度最高。一般来说，贴片的精度体系应该包含三个项目：贴装精度、分辨率、重复精度，三者之间有一定的相关关系。

贴装精度是指元器件贴装后相对于 PCB 上标准贴装位置的偏移量大小，被定义为贴装元器件焊端偏离指定位置最大值的综合位置误差。贴装精度由两种误差组成，即平移误差和旋转误差，如图 6.23 所示。平移误差主要因为 X-Y 定位系统不够精确，旋转误差主要因为元器件对中机构不够精确和贴装工具存在旋转误差。定量地说，贴装 SMC 要求精度达到 ±0.01 mm，贴装高密度、窄间距的 SMD 至少要求精度达到 ±0.06 mm。

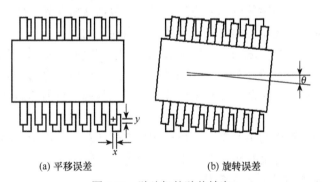

(a) 平移误差　　　　　　　　　　(b) 旋转误差

图 6.23　贴片机的贴装精度

分辨率是描述贴装机分辨空间连续点的能力。贴装机的分辨率由定位驱动电机和传动轴驱动机构上的旋转位置或线性位置检测装置的分辨率来决定，它是贴装机能够分辨的距离目标位置最近的点。分辨率用来度量贴装机运行时的最小增量，是衡量机器本身精度的重要指标，例如，丝杠的每个步进为 0.01 mm，那么该贴装机的分辨率为 0.01 mm。但是，实际贴装精度包括所有误差的总和，因此，描述贴装机性能时很少使用分辨率，一般在比较不同贴装机的性能时才使用它。

重复精度描述贴片头重复返回标定点的能力。通常采用双向重复精度的概念，它定义为"在一系列试验中，从两个方向接近任一给定点时，离开平均值的偏差"，如图 6.24 所示。

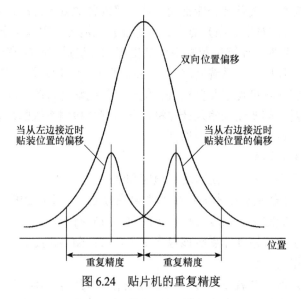

图 6.24　贴片机的重复精度

2）贴片速度：影响贴装机贴装速度的因素有许多，例如 PCB 板的设计质量、元器件供料器的数量和位置等。一般高速机贴装速度高于 0.2 s/Chip 元件，目前最高贴装速度为 0.06 s/Chip 元件；高精度、多功能机一般都是中速机，贴装速度为 0.3～0.6 s/Chip 元件左右。贴装机速度主要用以下几个指标来衡量。

贴装周期指完成一个贴装过程所用的时间，它包括从拾取元器件、元器件定心、检测、贴放和返回到拾取元器件的位置这一过程所用的时间。

贴装率指在一小时内完成的贴装周期数。测算时，先测出贴装机在 50 mm×250 mm 的 PCB 板上贴装均匀分布的 150 只片式元器件的时间，然后计算出贴装一只元器件的平均时间，最后计算出一小时贴装的元器件数量，即贴装率。目前高速贴片机的贴装率可达每小时数万片。

生产量：理论上每班的生产量可以根据贴装率来计算，但由于实际的生产量会受到许多因素的影响，与理论值有较大的差距，影响生产量的因素有生产时停机、更换供料器或重新调整 PCB 板位置的时间等因素。

3）适应性：适应性是贴装机适应不同贴装要求的能力，包括以下内容。

能贴装的元器件的种类：贴装元器件种类广泛的贴装机，比仅能贴装 SMC 或少量 SMD 类型的贴装机的适应性好。影响贴装元器件类型的主要因素是贴装精度、贴装工具、定心机构与元器件的相容性，以及贴装机能够容纳供料器的数目和种类。一般高速贴片机主要可以贴装各种 SMC 元件和较小的 SMD 器件（最大约 25 mm×30 mm）；多功能机可以贴装从 1.0 mm×0.5 mm～54 mm×54 mm 的 SMD 器件（目前可贴装的元器件尺寸已经达到最小 0.6 mm×0.3 mm，最大 60 mm×60 mm），还可以贴装连接器等异形元器件，连接器的最大长度可达 150 mm。

贴装机能够容纳供料器的数目和种类：贴装机上供料器的容纳量通常用能装到贴装机上的 8 mm 编带供料器的最多数目来衡量。一般高速贴片机的供料器位置大于 120 个，多功能贴片机的供料器位置在 60～120 个之间。由于并不是所有元器件都能包装在 8 mm 编带中，所以贴装机的实际容量将随着元器件的类型而变化。

贴装面积：由贴装机传送轨道以及贴装头的运动范围决定。一般可贴装的 PCB 尺寸，最小为 50 mm×50 mm，最大应大于 250 mm×300 mm。

贴装机的调整：当贴装机从组装一种类型的电路板转换到组装另一种类型的电路板时，需要进行贴装机的再编程、供料器的更换、电路板传送机构和定位工作台的调整、贴装头的调整和更换等工作。高档贴装机一般采用计算机编程方式进行调整，低档贴装机多采用人工方式进行调整。

（6）贴片机的工作方式和类型

按照贴装元器件的工作方式，贴片机有四种类型：顺序式、同时式、流水作业式和顺序—同时式。它们在组装速度、精度和灵活性方面各有特色，要根据产品的品种、批量和生产规模进行选择。目前国内电子产品制造企业里使用最多的是顺序式贴片机。

所谓流水作业式贴装机，是指由多个贴装头组合而成的流水线式的机型，每个贴装头负责贴装一种或在电路板上某一部位的元器件，见图 6.25（a）。这种机型适用于元器件数量较少的小型电路。

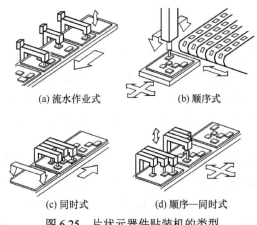

(a) 流水作业式　　　　　(b) 顺序式

(c) 同时式　　　　　(d) 顺序—同时式

图 6.25　片状元器件贴装机的类型

顺序式贴装机见图 6.25（b），是由单个贴装头顺序地拾取各种片状元器件，固定在工作台上的电路板，由计算机进行控制作 X-Y 方向上的移动，使板上贴装元器件的位置恰位于贴装头的下面。

同时式贴装机，也叫多贴装头贴片机，是指它有多个贴装头，分别从供料系统中拾取不同的元器件，同时把它们贴放到电路基板的不同位置上，如图 6.25（c）所示。

顺序—同时式贴装机，则是顺序式和同时式两种机型功能的组合。片状元器件的放置位置，可以通过电路板作 X-Y 方向上的移动或贴装头作 X-Y 方向上的移动来实现，也可以通过两者同时移动实施控制，如图 6.25（d）所示。

在选购贴片机时，必须考虑其贴装速度、贴装精度、重复精度、送料方式和送料容量等指标，使它既符合当前产品的要求，又能适应近期发展的需要。如果对贴片机性能有比较深入的了解，就能够在购买设备时获得更高的性能-价格比。例如，要求贴装一般的片状阻容元件和小型平面集成电路，则可以选购一台多贴装头的贴片机；如果还要贴装引脚密度更高的 PLCC/QFP 器件，就应该选购一台具有视觉识别系统的贴片机和一台用来贴装片状阻容元件的普通贴片机，配合起来使用。供料系统可以根据使用的片状元器件的种类来选定，尽量采用盘状纸带式包装，以便提高贴片机的工作效率。

如果企业生产 SMT 电子产品刚刚起步，应该选择一种由主机加上很多选件组成的中、小型贴片机系统。主机的基本性能好，价格不太高，可以根据需要选购多种附件，组成适应不同产品需要的多功能贴片机。

3．SMT 点胶机

与传统的 THT 技术在焊接前把元器件插装到电路板上不同，SMT 技术是在焊接前把元器件贴装到电路板上。显然，采用再流焊工艺流程进行焊接，依靠焊锡膏就能够把元器件粘贴在电路板上传递到焊接工序；但对于采用波峰焊工艺焊接双面混合装配、双面分别装配（第二、三种装配方式）的电路板来说，由于元器件在焊接过程中位于电路板的下方，所以必须在贴片时用粘合剂进行固定。用来固定 SMT 元器件的粘合剂叫做贴片胶。

（1）涂敷贴片胶的方法

涂敷贴片胶到电路板上的常用方法有点滴法、注射法和丝网印刷法。

1）点滴法。这种方法说来简单，是用针头从容器里蘸取一滴贴片胶，把它点涂到电路基板的焊盘或元器件的焊端上。点滴法只能手工操作，效率很低，要求操作者非常细心，因为贴片胶的量不容易掌握，还要特别注意避免涂到元器件的焊盘上导致焊接不良。

2）注射法。这种方法既可以手工操作，又能够使用设备自动完成。手工注射贴片胶，是把贴片胶装入注射器，靠手的推力把一定量的贴片胶从针管中挤出来。有经验的操作者可以准确地掌握注射到电路板上的胶量，取得很好的效果。

大批量生产中使用的由计算机控制的点胶机如图 6.26 所示。图 6.26（a）是根据元器件在电路板上的位置，通过针管组成的注射器阵列，靠压缩空气把贴片胶从容器中挤出来，胶量由针管的大小、加压的时间和压力决定。图 6.26（b）是把贴片胶直接涂到被贴装头吸住的元器件下面，再把元器件贴装到电路板指定的位置上。

点胶机的功能可以用 SMT 自动贴片机来实现：把贴片机的贴装头换成内装贴片胶的点胶针管，在计算机程序的控制下，把贴片胶高速逐一点涂到印制板的焊盘上。

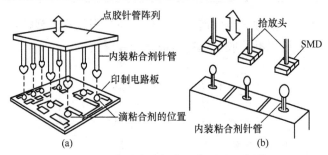

图 6.26　自动点胶机的工作原理示意图

3）贴片胶丝网印刷法。用丝网漏印的方法把贴片胶印刷到电路基板上，这是一种成本低、效率高的方法，特别适用于元器件的密度不太高，生产批量比较大的情况。需要注意的关键是，电路基板在丝网印刷机上必须准确定位，保证贴片胶涂敷到指定的位置上，避免污染焊接面。

（2）贴片胶的固化

涂敷贴片胶以后进行贴装元器件，这时需要固化贴片胶，把元器件固定在电路板上。固化贴片胶可以采用多种方法，比较典型的方法有三种。

1）用电热烘箱或红外线辐射，对贴装了元器件的电路板加热一定时间；

2）在粘合剂中混合添加一种硬化剂，使粘接了元器件的贴片胶在室温中固化，也可以通过提高环境温度加速固化；

3）采用紫外线辐射固化贴片胶。

（3）装配流程中的贴片胶涂敷工序

在元器件混合装配结构的电路板生产过程中，涂敷贴片胶是重要的工序之一，它与前后工序的关系如图 6.27 所示。其中，图（a）是先插装引线元器件，后贴装 SMT 元器件的方案；图（b）是先贴装 SMT 元器件，后插装引线元器件的方案。比较这两个方案，后者更适合用自动生产线进行大批量生产。

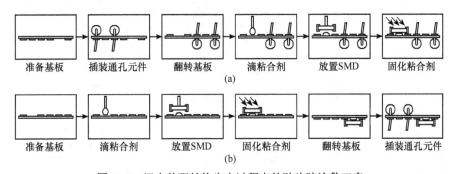

图 6.27　混合装配结构生产过程中的贴片胶涂敷工序

（4）涂敷贴片胶的技术要求

有通过光照或加热方法固化的两类贴片胶，涂敷光固型和热固型贴片胶的技术要求也不相同。如图 6.28 所示，（a）图表示光固型贴片胶的位置，因为贴片胶至少应该从元器件的下面露出一半，才能被光照射而实现固化；（b）图是热固型贴片胶的位置，因为采用加热固化的方法，所以贴片胶可以完全被元器件覆盖。

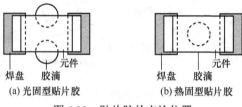

图 6.28　贴片胶的点涂位置

贴片胶滴的大小和胶量，要根据元器件的尺寸和重量来确定，以保证足够的粘结强度为准：小型元件下面一般只点涂一滴贴片胶，体积大的元器件下面可以点涂多个胶滴或点涂大一些的胶滴；胶滴的高度应该保证贴装元器件以后能接触到元器件的底部；胶滴也不能太大，要特别注意贴装元器件后不要把胶挤压到元器件的焊端和印制板的焊盘上，造成妨碍焊接的污染。

4. SMT 焊接设备

用波峰焊与再流焊设备焊接 SMT 电路板的方法已经在前文进行了介绍，这里结合 SMT 电路板的组装方式做进一步的比较。一般情况下，波峰焊适用于混合组装（第二、三种装配方式），再流焊适用于全表面组装（第一种装配方式）。表 6.6 比较了各种设备焊接 SMT 电路板的性能。

表 6.6　各种设备焊接 SMT 电路板的性能比较

焊接方法		初始投资	生产费用	生产效率	温度稳定性	工作适应性				
						温度曲线	双面装配	工装适应性	温度敏感元件	焊接误差率
再流焊	红外	低	低	中	取决于吸收	尚可	能	好	要屏蔽	①
	气相	中-高	高	中-高	极好	②	能	很好	会损坏	中等
	热风	高	高	高	好	缓慢	不能	好	会损坏	很低
	热板	低	低	中-高	好	极好	不能	差	影响小	很低
	激光	高	中	低	要精确控制	实验确定	能	很好	极好	低
波峰焊		高	高	高	好	难建立	③	不好	会损坏	高

① 经适当夹持固定后，焊接误差率低。

② 温度曲线改变时间停顿容易，改变温度困难。

③ 一面插装普通元件，SMC 在另一面。

5. SMT 电路板的焊接检测设备

SMT 电路的小型化和高密度化，使检验的工作量越来越大，依靠人工目视检验的难度越来越高，判断标准也不能完全一致。目前，生产厂家在大批量生产过程中检测 SMT 电路板的焊接质量，广泛使用自动光学检测（AOI）或 X 射线检测技术及设备。这两类检测系统的主要差别在于对不同光信号的采集处理方式的差异。

（1）AOI 自动光学检测系统

AOI 的工作原理与贴片机、SMT 印刷机所用的光学视觉系统的原理相同，基本有两种，即设计规则检验法（DRC）和图形识别方法。DRC 法是按照一些给定的设计规则来检查电路图形，它能从算法上保证被检测电路的正确性，统一评判标准，帮助制造过程控制质量，并具有高速处理数据、编程工作量小等特点，但它对边界条件的确定能力较差；图形识别法是将已经储存的数字化设计图形与实际产品图形相比较，按照完好的电路样板或计算机辅助设计时编制的检查程序进行比较，检查精度取决于系统的分辨率和检查程序的设定。这种方法用设计数据代替 DRC 方法中的预定设计原则，具有明显的优越性，但其采集的数据量较大，对系统的实时性反映能力的要求较高。

AOI 系统用可见光（激光）或不可见光（X 射线）作为检测光源，光学部分采集需要检测的图形，由图像处理软件对数据进行处理、分析和判断，不仅能够从外观上检查 PCB 板和元器件的质量，也可以在贴片焊接工序以后检查焊点的质量。AOI 的工作原理模型如图 6.29 所示。

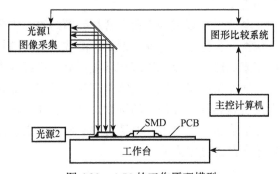

图 6.29　AOI 的工作原理模型

AOI 的主要功能包括以下几个方面。

1）检查电路板有引线的一面，保证引线焊端排列和弯折适当。

2）检查电路板正面，判断是否存在元器件缺漏、安装错误、外形损伤、安装方向错误等现象。

3）检查元器件表面印制的标记质量等。

AOI 系统允许正常的产品通过，发现电路板装配焊接的缺陷，便会记录缺陷的类型和特征，并向操作者发出信号，或者触发执行机构自动取下不良部件送回返修系统。AOI 系统还会对缺陷进行分析和统计，为主控计算机调整制造过程提供依据。AOI 系统使用方便、调整容易。目前市场上出售的 AOI 系统，可以完成的检查项目一般包括元器件缺漏检查、元器件识别、SMD 方向检查、焊点检查、引线检查、反接检查等。参考价格大约在 0.6～17 万美元之间，能够完成的检查内容与售价有关，有些只能完成上述项目中的二、三项。AOI 系统的不足之处是只能进行图形的直观检验，检测的效果依赖系统的分辨率，它不能检测不可见的焊点和元器件，也不能从电性能上定量地进行测试，条件好的企业一般更多地装备了在线测试（ICT）设备。AOI 系统的另一个缺点是价格昂贵。

（2）X 射线检测

PLCC、SOJ、BGA、CSP 和 FC 芯片的焊点在器件的下面，用人眼和 AOI 系统都不能检验，因此用 X 射线检测就成为判断这些器件焊接质量的主要方法，国内条件好的企业已经装备了这种设备。现在的 X 射线检测设备大致可以分成以下三种。

1）X 射线传输测试系统——适用于检测单面贴装了 BGA 等芯片的电路板，缺点是不能区分垂直重叠的焊点。

2）X 射线断面测试或三维测试系统——它克服了上述缺点，可以进行分层断面检测，相当于工业 CT 机。

3）X 射线和 ICT 结合的检测系统——用 ICT 在线测试补偿 X 射线检测的不足之处，适用于高密度、双面贴装 BGA 等芯片的电路板。

6. 清洗工艺、清洗设备和免清洗焊接方法

（1）清洗工艺和免清洗工艺

电路板在焊接以后，其表面或多或少会留有各种残留污物。为防止由于腐蚀而引起的电路失效，应该进行清洗，去除残留污物。但是，清洗工艺要消耗能源、人力和清洗材料，特别是清洗材料带来的废气、废水排放和环境污染，已经成为必须重视的问题。现在，除非是制造航天、航空类高可靠性、高精度产品，很多企业在一般电子产品的生产过程中，都改用了免清洗材料（主要是免清洗助焊剂）和免清洗工艺，为降低生产成本和保护环境做出了有益的尝试。在这里，对清洗材料和清洗工艺的介绍，仅供研制生产高可靠性、高精度电子产品的技术人员参考。

（2）残留污物的种类

仔细分析焊接后电路板上的残留污物，一般可以分为三大类。

1）颗粒性残留污物，包括灰尘、絮状物和焊料球。灰尘、絮状物会吸附环境中的潮气和其他污物导致电路腐蚀；焊接时飞溅的焊料球在设备震动时可能聚集在一起，造成电路短路。

2）极性残留污物，包括卤化物、酸和盐，它们来自助焊剂里的活化剂。极性残留污物会降低导体的绝缘电阻，并可能导致印制电路导线锈腐。

3）非极性残留污物，包括油脂、蜡和树脂残留物。非极性残留物的特性是绝缘的，虽然它们不会引起电路短路，但在潮湿的环境中会使电路板出现粉状或泡状腐蚀。

颗粒性残留污物，可以采用高压喷射或超声波等机械方式清除；而极性和非极性残

留污物，应该使用溶剂在清洗设备中将其去除。

（3）溶剂的种类和选择

清除极性和非极性残留污物，要使用清洗溶剂。清洗溶剂分为极性和非极性溶剂两大类：极性溶剂包括有酒精、水等，可以用来清除极性残留污物；非极性溶剂包括有氯化物和氟化物两种，如三氯乙烷、F-113 等，可以用来清除非极性残留污物。由于大多数残留污物是非极性和极性物质的混合物，所以，实际应用中通常使用非极性和极性溶剂混合后的溶剂进行清洗，混合溶剂由两种或多种溶剂组成。混合溶剂能直接从市场上购买，产品说明书会说明其特点和适用范围。

选择溶剂，除了应该考虑与残留污物类型相匹配以外，还要考虑一些其他因素：去污能力、性能、与设备和元器件的兼容性、经济性和环保要求。

（4）溶剂清洗设备

溶剂清洗设备用于清除电路板上的残留污物，按使用的场合不同，可分为在线式清洗器和批量式清洗器两大类，每一类清洗器中都能加入超声波冲击或高压喷射清洗功能。

这两类清洗设备的清洗原理是相同的，都采用冷凝—蒸发的原理清除残留污物。主要步骤是：将溶剂加热使其产生蒸汽，将较冷的被清洗电路板置于溶剂蒸汽中，溶剂蒸汽冷凝在电路板上，溶解残留污物，然后，将被溶解的残留污物蒸发掉，被清洗电路板冷却后再置于溶剂蒸汽中。循环上述过程数次，直到把残留污物完全清除。

在线式清洗器用于大批量生产的场合。它的操作是全自动的，它有全封闭的溶剂蒸发系统，能够做到溶剂蒸汽不外泄。在线式清洗器可以加入高压倾斜喷射和扇形喷射的机械去污方法，特别适用于表面安装电路板的清洗。

批量式清洗器适用于小批量生产的场合，如在实验室中应用。它的操作是半自动的，溶剂蒸汽会有少量外泄，对环境有影响。

（5）水溶液清洗

水是一种成本较低且对多种残留污物都有一定清洗效果的溶剂，特别是在目前环保要求越来越高的情况下，有时只能使用水溶液进行清洗。水对大多数颗粒性、非极性和极性残留污物都有较好的清洗效果，但对硅脂、树脂和纤维玻璃碎片等电路板焊接后产生的不溶于水的残留污物没有效果。在水中加入碱性化学物质，如肥皂或胺等表面活性剂，可以改善清洗效果。除去水中的金属离子，将水软化，能够提高这些添加剂的效果并防止水垢堵塞清洗设备。因此，清洗设备中一般使用软化水。

（6）免清洗焊接技术

传统的清洗工艺中通常要用到 CFC 类清洗剂，而 CFC 对臭氧层有破坏作用，所以被逐渐禁用。这样，免清洗焊接技术就成为解决这一问题的最好方法。对于一般电子产品，采用免清洗助焊剂并在制造过程中减少残留污物，例如，保持生产环境的清洁、工人戴手套操作避免油污、水汽沾染元器件和电路板、焊接时仔细调整设备和材料的工艺参数，就能够减除清洗工序，实现免清洗焊接。但对于高精度、高可靠性产品，上述方法还不足以实现免清洗焊接，必须采取进一步的技术措施。

目前有两种技术可以实现免清洗焊接，一种是惰性气体焊接技术，另一种是反应气氖焊接技术。

1) 惰性气体焊接技术：在惰性气体中进行波峰焊接和再流焊接，使 SMT 电路板上的焊接部位和焊料的表面氧化被控制到最低限度，形成良好的焊料润湿条件，再用少量的弱活性焊剂就能获得满意的效果。常用的惰性气体焊接设备，有开放式和封闭式两种。

开放式惰性气体焊接设备采用通道式结构，适用于波峰焊和连续式红外线再流焊。用氮气降低通道中的氧气含量，从而降低氧化程度，提高焊料润湿性能，提高焊接的可靠性。但开放式惰性气体焊接设备的缺点是要用到甲酸物质，会产生有害气体；并且其工艺复杂，成本高。

封闭式惰性气体焊接设备也采用通道式结构，只是在通道的进出口设置了真空腔。在焊接前，将电路板放入真空腔，封闭并抽真空，然后注入氮气，反复抽真空、注入氮气的操作，使腔内氧气浓度小于 5×10^{-6}。由于氮气中原有氧气的浓度也小于 3×10^{-6}，所以腔内总的氧气浓度小于 8×10^{-6}。然后让电路板通过预热区和加热区。焊接完毕后，电路板被送到通道出口处的真空腔内，关闭通道门后，取出电路板。这样，整个焊接在全封闭的惰性气体中进行，不但可以获得高质量的焊接，而且可以实现免清洗。

封闭式惰性气体焊接可用于波峰焊、红外和强力对流混合的再流焊，由于在氮气中焊接，减少了焊料氧化，使润湿时间缩短，润湿能力提高，提高了焊接质量而且很少产生飞溅的焊料球，电路极少污染和氧化。由于采用封闭式系统，能有效地控制氧气及氮气浓度。在封闭式惰性气体焊接设备中，风速分布和送风结构是实现均匀加热的关键。

2) 反应气氛焊接技术：反应气氛焊接是将反应气氛通入焊接设备中，从而完全取消助焊剂的使用，反应气氛焊接技术是目前正在研究和开发中的技术。

7. SMT 电路板维修工作站

对采用 SMT 工艺的电路板进行维修，或者对品种变化多而批量不大的产品进行生产的时候，SMT 维修工作站能够发挥很好的作用。维修工作站实际是一个小型化的贴片机和焊接设备的组合装置，但贴装、焊接片状元器件的速度比较慢。大多维修工作站装备了高分辨率的光学检测系统和图像采集系统，操作者可以从监视器的屏幕上看到放大的电路焊盘和元器件电极的图像，使元器件能够高精度地定位贴装。高档的维修工作站甚至有两个以上摄像镜头，能够把从不同角度摄取的画面叠加在屏幕上。操作者可以看着屏幕仔细调整贴装头，让两幅画面完全重合，实现多引脚的 SOJ、PLCC、QFP、BGA、CSP 等器件在电路板上准确定位。

SMT 维修工作站都备有与各种元器件规格相配的红外线加热炉、电热工具或热风焊枪，不仅可以用来拆焊那些需要更换的元器件，还能熔融焊料，把新贴装的元器件焊接上去。

目前，国内企业中常见的 SMT 维修工作站大多是进口设备，德国 ERSA 公司和美国 OK 公司制造的机型是知名品牌的维修工作站。图 6.30 是 ERSA 公司的 IR-550 维修工作站的照片。

8. SMT 生产线的设备组合

SMT 生产线的主要设备包括锡膏印刷机、点胶机、贴装机、再流焊炉和波峰焊机。

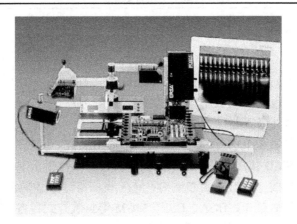

图 6.30　ERSA IR-550 维修工作站

辅助设备有检测设备、返修设备、清洗设备、干燥设备和物料存储设备等。按照自动化程度，SMT 生产线可以分为全自动和半自动生产线；按照生产规模的大小，又可以分为大型、中型和小型生产线。

全自动生产线是指整条生产线的设备都是全自动设备，通过电路板自动装载机（上板机）、缓冲连接线和自动卸板机，将所有生产设备连接成一条自动生产线；半自动生产线主要因为印刷机是半自动的，需要人工印刷或人工装卸电路板，使生产设备线不能自动连接或没有完全连接起来。

大型生产线具有较大的生产能力，单面贴装生产线上的贴装设备由一台多功能贴装机和多台高速贴装机组成；靠自动翻板机把两条单面贴装生产线连接起来，就构成了双面贴装生产线。

适合中小企业和研究单位使用的中、小型 SMT 生产线，可以是全自动或半自动线，满足多品种或单一品种的要求。如果生产量不大，其中的贴装设备一般选用较高速度的中、小型多功能贴片机；如果有一定的生产量，则由一台多功能贴装机和两台高速贴装机组成。中、小型 SMT 自动生产流水线设备配置平面图如图 6.31 所示。

图 6.31　中、小型 SMT 自动生产流水线设备配置平面图

思考题与习题

1.（1）试简述表面安装技术的产生背景。

　（2）试简述表面安装技术的发展简史。

2. 试比较 SMT 与通孔基板式 PCB 安装的差别。SMT 有何优越性？

3. 试分析表面安装元器件有哪些显著特点。

4.（1）试写出 SMC 元件的小型化进程。

（2）试写出下列 SMC 元件的长和宽（mm）：

　　　　　　　1206，0805，0603，0402。

（3）试说明下列 SMC 元件的含义：3216C，3216R。

（4）试写出常用典型 SMC 电阻器的主要技术参数。

（5）片状元器件有哪些包装形式？

（6）试叙述典型 SMD 有源器件从二端到六端器件的功能。

（7）试叙述 SMD 集成电路的封装形式。并注意收集新出现的封装形式。

5.（1）请说明集成电路 DIP 封装结构具有哪些特点？有哪些结构形式？

（2）请总结归纳 QFP、BGA、CSP、MCM 等封装方式各自的特点。

6.（1）试说明三种 SMT 装配方案及其特点。

（2）试叙述 SMT 印制板波峰焊接的工艺流程。

（3）试叙述 SMT 印制板再流焊的工艺流程。

（4）请说明再流焊工艺焊料的供给方法。

7.（1）请说明 SMT 中元器件贴片机的主要结构。

（2）请对贴片机的四种工作类型进行分析和对比。

（3）在保证贴片质量的前提下，贴片应该考虑哪些因素？

（4）根据 SMT 在中国的发展水平，应选择何种贴片机？

（5）试叙述 SMT 维修工作站的配置及用途。

（6）试说明 SMT 装配过程中粘合剂涂敷工序在工艺流程中的位序。

8.（1）什么叫气泡遮蔽效应？什么叫阴影效应？SMT 采用哪些新型波峰焊接技术？

（2）请说明双波峰焊接机的特点。

（3）请叙述红外线再流焊的工艺流程和技术要点。

（4）请叙述汽相再流焊的工艺过程。

9.（1）涂敷贴片胶有几种方法？请详细说明。

（2）涂敷贴片胶有哪些技术要求？

（3）固化贴片胶有几种方法？

实 训 部 分

实训项目　SMT 实训

1. 实训目的和任务

1）掌握 SMT 生产工艺流程

2）了解 SMT 元器件的包装规格与包装方式

3）了解 SMT 材料锡膏的主要成分与储存和使用要求

4）了解表面贴装设备的基本构造和工作原理

5）了解表面贴装设备的开机、关机操作

2．实训内容与步骤

1）认识 SMT 元器件的外观与包装方式

2）认识锡膏

3）观看印刷机实物结构并选择一款产品老师示范演示印刷过程

4）观看贴片机实物结构并选择一款产品老师示范演示贴片过程

5）观看回流焊机实物结构并选择一款产品老师示范演示回流焊接过程

3．SMT 设备操作指导书及其安全规程

（1）CASIO PV2 印刷机操作步骤及其安全规程

开机包括以下几个方面。

1）确认气压是否为 5.5 kg。

2）打开机器左部电源给整机通电。

3）当屏幕显示气压"OK"，按面板"READY"键"HOME"键，屏幕提示时，"F9"时，再按"HOME"使机器归位。

4）机器归位后，"HOME"灯灭，按"READY"键，选"AUTO"状态。

5）按"START"键，开始印刷。

6）有异常情况，立即按下红色急停键。

关机包括以下几个方面。

1）按下红色"STOP"键，再按下"F1"键退回主菜单。

2）取出网板。

3）关掉电源。

安全规程包括以下几个方面。

1）设备运行时，身体请不要伸入机器内。

2）擦拭网板时应按下"Cycle Stop"，机器停止运行，方可进行。

3）正常生产时要将盖子盖上。

4）发现紧急情况应立即按下右下方红色按钮，并及时通知工程师。

5）设备应由经过培训合格的人员操作，其他人员请勿操作机器。

6）刮刀清洗完毕后，应将刮刀重新上好。

（2）CASIO YCM3300 操作步骤及其安全规程

开机包括以下几个方面。

1）打开机器背后下部电源到"ON"，检查气压表指示到 5.5 kg。

2）按显示屏下"ON"开关（绿灯亮），等屏幕出现"VISION BOARD OK"再按"SERVO"开关（红灯亮）。

3）选"PRODUCTION"，再"PROGRAM SELECT"，再选生产 PCB 之文件号，按右上角"SELECT"退出。

4）选"REAL PRODUCTION"，再选生产模式"CONT/EOP/IBL"按"START"进入生产。

5）生产中需打开盖时，应先按下"IBL"使机器停止，再打开机盖。

关机包括以下几个方面。

1）先确认机内无 PCB 板。

2）先按"IBL"，再按"ESC"退出生产，按"ESC"退回主菜单。

3）按"SERVO"至红灯灭。

4）按"OFF"红灯亮。

5）关掉机后中下部电源。

安全规程包括以下几个方面。

1）设备在生产时，切勿让身体入机器内。

2）生产前检查料架是否浮翘。

3）正常生产时要将盖子盖上。

4）发现紧急情况应立即按下左右上方的其中一红色按钮，并及时通知 FE。

5）设备应由经过培训合格的人员操作，其他工请勿动。

6）操作或检修调试设备之前一定要注意对面是否以有人操作，有则告之对方，切不可双方操作。

4. FURUKAWA 回流焊机操作步骤及安全规程

开机包括以下几个方面。

1）确认气压大于 5.5 kg，抽风机电源已打开。

2）依次打开机器前下部电源主开关和控制开关，电源指示灯亮。

3）调用所需 PCB 文件号，按"MODE"键，再按"▲"和"▼"，选完后按"ENT"，再按"MODE"退出。

4）按下"CONV"键，轨道会自动调整到所需宽度。

5）按下"HEATER"键，加热开始。

6）等温度稳定（绿灯亮）后，方可进入生产状况。

关机包括以下几个方面。

1）先确认炉内无 PCB 板。

2）按"TMSTOP"，加热停止。

3）关掉主电源，再关掉控制电源。

安全规程包括以下几个方面。

1）设备在生产时，切勿让身体入机器内。

2）正常生产时要将盖子盖上。

3）发现紧急情况应立即按下左右上方的其中一红色按钮，并及时通知 FE。

4）设备应由经过培训合格的人员操作，其他工请勿动。

5）设备内有高温要注意，传动部分注意被夹伤。

第 7 章　电子产品生产中的检测和调试

7.1　ICT 检测

7.1.1　ICT 简介

ICT 是 In-Circuit Tester 的简写，它是一种利用电脑技术，在大批量生产的电子产品生产线上，测试电路板上元器件是否正确及其参数、电路便装配是否正确的测试仪器。由于它不是模拟测试电路的功能、性能，所以也叫其为电路板的静态测试。

ITC 的结构如图所示。它基本上由电脑、测试电路、测试压板及针床和显示、机械传动等部分组成。软件部分是 Windows 操作系统和 ICT 测试软件。

电脑部分就是一台普通的 PC 机，用其 windows 操作系统完成与测试软件的接口和在显示器上显示、打印、统计等功能。

测试电路分控制电路和开关电路。控制电路是控制对相应的元器件测试其参数。电阻测试其阻值，电容测试其容量，电感测其电感量等。开关电路是接通需测试的相应元器件，由继电器或 CMOS 半导体开关组成。

测试用针床是用于接通 ICT 和被测电路板的一块工装板。工装板上根据电路板上的每一测试点的位置安装了一根测试针，测试针是带弹性可伸缩的，被测电路板压在针床上时，测试针和针床以及连接电缆，把电路板上每一个测试点连接到测试电路上。

当压板上的塑料棒压住 电路板往下压一段距离时，针床上测试针受到压缩力而良好地使测试点与测试电路连接，也就是被测元器件接入与测试电路。

机械传动部分包括气动压板、行程开关等机构。ICT 是用压缩空气通过汽缸将压板压下、升上的。行程开关是当压板下压到指定的位置时该开关断开气路，压板停止下压动作。

7.1.2　ICT 技术参数

（1）最大测试点数

表示设备最多能设多少个测试点。一般电阻、电容等元件只有两条引脚，每个元件只用两个测试点就够了。ICT 有多个引脚，每条引脚都需要设一个测试点。元件越多，电路板越复杂，需要测试点越多。因此，测试仪需要足够多的测试点数。目前 ICT 的最大测试点数可达 2048 点，已足够用了。

（2）可测试的元器件种类

早期的 ICT 只可以测试开、短路，电阻、电容、电感、二极管等较少种类的元器件，经不断改进,现在 ICT 已可以测试三极管、稳压管、光耦、IC 等多种元器件。

(3)测试速度

测试一块电路板的最少时间。测试速度与电路板的复杂程度有关。

(4)测试范围

电阻的测试范围:一般 0.05 Ω～40 MΩ。

电容的测试范围:一般 1 pF～40000 μF。

电感的测试范围:一般 1 μH～40 H。

(5)测试电压、电流、频率

测试电压一般为 0～10 V。

测试电流一般为 1 μA～80 mA。

频率一般为 1 Hz～100 kHz。

(6)电路板尺寸

最大的电路板尺寸一般为 460×350 mm。

7.1.3 测试原理

(1)电阻测试

电阻是测试其阻值。其工作原理很简单,就是在电阻的测试针上加一个电流,然后测试这个电阻两端的电压,利用欧姆定律:

$$R = \frac{U}{I}$$

算出该电阻的阻值。

(2)电容测试

测试电容是测量其容量。小电容的测试方法与电阻类似,不过是用交流信号,利用

$$X_C = \frac{U}{I}$$

同时,$X_C = 1/(\omega C)$ 而得

$$C = \frac{I}{(U\omega)} = \frac{I}{(2\pi f U)}$$

F 是测试频率,U、I 是测试信号的电压和电流有效值。

大容量的电容测试用 DC 方法,即用直流电压加在电容两端,充电流随时间或指数减少的规律,在测试时加一定的延时时间就可测出其容量。

(3)电感测试

电感的测试方法和电容的测试类似,只用交流信号测试。

(4)二极管测试

二极管正向测试时,加一正向电流在二极管上,二极管的正向压降为 0.7 V(硅材料管),加一反向电流在二极管上,二极管压降会很大。

（5）三极管测试

三极管分三步测试：先测试 bc 极和 be 极之间的正向压降，这和二极管的测试方法相同。再测试三极管的放大作用：在 be 极加一基极电流，测试 ce 极之间的电压。例如：b、e 极加 1 mA 电流时，c、e 之间的电压由原来 2 V 降到 0.5 V，则三极管处于正常的放大工作状态。

（6）跳线测试

跳线是跨接印制板做连线用的，只有通断两种情况。测试其电阻阻值就可以判断好坏。测试方法和测试电阻是相同的。

（7）IC 测试

一般地讲，对 IC 只测试其引脚是否会有连焊、虚焊的情况，至于 IC 内部性能如何是无法测试出来的。

测试方法是将 IC 的各引脚对电源 V_{CC} 引脚的正反向电压测试一遍，再将各引脚对 IC 接地端 GND 引脚的正反向电压测试一遍。与正常值进行比较，有不正常的可以判断该引脚连焊或虚焊。

7.1.4　程序编辑和调试

ICT 的软件操作随生产厂家的不同而略有差异，大体上是类似的。一般地说，测试软件存于电脑主机 D 盘中，测试软件一般分为测试统计资料、开短路测试、元件数值测试等。测试统计资料是 ICT 在测试产品中的产品质量统计表，会显示测试产品总数、不合格数、合格数、产品合格率及问题最多的几个元件等，提供给品质检测人员分析。元件数值测试表是需要产品技术人员填写和编辑调试的。各元件数值测试时，测试表的栏目如表 7.1 所示。

表 7.1　测试表

B-S	%	Meas	Leam	T^+	T^-	T	Part name	Lc	Ideal	Pin1	Pin2	W	Rg	—	Dms	Ima	Freq	Offest	G	$G_{1/4}\sim G_5$

各项标识意义如下，B-S：测试序号；%：测试误差；Meas：实际测试值；Learn：学习值；T^+：正误差范围；T^-：负误差范围；T：元器件类型；Part name：元件图号；LC：元件所在位置；Ideal：元件标称值；Pin1：测试高电位端针号；Pin2：测试低电位端针号；W：测试方式；Rg：测试量程；—：测试值取平均值；Dms：设定延时时间；Ima：设定测试电流；Freq：设定测试频率；Offset：设定调零值；G：功能调节；$G_{1/4}\sim G_5$：隔离点填写框。

下面介绍各类元件的编程及调试方法。

（1）电阻测试

电阻元件编程在"T"处输入"R"，"part name"处输入元件图号，如 R1。"Ideal"处输入标称值，如 R1 是 10 kΩ。在"Pin1"、"Pin2"输入其引脚相对应的针号。"％"、"T^+"、"T^-"处输入该电阻的误差范围，"W"处输入"I"测试方法（普通测试方法）。如果电阻在电路中与一个电解电容并联，则因"I"测试方法测试时间很快，电容充电需要一定时间，将会出现测试误差，只要将"W"栏中的"I"改为"V"，再加一定的延时时间"Dms"，如 20 ms，则测试结果就与实际值相同了，如图 7.1 所示。

电阻测量时，有时因为电路关系，需加一隔离点。如图 7.2 所示，

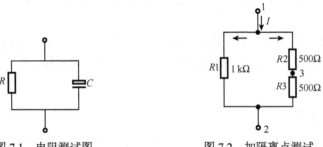

图 7.1　电阻测试图　　　　图 7.2　加隔离点测试

电阻 R1 和 R2、R3 并联，当在 1、2 针位测试 R1 的阻值时，测试结果不是 1 kΩ，而是 500 Ω。这是由于由 1 号针位流入的电流 I 有一部分流入了 R2、R3 支路了。要解决这一问题，我们选择 3 号位增加一针号"3"，使"3"号针位的电位和 1 号针位的电位相等。那么 R2、R3 支路就不会使 1 号针位的电流分流了，测试结果也就准确了。"3"号针位就叫隔离点，编程对地"G"处填入"Y"，表示启动隔离功能。在"$G_{1/4} \sim G_5$"处填入"3"，表示"3"是隔离点。

（2）电容测试

电容类元件的测试两种方法。前面已经介绍小容量（100 nf 以下）的电容，用交流 AC 测试。在"T"处填入"C"，"Part name"处填入元件图号，"Ideal"填入标称容量，在"Pin1"、"Pin2"处填入引脚的对应测试针号，"W"处填入"A"，即 AC 测试方法，"Freq"处填入测试频率，默认为 30 KHz，"％"、"T^+"、"T^-"填入相应的误差值，其他按默认值。

大容量的电容，如电解电容在"W"处填入"D"，即 DC 测试方法，"Dms"处填入适当的延时时间，如 30，表示延时 30 ms。

（3）二极管测试

二极管是测试其正向压降和反向电压。正向测试时，"T"填入"D（二极管）"，"Part name"填入图号，"Ideal"填入压降，正向"0.07 V"，反向"2.0 V（设置的测试电压）"。"Pin1"填入高电位的测试针号，"Pin2"填入低电位的测试针号。正向测试后可以反向测试一次。

（4）三极管测试

前面已经讲过，三极管是测试其 be、bc 电极之间的正向压降，然后再测试其放大作用。正向压降的测试方法和二极管相同，不再重复。测试放大作用时，"Part name"填入 Q-CE，"Ideal"填入"2.0 V（用 2 V 电压测试）"，"Pin1"填入 C 极的针号（NPN 管），"Part2"填入 e 极的针号（NPN 管），"G$_{1/4}$"填入"1"，即"1"号针做输入基极电流用，"T"填入"T"。

（5）电感类测试

测试电感用交流（AC）测试方法，在"T"处填入"L"，"part name"填入元件图号，在"Ideal"填入标称电感量，在"Part1"、"Part2"填入相应的针号，"Dms"处填入延时时间，"—"处填入"Y"，启动平均功能，如果测试值误差太大，调整频率"Freq"（默认值是 10 kHz），可以得到满意的结果。

（6）光耦的测试

光电耦合器的原理图如图 7.3 所示。

光电耦合器的原理是在发光二极管一边输入一定的正向电流时，发光二极管使光敏三极管导通。发光二极管发光程度决定了光敏三极管的导通程度。测试时在"T"处输入"O"，表示光电器件，"Part name"输入图位号，"Pin1"、"Pin2"分别

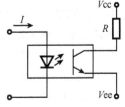

图 7.3　光电耦合器

输入光敏三三极管的"c"极、"e"极针号，在"G1/4"、"G2/4"处分别输入发光二极管的正极针号和负极针号，在"Ima"处调整发光三极管的正向电流，以获得较好的测试准确性。

其他元器件的编程在此不一一列举了。

程序先经单个元件调试后，再将整个产品的程度调试正确。

因电路设计的缘故，有些元件在电路中是不便测试的，如图 7.4 所示的部分元件。

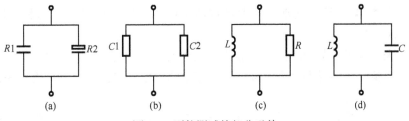

图 7.4　不能测试的部分元件

图 7.4（a）是两个阻值不同的电阻并联，只能测出其并联后的阻值，不能分别测出各自的阻值。

图 7.4（b）一个小电容和一个大电容（电解电容）并联，不能测出小电容的容量。

图 7.4（c）一个电感和一个电阻并联，不能测出电阻的阻值

图 7.4（d）一个电容和一个电感并联，无法测试电感和电容的数值。

以上情况我们要根据具体情况具体分析。

7.2 功能、性能检测和产品调试

7.2.1 家电产品的功能检测

目前，绝大多数家电产品的电路均以单片机为核心的控制电路，整机的功能也就体现在单片机及其控制程序上。在家电产品设计开发时，对其功能和性能会由设计开发部门编制"产品技术规格书"，这一规格书类似于"产品标准"，主要内容是将产品技术指标及软件的控制功能写入其中。在大批量生产家电的电子控制器时，产品功能、性能的检测就是以"技术规格书"为依据进行的。

以单片机为控制核心的家电控制器，其控制电路以数字电路为主，因此其测试也以数字电路测试为主。大家知道数字电路只有两种状态：通和断。如果用灯光、声音、电机等来模拟整机工作，均可表示其功能的正确和错误。实际检验用灯光、蜂鸣音、电机等的显示和工作可以作为这些产品的测试方式。

电子产品的检测，以单元电路板的检测为基础，对整机产品的检测，主要集中在对控制电路板的检测上。因此，这里以介绍电路板的检测为主。

电路板在大批量生产时，不可能将每块电路板安装到整机上进行测试。因此实际生产中，工艺部门会设计制造一种测试工装（或叫测试架）来模拟整机。测试工装的设计原理是用一个测试针床模拟整机与电路板相连。工装上将电板上的电源、地线、输入线和输出线接到针床的弹性测试针上，再用一些开关控制工装上的输入信号和电源，输出用指示灯、蜂鸣器或电机模拟整机上的相应输出负载。当将被测试电路板（卡）压到测试工装上时，工装上的输入端、输出端、电源端及地端接到电路板上，电路板就可以正常工作了。扳动工装上的开关或启动测试程序，电路板即可按其控制功能输出相应的信号给工装上的输出负载。测试人员就可根据输出的信号判断电路板工作是否正常。绝大多数电子产品生产企业都是用这种方法对产品进行模拟测试的。

归结起来，电子产品的功能、性能检测大体上是：①确定检测方案；②设计和制作工装及确定模拟输入信号和输出负载；③编制检测岗位的作业指导书，确定操作步骤和方法，培训检测人员。

作业指导书应尽量将软件功能检测完全。有些测试工装，安装有模拟检测软件，能快速完整地检测到产品的所有功能和性能。

7.2.2 产品调试

电子整机产品的调试是在生产过程中的工序，安排在印制电路板装配以后进行。各个部件单元必须通过调试，才能进入总体装配工序，形成整机。调试工作在这两个阶段的共同之处是，包括调整和测试两个方面，即：用测试仪表测量并调整各个单元电路的参数，使之符合预定的性能指标要求，然后再对整个产品进行系统的测试。

为使生产过程形成的电子产品的各项性能参数满足要求并具有良好的可靠性,调试工作是很重要的。在相同的设计水平与装配工艺的前提下,调试质量就取决于调试工艺是否制定得正确和操作人员对调试工艺的掌握程度。对调试人员的要求包括以下几个方面。

1)懂得被调试产品的各个部件和整机的电路工作原理,了解它的性能指标要求和使用条件。

2)正确、合理地选择测试仪表,熟练掌握这些仪表的性能指标和使用环境要求。在调试之前,必须对此有深入的了解和认识。有关仪器的工作特性、使用条件、选择原则、误差的概念和测量范围、灵敏度、量程、阻抗匹配、频率响应等知识,是电子工程技术人员应当掌握的基本理论。

3)学会测试方法和数据处理方法。近年来,编制测试软件对数字电路产品进行智能化测试、采用图形或波形显示仪器对模拟电路产品进行直观化测试的技术得到了迅速的发展,这是测试方法和数据处理方法新的知识领域。

4)熟悉调试过程中对于故障的查找和消除方法。

5)合理地组织安排调试工序,并严格遵守安全操作规程。

这里仅对一般电子产品生产过程中的调试工艺进行介绍。

1. 调试工艺方案

调试工艺方案是指一整套适用于调试某产品的具体内容与项目(例如工作特性、测试点、电路参数等)、步骤与方法、测试条件与测试仪表、有关注意事项与安全操作规程。同时,还包括调试的工时定额、数据资料的记录表格、签署格式与送交手续等。制订调试工艺方案,要求调试内容具体、切实、可行,测试条件仔细、清晰,测试仪器和工装选择合理,测试数据尽量表格化(以便从数据中寻找规律)。

2. 整机产品调试的步骤

整机产品调试的步骤,应该在调试工艺文件中明确、细致地规定出来,使操作者容易理解并遵照执行。

1)在整机通电调试之前,各部件应该先通过装配检验和分别调试。

2)检查确认产品的供电系统(如电源电路)的开关处于"关"的位置,用万用表等仪表判断并确认电源输入端无短路或输入阻抗正常,然后顺序接上地线和电源线,插好电源插头,打开电源开关通电。接通电源后,此时要观察电源指示灯是否点亮,注意有无异样气味,产品中是否有冒烟的现象;对于低压直流供电的产品,可以用手摸测一下有无温度超常。如有这些现象,说明产品内部电路存在短路,必须立即关断电源检查故障。如果看来正常,可以用仪器仪表(万用表或示波器)检查供电系统的电压和纹波系数。

3)按照电路的功能模块,根据调试的方便,从前往后或者从后往前地依次把它们接通电源,分别测量各电路(或电路各级)的工作点和其他工作状态。注意:应该调试完成一部分以后,再接通下一部分进行调试。不要一开始就把电源加到全部电路上。这样，不仅使工作有条有理，还能减少因电路接错而损坏元器件，避免扩大事故。

4）如果是大批量生产的产品，应该为产品的调试制作专用工装，这样能够极大地提高测试的工作效率。可以采用测试针床的形式：把产品电路板装卡在一个支架上，弹性顶针把电源、地线、输入/输出信号线从板下接通到电路板上，方便地加电、断电、测量、观察。图 7.5 是电路测试针床的示意图，其中图（a）～（c）是顶针的形式，图（d）是顶针的内部结构。

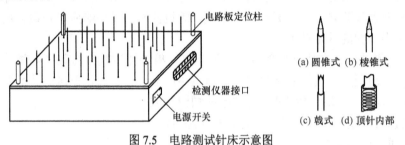

图 7.5　电路测试针床示意图

5）在进行上述测试的时候，可能需要对某些元器件的参数做出调整。调整参数的方法一般有以下两种。

① 选择法：通过替换元件来选择合适的电路参数。电路原理图中，在这种元件的参数旁边通常标注有"*"号，表示需要在调整中才能准确地选定。因为反复替换元件很不方便，一般总是先接入可调元件，待调整确定了合适的元件参数值后，再换上与选定参数值相同的固定元件。

② 调节可调元件法：在电路中已经装有调整元件，如电位器、微调电容器或微调电感器等。其优点是调节方便，并且电路工作一段时间以后如果状态发生变化，可以随时调整；但可调元件的可靠性差一些，体积也常比固定元件大。可调元件的参数调整确定以后，必须用胶或粘合漆把调整端固定住。

6）当各级各块电路调试完成以后，把它们连接起来，测试相互之间的影响，排除影响性能的不利因素。

7）如果调试高频部件，要采取屏蔽措施，防止工业干扰或其他强电磁场的干扰。

8）测试整机的消耗电流和功率。

9）对整机的其他性能指标进行测试，例如软件运行、图形、图像、声音的效果。

10）对产品进行老化和环境试验（将在下一节中介绍）。

3. 电路调试的经验与方法

电子产品调试的经验与方法，可以归纳为四句话：电路分块隔离，先直流后交流；注意人机安全，正确使用仪器。

（1）电路分块隔离，先直流后交流

在比较复杂的电子产品中，整机电路通常可以分成若干个功能模块，相对独立地完成某个特定的电气功能；其中每一个功能模块，往往又可以进一步细分为几个具体电路。

细分的界限,对于分立元件电路来说,是以某一、两只半导体三极管为核心的电路;对于集成元件的电路来说,是以某个集成电路芯片为核心的电路。例如,一台分立元件的黑白电视机,可以分成高频调谐、中放通道、视频放大、同步分离、自动增益控制(AGC)、行扫描、场扫描、伴音及电源等几个功能电路模块;对于行扫描电路来说,还可以进一步细分为鉴相器(AFC)、行振荡、行激励、行输出及高中压整流电路。在这几个电路中,都有一、两只三极管作为核心元件。

所谓"电路分块隔离",是在调试电路的时候,对各个功能电路模块分别加电,逐块调试。这样做,可以避免模块之间电信号的相互干扰;当电路工作不正常时,大大缩小了搜寻原因的范围。实际上,有经验的设计者在设计电路时,往往都为各个电路模块设置了一定的隔离元件,例如电源插座、跨接导线或接通电路的某一电阻。电路调试时,除了正在调试的电路,其他各部分都被隔离元件断开而不工作,因此不会产生相互干扰和影响。当每个电路模块都调整完毕以后,再接通各个隔离元件,使整个电路进入工作状态。对于那些没有设置隔离元件的电路,可以在装配的同时逐级调试,调好一级以后再装配下一级。

我们知道,直流工作状态是一切电路的工作基础。直流工作点不正常,电路就无法实现其特定的电气功能。所以,在成熟的电子产品原理图上,一般都标注了它们的直流工作点——晶体管各极的直流电位或工作电流、集成电路各引脚的工作电压,作为电路调试的参考依据。应该注意,由于元器件的数值都具有一定偏差,并因所用仪表内阻和读数精度的影响,可能会出现测试数据与图标的直流工作点不完全相同的情况,但是一般说来,它们之间的差值不应该很大,相对误差至多不应该超出±10%。当直流工作状态调试完成之后,再进行交流通路的调试,检查并调整有关的元件,使电路完成其预定的电气功能。这种方法就是"先直流后交流",也叫做"先静态后动态"。

(2)注意人机安全,正确使用仪器

在电路调试时,由于可能接触到危险的高电压,要特别注意人机安全,采取必要的防护措施。例如,在电脑显示器(彩色电视机)中,行扫描电路输出级的阳极电压高达20kV 以上,调试时稍有不慎,就很容易触碰到高压线路而受到电击。特别是近年来一般都采用高压开关电源,由于没有电源变压器的隔离,220 V 交流电的火线可能直接与整机底板相通,如果通电调试电路,很可能造成触电事故。为避免这种危险,在调试、维修这些设备时,应该首先检查底板是否带电。必要时,可以在电气设备与电源之间使用变比为 1∶1 的隔离变压器。

正确使用仪器,包含两方面的内容:一方面,能够保障人机安全,否则不仅可能发生如上所说的触电事故,还可能损坏仪器设备。例如,初学者错用了万用表的电阻档或电流档去测量电压,使万用表被烧毁的事故是常见的。另一方面,正确使用仪器,才能保证正确的调试结果,否则,错误的接入方式或读数方法会使调机陷入困境。例如,当示波器接入电路时,为了不影响电路的幅频特性,不要用塑料导线或电缆线直接从电路引向示波器的输入端,而应当采用衰减探头;在测量小信号的波形时，要注意示波器的接地线不要靠近大功率器件，否则波形可能出现干扰。又如，在使用频率特性测试仪（扫频仪）测量检波器、鉴频器，或者当电路的测试点位于三极管的发射极时，由于这些电路本身已经具有检波作用，就不能使用检波探头，而在测量其他电路时均应使用检波探头；扫频仪的输出阻抗一般为 75 Ω，如果直接接入电路，会短路高阻负载，因此在信号测试点需要接入隔离电阻或电容；仪器的输出信号幅度不宜太大，否则将使被测电路的某些元器件处于非线性工作状态，造成特性曲线失真。

4. 整机电路调试实例

下面用一个具体的收音机电路的调试过程为例，简单说明整机调试的过程。

图 7.6 是小型超外差式收音机的电路原理图。本机是袖珍机型，元器件密度较大，采用立式装配方式。在这个电路中，共用了 6 只三极管。$Q1$ 及其外围元件组成变频电路，完成高放、本振和混频；$Q2$、$Q3$ 是两级中频放大电路，通过 $D3$ 把音频信号检波出来；$Q4$ 为前置低频放大级，$Q5$、$Q6$ 组成乙类推挽功率放大器，由变压器推动喇叭发声。

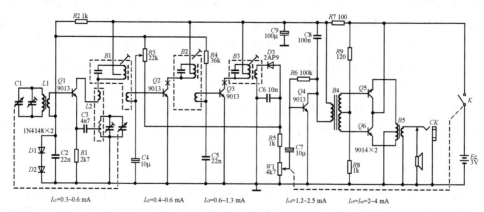

图 7.6　熊猫牌 B737A 型收音机电路原理图

为了隔离外来的收音信号对直流调试的影响，采用从后往前逐级安装，并在安装的同时调试静态工作点的方法。

首先安装电池卡子、可变电容器和电位器等需要机械固定的元件，然后除了 6 只三极管以外，把其他元器件全部装焊好。为了防止焊接短路或虚焊，并为后面调机取得测量基础，先检查一下这时的总电流：断开电源开关 K，装上电池，用电流表跨接在 K 的两端，应测得总电流约为 2.5 mA。

由电路图很容易计算，流过 $R8$、$R9$ 的电流

$$I' = \frac{E_c}{R8 + R9} = \frac{3V}{2k + 0.12k} \approx 1.5 \text{ mA}$$

通过 $R2$、$R7$ 的电流

$$I'' = \frac{E_c - (V_{D1} + V_{D2})}{R2 + R7} = \frac{3V - (0.7V + 0.7V)}{1.5k + 0.1k} \approx 1mA$$

两者相加约为 2.5 mA。

装焊上 $Q5$ 和 $Q6$，再按同样方法测量电流。因为 I_{C_5} 和 I_{C_6} $=2\sim4$ mA，所以这时总电流约为 $4.5\sim6.5$ mA。如果电流偏小，可以加大 $R9$ 阻值；如果电流偏大，可以减小 $R9$ 阻值。若改变后 Ic_5 和 Ic_6 不能发生变化，则应检查 $B4$ 次级、$B5$ 初级和 $Q5$、$Q6$ 是否损坏或者装焊错误。

然后，装焊 $Q4$，这时总电流应在原基础上加大 $1.2\sim2.5$ mA。电流偏小，则减小 $R6$ 阻值；电流偏大，则加大 $R6$ 阻值。如果 $I_{C4}=0$，则应检查 $B4$ 初级、$R6$ 和 $Q4$。接下来装配 $Q3$ 和 $Q2$。本机在设计印制电路板时，$Q2$ 和 $Q3$ 的集电极支路都留有断口，用于测量 I_{C_2} 和 I_{C_3}（图中打 "×" 处）。闭合开关 K，把电流表串联在相应的断口处，调整 $R4$，使 $I_{C_3}=0.6\sim1.3$ mA；调整 $R3$，使 $I_{C_2}=0.4\sim0.6$ mA。调好后，把断口连焊好。如果 I_{C3} 不可调，应该检查 $B2$、$B3$、$C5$ 和 $Q3$；如果 I_{C_2} 不可调，则应检查 $B1$、$B2$、$R3$、$C4$ 和 $Q2$。最后，装焊 $Q1$，用电压表测量 $R1$ 上的电压 V_{e_1}，$V_{e_1} \approx R_1 \cdot I_{C_1} = 2.7 \text{ k}\Omega \times (0.3\sim0.6 \text{ mA}) = 0.8\sim1.6$ V。如果电压不对，可以调整 $R1$ 的阻值或检查 $B1$、$L2$、$L1$ 及 $Q1$ 是否损坏或虚焊。

各级电流调好之后，可在 K 的两端检查整机总电流，应在 $7\sim12$ mA 的范围之内。这样就完成了整机直流工作状态的调试，可以进行交流调试：调整中频频率覆盖范围和灵敏度。限于篇幅，这里不再介绍交流调试的过程和方法。

7.2.3　调试中查找和排除故障

在生产过程中，直接通过装配调试、一次合格的产品在批量生产中所占的比率，称为 "直通率"。直通率是考核产品设计、生产、工艺、管理质量的重要指标。

在整机生产装配的过程中，经过层层检查、严格把关，可以大大减少整机调试中出现故障。尽管如此，产品装配好以后，往往还不全是一通电就能正常工作的，由于元器件和工艺等原因，会遗留一些有待调试中排除的故障。另外，测试仪表在调试工作中发生故障的情况也是屡见不鲜的。

必须强调指出，在整个生产过程中，如果没有在前道工序（指辅助加工、部件装配与调试）中加以严格控制，未能使局部电路或局部结构的故障得到解决，或者留下隐患，那么，在总装后必将导致故障层出不穷，非但影响生产进度，也会降低产品质量。这不仅是技术问题，从根本上说，还是管理问题。

纵然如此，电子产品在生产过程中出现故障仍是不可避免的，检修必将成为调试工作的一部分。如果掌握了一定的检修方法，就可以较快地找到产生故障的原因，使检修过程大大缩短。当然，检修工作主要是靠实践。一个具有相当电路理论知识、积累了丰富经验的调试人员，往往不需要经过死板、繁琐的检查过程，就能根据现象很快判断出故障的大致部位和原因。而对于一个缺乏理论水平和实践经验的人来说，若再不掌握一定的检修方法，则会感到如同大海捞针，不知从何入手。因此，研究和掌握一些故障的查找程序和排除方法，是十分有益的。

电子产品的故障有两类：一类是刚刚装配好而尚未通电调试的故障；另一类是正常工作过一段时期后出现的故障。它们在检修方法上略有不同，但其基本原则是一样的。所以这里对这两类故障就不作区分。另外，由于电子产品的种类、型号和电路结构各不相同，故障现象又多种多样，因此这里只能介绍一般性的检修程序和基本的检修方法。

分析故障发生的概率，电子产品在生产完成后的整个工作过程中，可以分为三个阶段。

1）早期失效期：指电子产品生产合格后投入使用的前几周，在此期间内，电子产品的故障率比较高。可以通过对电子产品的老化来解决这一问题，即加速电子产品的早期老化，使早期失效发生在产品出厂之前。

2）老化期：经过早期失效期后，电子产品处于相对稳定的状态，在此期间内，电子产品的故障率比较低，出现的故障一般叫做偶然故障。这一期间的长短与电子产品的设计使用寿命相关，以"平均无故障工作时间"作为衡量的指标。

3）衰老期：电子产品经老化期后进入衰老期，在此期间中，故障率会不断持续上升，直至产品失效。

1. 引起故障的原因

总体说来，电子产品的故障不外是由于元器件、线路和装配工艺三方面的因素引起的。常见的故障大致有如下几种。

1）焊接工艺不善，虚焊造成焊点接触不良。

2）由于空气潮湿，导致元器件受潮、发霉，或绝缘降低甚至损坏。

3）元器件筛选检查不严格或由于使用不当、超负荷而失效。

4）开关或接插件接触不良。

5）可调元件的调整端接触不良，造成开路或噪声增加。

6）连接导线接错、漏焊或由于机械损伤、化学腐蚀而断路。

7）由于电路板排布不当，元器件相碰而短路；焊接连接导线时剥皮过多或因热后缩，与其他元器件或机壳相碰引起短路。

8）因为某些原因造成产品原先调谐好的电路严重失调。

9）电路设计不善，允许元器件参数的变动范围过窄，以至元器件的参数稍有变化，电路就不能正常工作。

10）橡胶或塑料材料制造的结构部件老化引起元件损坏。

以上列举的都是电子产品的一些常见故障。也就是说，这些是电子产品的薄弱环节，是查找故障时的重点怀疑对象。但是，电子产品的任何部分发生故障都会导致它不能正常工作。应该按照一定程序，采取逐步缩小范围的方法，根据电路原理进行分段检测，使故障局限在某一部分（部件→单元→具体电路）之中再进行详细的查测，最后加以排除。

2. 排除故障的一般程序和方法

排除故障的一般程序可以概括为三个过程。

1）调查研究是排除故障的第一步，应该仔细地摸清情况，掌握第一手资料。

2）进一步对产品进行有计划的检查，并作详细记录，根据记录进行分析和判断。

3）查出故障原因，修复损坏的元件和线路。最后，再对电路进行一次全面的调整和测定。

有经验的调试维修技术人员归纳出以下十二种比较具体的排除故障的方法。对于某一产品的调试检修而言，要根据需要选择、灵活组合使用这些方法。

（1）断电观察法

在不接通电源的情况下，打开产品外壳进行观察。用直观的办法和使用万用表电阻挡检查有无断线、脱焊、短路、接触不良，检查绝缘情况、保险丝通断、变压器好坏、元器件情况等。如果电路中有改动过的地方，还应该判断这部分的元器件和接线是否正确。

查找故障，一般应该首先采用断电（不通电）观察法。因为很多故障的发生往往是由于工艺上的原因，特别是刚装配好还未经过调试的产品或者装配工艺质量很差的产品。而这种故障原因大多数单凭眼睛观察就能发现。盲目地通电检查有时反而会扩大故障范围。

（2）通电观察法

注意：只有当采用上述的断电观察法不能发现问题时，才可以采用通电观察的方法。

打开产品外壳，接通电源进行表面观察，这仍属于现象观察的方法。通过观察，有时可以直接发现故障的原因。例如，是否有冒烟、烧断、烧焦、跳火、发热的现象。如遇到这些情况，必须立即切断电源分析原因，再确定检修部位。如果一时观察不清，可重复开机几次；但每次时间不要长，以免扩大故障。必要时，断开可疑的部位再行试验，看故障是否消除。

（3）信号替代法

利用不同的信号源加入待修产品有关单元的输入端，替代整机工作时该级的正常输入信号，以判断各级电路的工作情况是否正常，从而可以迅速确定产生故障的原因和所在单元。检测的次序是，从产品的输出端单元电路开始，逐步移向最前面的单元。这种方法适用于各单元电路是开环连接的情况，缺点是需要各种信号源，还必须考虑各级电路之间的阻抗匹配问题。

（4）信号寻迹法

用单一频率的信号源加在整机的输入单元的入口，然后使用示波器或万用表等测试仪器，从前向后逐级观测各级电路的输出电压波形或幅度。

（5）波形观察法

用示波器检查整机各级电路的输入和输出波形是否正常，是检修波形变换电路、振荡器、脉冲电路的常用方法。这种方法对于发现寄生振荡、寄生调制或外界干扰及噪声等引起的故障，具有独到之处。

（6）电容旁路法

在电路出现寄生振荡或寄生调制的情况下，利用适当容量的电容器，逐级跨接在电路的输入端或输出端上，观察接入电容后对故障现象的影响，可以迅速确定有问题的电路部分。

（7）部件替代法

利用性能良好的部件（或器件）来替代整机可能产生故障的部分，如果替代后整机工作正常了，说明故障就出在被替代的那个部里。这种方法检查简便，不需要特殊的测试仪器，但用来替代的部件应该尽量是不需要焊接的可插接件。

（8）整机比较法

用正常的同样整机，与待修的产品进行比较，还可以把待修产品中可疑部件插换到正常的产品中进行比较。这种方法与部件替代法很相似，只是比较的范围更大。

（9）分割测试法

这种方法是逐级断开各级电路的隔离元件或逐块拔掉各块印制电路板，使整机分割成多个相对独立的单元电路，测试其对故障现象的影响。例如，从电源电路上切断它的负载并通电观察，然后逐级接通各级电路测试，这是判断电源本身故障还是某级负载电路故障的常用方法。

（10）测量直流工作点法

根据电路的原理图，测量各点的直流工作电位并判断电路的工作状态是否正常，是检修电子产品的基本方法，这在电子技术基础课程实验中已经反复练习，不再赘述。

（11）测试电路元件法

把可能引起电路故障的元器件从整机中拆下来，使用测试设备（如万用表、晶体管图示仪、集成电路测试仪、万用电桥等）对其性能进行测量。

（12）变动可调元件法

在检修电子产品时，如果电路中有可调元件，适当调整它们的参数以观测对故障现象的影响。注意，在决定调节这些可调元件的参数以前，一定要对其原来的位置做好记录，以便一旦发现故障原因不是出在这里时，还能恢复到原先的位置上。

7.3　电子整机产品的老化和环境试验

为保证电子整机产品的生产质量，通常在装配、调试、检验完成之后，还要进行整机的通电老化。同时，为了认证产品的设计质量、材料质量和生产过程质量，需要定期对产品进行环境试验。虽然这两者都属于质量试验的范畴，但它们有如下几点区别：

1）老化通常是在一般使用条件（例如室温）下进行；环境试验却要在模拟的环境极限条件下进行。所以，老化属于非破坏性试验，而环境试验往往使受试产品受到损伤。

2）通常每一件产品在出厂以前都要经过老化；而环境试验只对少量产品进行试验，例如，新产品通过设计鉴定或生产鉴定时要对样机进行环境试验，当生产过程（工艺、设备、材料、条件）发生较大改变、需要对生产技术和管理制度进行检查评判、同类产品进行质量评比的时候，都应该对随机抽样的产品进行环境试验。

3）老化是企业的常规工序；而环境试验一般要委托具有权威性的质量认证部门、使用专门的设备才能进行，需要对试验结果出具证明文件。

7.3.1　整机产品的老化

在本书的第 1 章里已经介绍过电子元器件的老化筛选。整机产品在生产过程中进行老化的原理与此相同，就是要通过老化发现产品在制造过程中存在的潜在缺陷，把故障（早期失效）消灭在出厂之前。

1. 老化条件的确定

电子整机产品的老化，全部在接通电源的情况下进行。老化的主要条件是时间和温度，根据不同情况，通常在可以室温下选择 8 h、24 h、48 h、72 h 或 168 h 的连续老化时间；有时采取提高室内温度（密封老化室，让产品自身的工作热量不容易散发，或者增加电热器）甚至把产品放入衡温的试验箱的办法，缩短老化时间。

在老化时，应该密切注意产品的工作状态，如果发现个别产品出现异常情况，要立即使它退出通电老化。

2. 静态老化和动态老化

在老化电子整机产品的时候，如果只接通电源、没有给产品注入信号，这种状态叫做静态老化；如果同时还向产品输入工作信号，就叫做动态老化。以电视机为例，静态老化时显像管上只有光栅；而动态老化时从天线输入端送入信号，屏幕上显示图像，喇叭里发出声音。又如，计算机在静态老化时只接通电源，不运行程序；而动态老化时要持续运行测试程序。

显而易见，动态老化比较静态老化，是更为有效的老化方法。

7.3.2　电子整机产品的环境试验方法

电子产品的环境适应性是研究可靠性的主要内容之一。目前，对于产品的环境适应性研究，即对于产品的环境条件、环境影响和环境工程方面的探索和试验，已经发展成为一门新兴的技术科学——环境科学。环境科学研究所涉及的范围非常广泛，要在产品可能遇到的各种外界因素、影响规律以及如何从产品的设计、制造和使用等各个环节的研究中，改进和提高产品的环境适应能力；并且研究相应的试验技术、试验设备、测量方法和测量仪表。对于从事电子产品电路设计、结构设计及制造工艺的技术人员来说，必须对与环境条件有关的知识有全面的了解，以便采取相应的措施来提高产品的质量水平。

在前面的章节里，已经在多处说到对电子产品适应温度、湿度、震动、冲击及其他环境条件的手段。产品的环境适应能力，是通过环境试验得到评价和认证的，这里将对此进行简单的介绍。

1. 电子产品的环境要求

电子产品的应用领域十分广泛，储存、运输、工作过程中所处的环境条件是复杂而多变的，除了自然环境以外，影响产品的因素还包括气候、机械、辐射、生物和人员条件。制订产品的环境要求，必须以它实际可能遇到的各种环境及工作条件作为依据。例如，温度、湿度的要求由产品使用地区的气候、季节情况决定；震动、冲击等方面的要求与产品可能承受的机械强度及运输条件有关；还要考虑有无化学气体、盐雾、灰尘等特殊要求。以电子测量仪器为例，我国原电子工业部对环境要求及其试验方法颁布了标准，把产品按照环境要求分为三组。

1) Ⅰ组：在良好环境中使用的仪器，操作时要细心，只允许受到轻微的震动。这类仪器都是精密仪器。

2) Ⅱ组：在一般环境中使用的仪器，允许受到一般的震动和冲击。实验室中常用的仪器，一般都属这一类。

3) Ⅲ组：在恶劣环境中使用的仪器，允许在频繁的搬动和运输中受到较大的震动和冲击。室外和工业现场使用的仪器都属这一类。

电子产品的种类繁多，不可能对各种产品分别提出具体的环境要求。在设计制造的时候，可以参照仪器的分组原则确定环境要求。显然，对于一般电子整机产品来说，降低环境要求，将使它难于适应更多的用户和环境的变化；过高地提出环境要求，必将使产品的制造成本大大增加。一般民用电子产品，通常可以比照Ⅱ组仪器规定环境要求。

2. 影响电子产品工作的主要环境因素

（1）气候因素对电子产品的影响

气候因素主要包括温度、湿度、气压、盐雾、大气污染及日照等因素，对电子产品的影响，主要表现在使电气性能下降、温升过高、运动部位不灵活、结构损坏，甚至不能正常工作。减少气候因素对电子产品影响的方法包括以下几个方面。

1) 设计中采取防尘、防潮措施，必要时可以在电子产品中设置驱潮装置。

2) 采取有效的散热措施，控制温度的上升。

3) 选用耐蚀性良好的金属材料、耐湿性高的绝缘材料以及化学稳定性好的材料等。

4) 采用电镀、喷漆、化学涂覆等防护方法，防止潮湿、盐雾等因素对电子产品的影响。

这里用一个气候因素对实际产品的影响为例：某北方企业生产的著名品牌电冰箱，在南方销售的时候，客户反映总有水沿着电冰箱的门流下来，严重时甚至在电冰箱前面的地板上积水。仔细研究的结果是，由于电冰箱门内外的温差较大，门边的密封条安装不够平整，内部温度传递到箱体上的门边部位，使门边部位的温度远低于环境温度，假如空气的湿度大，就会在门边部位结露，结露严重时露珠就将汇成水沿着门边流下来。

因为该企业在北方，北方的气候干燥，一般不会发生这种情况，故此问题一直没有发现。现在产品销往气温高、湿度大的南方，原来被掩盖着的设计问题和工艺问题就暴露出来了。企业为解决这个问题，从设计上采取了在冰箱门边内增加了电热丝的方案，电冰箱接通电源后，电热丝产生的热量使门边部位适当加热，空气中的水汽就不会在这里结露；从工艺上加强了对门边密封条安装平整的检查措施，减少了冰箱内冷气的逸出。后来，这个品牌的电冰箱在南方打开了销路，受到了客户的好评。

（2）机械因素对电子产品的影响

电子产品在使用、运输过程中，所受到的震动、冲击、离心加速度等机械作用，都会对电子产品发生影响：元器件损坏、失效或电参数改变；结构件断裂或过大变形；金属件的疲劳破坏等。下列方法可以减少机械因素对电子产品的影响。

1）在产品结构设计和包装设计中采取提高耐震动、抗冲击能力的措施。对电子产品内部的零、部件必须严格工艺要求，加强连接结构；在运输过程中采用软性内包装及强度较大的硬性外包装进行保护。

2）采取减震缓冲措施，例如加装防震垫圈等，保证产品内部的电子元器件和机械零部件在外界机械条件作用下不致损坏和失效。

（3）电磁干扰因素对电子产品的影响

空间中存在的电磁场，有些对电子产品的工作是有害的，会影响其正常工作。这些电磁干扰因素的存在，使产品工作不稳定，甚至完全不能工作。同时，电子产品还可能在工作中向外发出电磁干扰信号，对其他电子产品形成干扰。减少电磁干扰因素对电子产品影响的方法有：

1）电磁场屏蔽法，防止或抑制高频电磁场的干扰，将辐射能量限制在一定的范围内，减少对外界的影响。

2）采取有效的接地措施，屏蔽外部的干扰信号。

3. 环境试验的内容和方法

我国原电子工业部颁布的标准中，同时还规定了对电子测量仪器的环境试验方法。其主要内容如下所述。

（1）绝缘电阻和耐压的测试

根据产品的技术条件，一般在仪器有绝缘要求的外部端口（电源插头或接线柱）和机壳之间、与机壳绝缘的内部电路和机壳之间、内部互相绝缘的电路之间，进行绝缘电阻和耐压的测试。

测试绝缘电阻时，同时对被测部位施加一定的测试电压（选择 500 V、1000 V 或 2500 V）达一分钟以上。

进行耐压试验，试验电压要在 5～10 s 内逐渐增加到规定值（选择 1kV、3kV 或 10kV），保持一分钟，应该没有表面飞弧、扫掠放电、电晕和击穿现象。

（2）对供电电源适应能力的试验

一般，要求输入交流电网的电压在 220V±10% 和频率在 50 Hz±4 Hz 之内，仪器仍能正常工作。

（3）温度试验

把仪器放入温度试验箱，进行额定使用范围上限温度试验、额定使用范围下限温度试验、储存运输条件上限温度试验和储存运输条件下限温度试验。对于Ⅱ类仪器，这些试验的条件分别是＋40℃、－10℃、＋55℃、－40℃，各4小时。图7.7是温度湿度实验箱（俗称"潮热箱"）的照片，用这种设备不仅能做温度实验，还能做湿度实验。

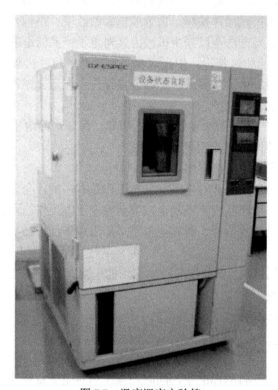

图7.7　温度湿度实验箱

（4）湿度试验

把仪器放入湿度试验箱，在规定的温度下通入水气，进行额定使用范围和储存运输条件下的潮湿试验。对于Ⅱ类仪器，这些试验的条件分别是湿度80％和90％，均在＋40℃下进行48小时。

（5）震动和冲击试验

把仪器紧固在专门的震动台和冲击台上进行单一频率震动试验、可变频率震动试验和冲击试验。试验有三个参数：振幅、频率和时间。对于Ⅱ类仪器，只做单一频率震动试验和冲击试验，这两项试验的条件分别是 30 Hz、0.3 mm/1.28 g 和 10～50 次/min、5 g、共 1000 次。图7.8是震动实验台的照片。

图 7.8　震动实验台

（6）运输试验

把仪器捆绑在载重汽车的拖车上行车 20 km 进行试验，也可以在 4 Hz、3 g 的震动台上进行 2h 的模拟试验。

思考与习题

1. ICT 的作用是什么？
2. 试说明 ICT 测试电阻器阻值的原理？为什么要加隔离点？
3. 叙述测试晶体管的方法？
4. 在 ICT 上试编测试程序？
5. 说明功能检测工装的制作原理？
6. 调试和维修电路时排除故障的一般程序和方法是怎样的？
7. 产品老化和环境实验有什么区别？电子产品环境实验包括哪些内容？

主要参考文献

陈俊安. 2006. 电子元器件及手工焊接. 北京：中国水利水电出版社

黄　纯. 2003. 电子产品工艺. 北京：电子工业出版社

金明主. 2005. 电子装配与调试工艺. 南京：东南大学出版社

卢庆林. 2006. 电子产品工艺实训 西安：西安电子科技大学出版社